U0382552

"深部成矿地质异常定量预测方法与模型"项目（2017YFC0601502）资助
国家科学技术学术著作出版基金资助出版

隐伏矿三维定量预测十例

陈建平　向杰　郑啸　于淼等　著

科学出版社
北　京

内 容 简 介

本书是作者及其研究团队二十多年来从事矿产资源定量预测评价，开展隐伏矿体三维定量预测的方法总结与实例汇编。第1章重点介绍了进行深部隐伏矿三维定量预测的思路框架与技术方法流程。第2章到第11章从三个层次介绍了十个三维找矿预测的研究实例。第一层次为成矿带三维定量预测，包含陕西华山-太峪口地区和山东大尹格庄-夏甸地区金矿预测两个实例；第二层次为典型矿床的深部找矿预测，包含内蒙古额济纳旗红石山、甘肃大水、陕西潼关小秦岭、甘肃以地南和青海红旗沟-深水潭五个金矿预测实例；第三个层次为成矿过程定量模拟引入三维预测的积极探索，包含云南个旧高松矿田锡多金属矿、青海卡尔却卡铜多金属矿、云南个旧卡房新山勘查区锡多金属矿三个实例。本书不仅从理论方法上进行了系统总结，而且详细剖析了十个研究实例，可为矿产预测提供参考。

本书可供从事矿产勘查、成矿预测、矿床建模、地学信息可视化等方面研究的科研人员使用，也可作为高等院校地学类专业本科生和研究生的参考书。

图书在版编目（CIP）数据

隐伏矿三维定量预测十例／陈建平等著. —北京：科学出版社，2019.11
ISBN 978-7-03-062882-4

Ⅰ. ①隐⋯　Ⅱ. ①陈⋯　Ⅲ. ①隐伏矿床-成矿预测-案例　Ⅳ. ①P612

中国版本图书馆 CIP 数据核字（2019）第 242341 号

责任编辑：王　运　柴良木／责任校对：杨聪敏
责任印制：肖　兴／封面设计：铭轩堂

科 学 出 版 社 出版
北京东黄城根北街 16 号
邮政编码：100717
http://www.sciencep.com

北京汇瑞嘉合文化发展有限公司 印刷
科学出版社发行　各地新华书店经销
*

2019 年 11 月第 一 版　开本：787×1092　1/16
2019 年 11 月第一次印刷　印张：21
字数：500 000

定价：258.00 元
（如有印装质量问题，我社负责调换）

主要作者名单

陈建平　向　杰　郑　啸　于　淼

安文通　胡　桥　王文杰　贾东会

胡　彬　王焕富　常慧娟　李　伟

序

地球科学被认为是数据密集型科学，数学地质是地球科学中的数据科学，用数据的方法研究地球科学，以地球科学的任务和需求来研究数据。数学地质主要研究地质体的数学特征建立地质体的数学模型，研究地质过程各因素及其相互关系建立地质过程的数学模型，并且研究地质数据特征和变量筛选等问题建立地质方法数学模型。在各类数学模型基础上，以研究和解决各种实际地质问题为主要任务。结合信息技术与可视化技术，以计算机技术为依托和平台，用数据科学的研究方法对地质学中的大数据进行智能处理，从中分析和挖掘有价值的核心信息和关键数据，得到浓缩的数字知识，以解决地质学和地质工作中的认知、预测、决策、评价等理论和实际问题。

21世纪的大数据时代来临，定量地学就是第四科学范式的学科拓展，是以科学计算实现数据密集型的知识发现。利用数字技术和方法，获取数字知识，凝练数字规律是解决各种实际问题的重要途径。通常，我们进行各种地质问题的研究都是要达到鉴别、比较、分类、评价、预测、成因分析、关联分析和时空分析等目的。而数字知识的获取和数字规律的查明，有可能使我们准确地定义地质体、区分地质体、鉴别地质体、评价地质体和预测地质体，从而减少研究结果的多解性和不确定性，并对各种可能事件的预期结果给出不同的发生概率，从而给出客观和符合实际的答案。所以，大数据时代催生了解决各种实际问题的一种新的工作模式。

《隐伏矿三维定量预测十例》一书作者及其研究团队历经二十多年的探索研究，在"上天，入地，下海"等领域，全方位地利用定量地学思维，发展出了一系列定量分析预测的技术方法，并在各领域得到了充分的实践检验与推广应用。该书中十个找矿预测实例是作者及其研究团队近十年来在隐伏矿三维定量预测方面的成果积累。从预测尺度上看，该书从矿床级别和成矿带（矿集区）级别开展三维定量预测；从预测矿种上看，主要涉及金、铜、锡；从预测方法上来看，原创的"立方体预测模型"找矿方法得到了充分的应用，同时，还将三维建模与成矿过程的定量模拟相结合开展矿区隐伏矿体的深部定位预测。该书是一部优秀的学术论著，可作为指导三维定量预测的重要参考书目。

值此专著付梓之际，谨以此序表示祝贺之忱。

中国科学院院士

中国地质大学（北京）教授

2019年4月

前　　言

　　数字地球作为地质学界乃至整个科学界一直以来的热点概念，首先要解决的问题就是如何建立数字化信息系统，利用信息技术将地球表面每一点上的固有信息数字化。这些信息主要是与空间位置直接有关的相对固定信息，如地形、地貌、植被、建筑、水文、地球内部构造等。随着地表矿、浅部矿及易识别矿的日益减少，找矿难度日益增大，找矿效果日益降低，重点找寻深部隐伏矿、新类型矿及新领域矿已经成为世界各国所关注的找矿方向，其中隐伏矿和深部矿的找寻已经成为许多国家和地区找矿的主要对象。因此，中大比例尺成矿预测的作用更加突出，它已经成为矿床勘查工作的一个重要组成部分。

　　21 世纪以来，随着计算机三维技术的迅速发展，越来越多的研究者开始从三维的角度进行大比例尺隐伏矿床的预测研究，并且取得了巨大的进步，如地学三维空间可视化储量计算、大比例尺成矿预测研究方法中的三维立体填图、地质体三维数据的获取和多元信息的三维可视化、矿体三维可视化和矿体储量计算、三维地质建模与隐伏矿床可视化三维立体定量预测、利用矿床矿体三维空间实体模型进行隐伏矿体推断。因此，使用三维可视化技术可以直观地展示地下地质体、矿体的空间形态、分布特征和相互关系。大比例尺隐伏矿床的预测研究越来越依赖于先进的计算机三维信息处理技术发展，同时需要发展先进的矿产勘查技术获取地下三维空间找矿信息，并选取适合的三维信息处理方法进行隐伏矿体的三维立体预测。

　　本书首先介绍了三维矿产资源定量预测研究现状、三维矿产资源定量预测理论和方法，然后考虑到不同预测尺度、不同矿化类型，分三个层次介绍了十个三维深部找矿预测的研究实例。第一层次是以找矿模型为指导的三维定量预测方法开展成矿带（矿集区）尺度的找矿有利靶区定量圈定，包含了两个研究实例：陕西华山-太峪口地区金矿深部三维预测评价，山东大尹格庄-夏甸地区金矿深部三维预测评价。第二层次是以找矿模型为指导的三维定量预测方法开展典型矿床（矿床尺度）的深部找矿，包含五个研究实例：内蒙古额济纳旗红石山金矿深部三维预测评价，甘肃大水金矿隐伏矿三维预测评价，陕西潼关小秦岭金矿 Q8 号脉三维预测评价，甘肃以地南金矿深部三维预测评价，青海红旗沟-深水潭金矿三维预测评价。第三层次是用三维建模与成矿过程的定量模拟相结合的方法开展矿区隐伏矿体的深部定位预测，包含三个研究实例：云南个旧高松矿田锡多金属成矿过程模拟三维预测，青海卡尔却卡铜多金属成矿过程模拟三维预测；云南个旧卡房新山勘查区锡多金属成矿过程模拟三维预测。

　　笔者及研究团队从事矿产资源定量预测评价工作二十余年，将传统的二维预测方法拓展到三维空间，提出了进行深部隐伏矿三维定量预测的思路框架，形成了深部三维定量预测的技术流程及技术方法，开发了配套的预测软件系统，实现了成矿有利信息三维空间分析提取及矿产资源三维定量预测评价，并已在全国各地五十多个不同矿床类型、不同矿种的矿区展开了应用研究。《隐伏矿三维定量预测十例》正是笔者及研究团队全体成员二十多年来进行矿产资源三维定量预测与评价研究工作中典型成果的总结和凝练。各章节分工编写如下：第 1 章，陈建平、向杰、郑啸；第 2 章，胡彬、史蕊；第 3 章，王文杰、李彩凤；第 4 章，安文通、胡彬；第 5 章，王焕富、向杰；第 6 章，尹晓云、安文通；第 7 章，安文通、向杰；第 8 章，胡桥、郑啸；第 9 章，于淼、于萍萍；第 10 章，贾东会、贾玉乐；第 11 章，常慧娟、王焕富。初稿完成后，由陈建平、向杰、李伟最终修改定稿。

全书内容丰富，是基础地质与信息技术的结合，既有地质理论的指导、找矿模型的构建，又包含数学模型以及 GIS 技术等的应用。本书通过不同的研究实例，使具体技术方法的介绍形象化，更便于对矿产资源预测评价技术体系的学习和理解；操作方法的介绍，不仅完善了整个方法体系，更有助于读者深入学习和实际操作。本书希望培养既懂地质，又熟悉数学和信息技术的交叉复合型人才，这对指导矿产勘查和科学合理地进行成矿预测工作具有重要的意义和实用价值。

本书是笔者及研究团队多年共同努力的结果，逾百篇学术论文、博士和硕士学位论文都分别体现在这十个示范区的研究中。尽管众多合作者的名字没有出现在作者名单中，但是大家始终是团队的一员，在此深表谢意。还要特别感谢长期指导本团队开展研究工作的院士、专家，中国地质调查局的领导和专家的关心、信任和鼎力支持，云南锡业集团有限责任公司各位领导和技术人员的长期指导与帮助，青海省、山东省、陕西省、甘肃省和内蒙古自治区地质调查院的各位领导和技术人员的长期指导与帮助，以及所有关心和帮助过本团队的各界人士。

陈建平

2019 年 4 月

目　　录

第 1 章　绪　　论

　　一直以来，能源与矿产资源问题既是科学前沿问题也是国家需求问题。随着我国国民经济的飞速发展，人们对矿产资源的需求（包括资源量和种类）不断扩大，与此同时，已知的矿产资源短缺，矿产资源的找寻难度不断加大，导致矿产资源的供需矛盾日益增大。面临如此严峻的矿产资源形势，亟须解决难识别、难发现、难利用（三难）和新类型、新深度、新工艺（三新）等问题，这就必须高度重视新理论、新技术、新方法的联合攻关（赵鹏大等，2004）。尤其是近年来找矿工作已经由早期的地表矿、浅部矿、易识别矿转向隐伏矿、深部矿、难识别矿，找矿难度日益增大，矿产勘查工作的成功率越来越依赖于对成矿规律的深入研究和矿产资源预测评价理论与方法的科学性。

　　矿产资源预测与评价经过约 50 年的发展，在经历了起步、发展和成熟阶段后，目前正朝着数字化、定量化和智能化方向发展。在起步和探索阶段，许多地质学家主要从资源总量、远景区评价、评价方法等方面进行了开创性的理论研究和应用研究。在此基础上，逐步形成了较完善的矿产资源定量评价系列理论与方法，突出的代表性成果包括国际地质科学联合会 IGCP①98 专题推荐的六种矿产资源定量预测评价方法、国际国内广泛应用的矿产统计预测理论与方法（Agterberg，1974；Zhao，1992）、美国地质勘探局倡导的"三部式"资源评价法（Singer，1993），以及我国学者提出的综合信息预测（王世称等，2000）、地质异常致矿理论和"三联式"成矿预测与资源评价方法（赵鹏大和池顺都，1991；赵鹏大，2002）、矿床模型综合地质信息预测技术（叶天竺和薛建玲，2007）等。自 20 世纪 90 年代开始，随着地理信息系统（geographic information system，GIS）空间信息技术发展，矿产资源预测评价逐步进入基于 GIS 等高新技术的矿产资源数字化与定量化预测评价阶段。近年来，随着计算机图形学技术及三维空间数据处理研究不断深入发展，矿产资源定量预测与评价进入了 3D-GIS 时代。三维矿产资源定量预测理论及方法体系日趋完善，本章主要介绍三维矿产资源定量预测研究现状、预测理论、预测方法等。

1.1　三维矿产资源定量预测研究现状

1.1.1　国外研究现状

　　21 世纪以来，随着计算机图形学技术及三维空间数据处理研究不断深入发展，三维建模与可视化技术被越来越多的人所认识。随后，由于计算机进行三维数据处理和表达能力的大幅度提高，真三维空间相关的地质建模理论、方法和软件得到飞速发展并进入实用

---

　　① 　国际地球科学计划（International Geoscience Programme，IGCP）

化阶段。三维地质建模最早是在 1993 年由加拿大学者 W. H. Simon 提出的，基于三棱柱模型建立了层状地质体模型（Simon，1994）。Houlding 于 1998 年详细论述了地质建模的部分基本技术方法，包括空间数据库建立、三角网模型构建方法、地质体边界勾画和连接以及储量计算等（Houlding and Renholme，1998）。2001 年，美国地质学会和加拿大地质学会的联合会议提出三维地质地图方面的 6 个专题，旨在探讨如何将二维制图向三维地质建模转换的问题，这一变化是为了迎合社会需求、应对资源利用问题（Thorleifson et al.，2010），并明确指出这一转换要配合先进 GIS 技术、数字制图、数据整理分析以及可视化技术才能全面实现（Whitmeyer et al.，2010）。此外，美国地质勘探局 2013 ~ 2023 年的资源勘查战略是通过开发集成三维和四维地球科学数据的信息来拓展 3500m 以浅资源-环境的研究领域；俄罗斯联邦地区建立了三维大区域、多层次的综合信息模型；英国地质调查局（British Geological Survey，BGS）系统开展了 3D-Geology 项目，分别针对不同范围和尺度进行了三维地质体建模，构建了 1：100 万全国性的三维地质模型——LithoFrame、1：25 万英格兰和威尔士范围内的地质模型、1：5 万 1200km² 范围内的南 Anglia 地区的模型。澳大利亚的"玻璃地球"计划，目标是使澳大利亚大陆地表 1km 范围及其发生的地质过程变得透明，以便发现澳大利亚下一代巨型矿床。加拿大地质调查局"勘查技术计划"（EXTECHI）已开展了四期，目的在于开发区域性和矿床尺度的综合地质模型并改进勘探理论和技术，探明 3000m 以浅的金属资源。如今三维地质建模广泛应用于水资源利用与管理、土地资源利用决策、地层学、构造学及第四纪演化等地球科学相关研究领域，尤其在矿产资源预测方面也有着很好的应用（Oliver and Thierry，2008；Benomar et al.，2009）。与此同时，国外涌现出了大批的三维地质建模和三维矿山软件，如 Micromine、Surpac、GOCAD 等。

1.1.2　国内研究现状

国内三维地质体可视化研究比发达国家晚，尤其是与矿产资源定量预测评价的结合更是长时间处于起步阶段。国内一部分研究人员致力于三维地质体建模方法的研究并积极进行三维建模软件的开发：吴立新等（2003）、齐安文等（2002）提出基于类三棱柱体元构建三维地质模型的方法；程朋根等（2004）提出似三棱柱体元建模方法；张新宇开发了 GSIS（地学三维空间可视化储量计算辅助分析系统）并在阿舍勒铜锌矿床和西岔金矿进行实际应用；北京东澳达科技有限公司开发了 3DMINE 矿业工程软件；中南大学数字矿山研究中心开发了 DIMINE 三维地质工程软件系统；尤其还有近年来由中国地质科学院矿产资源研究所肖克炎研究员领导的集体开发并不断完善的三维地质体建模软件 Minexplorer（探矿者），并在全国选取多个实验区进行建模及储量计算等应用研究（黄文斌等，2006；李莹等，2010；孙莉等，2011）。

另一部分研究人员更侧重于应用，即三维地质体建模技术如何服务于矿产资源定量预测与评价方面。尤其是这一技术能够很好地满足现状隐伏矿体预测的特点：20 世纪 90 年代初，赵鹏大等在安徽月山地区重点成矿区开展三维立体矿床统计预测研究工作，并指出大比例尺隐伏矿床的预测研究越来越需要依托三维信息处理技术，直观地展示地表以下的地质体的形态、分布和相互关系等，同时也需要更先进的能够获取地下信息的勘查技术和适合隐伏矿体预测的找矿方法（李紫金，1991；赵鹏大等，1992）；张正伟等（1999）总结大比例尺成矿预测研究方法时对三维立体填图基础上的地质制图预测法和综合信息量预测等关键技术也进行了总结；吴健生等（2001）以阿舍勒铜锌矿为研究对象，分别建立了三维矿体模型和三维地质体模型，并转化为立方块结构，利用数学地质方法统计矿体品位，估算储量；修群业等（2005）以 Surpac 软件为平台进行了金顶矿床钻孔及矿体三维建模并根据矿体空间形态及相互关系进行隐伏矿体推断；邹艳红（2005）以广西大厂地区为例，通过建立地测数据库和三维隐伏矿床可视化模型对研究区进行了定量预测；毛先成等（2009，2010）针对危机矿山可接替资源的评价和找矿问题，研究提出了隐伏矿体立体定量预测工作的核心流程，即"地质数据集成—成矿信息定量提取—立体定量预测"，并在广西大厂锡多金属矿床和安徽铜陵凤凰山矿田开展了应用研究。肖克炎等（2012）以我国甲玛等十几个矿山的三维建模预测工作为支撑，初步研究了矿田控矿构造的三维模拟、矿床模型的三维可视化以及三维信息的综合定量预测等关键技术问题，探讨了三维预测软件研发的技术难点，总结了大比例尺三维成矿预测的具体工作流程，并结合具体实例说明了应用的成效。

此外，陈建平等在云南个旧锡矿隐伏矿体预测评价研究中，提出了一种基于三维建模的"立方体预测模型"找矿方法，综合地物化遥（地质、物探、化探、遥感）多元信息，开展深部矿体定位、定量、定概率一体化的预测评价，圈定预测靶区，并对资源量进行了预测（陈建平等，2007b；吕鹏，2007）。随后该研究团队又成功地将此方法应用于新疆可可托海 3 号脉，建立稀有金属矿共生结构带三维模型，并对矿床储量进行了估算，开展了隐伏矿预测研究（陈建平等，2008b，2011a）。该团队于 2010 年完成了陕西小秦岭金矿带潼关段的隐伏矿体定量预测，首次在大区域内开展了三维预测研究（史蕊等，2011）；之后该成熟找矿方法成功地用于福建永梅铜钼矿床、湖南黄沙坪铅锌矿床、青海祁漫塔格铁铜多金属矿床、山东焦家金矿床、安徽铜陵等不同矿床类型不同矿种的深部隐伏矿体三维定位定量预测研究（陈建平等，2012a，2012b，2014a，2014b；向杰等，2016），并取得了很好的成果，形成了矿山与成矿带不同尺度的三维预测评价技术方法体系。在三维基础上利用计算机三维建模与可视化技术和地质统计学等进行隐伏矿体的三维成矿预测已逐渐成为近年来矿产勘查领域的一大亮点。

1.2 三维矿产资源定量预测理论

三维矿产资源定量预测理论，可以用一句话概述：以多年积累的二维地质调查成果与经验为基础，依托三维可视化技术拓展为三维地质实体模型，以成矿控制因素有利组合部位的定量圈定与筛选实现深部矿产资源的定位与评价。因此，系统地收集研究区的地质、矿产基础资料，在平面地质图和剖面（钻孔）图等地质资料的基础上，利用地质三维建模技术构建三维地质模型；在此基础上，针对成矿有利部位开展矿产地质调查、深部钻探和大比例尺物化探等工作；利用三维矿产预测模型，有机地组合各种成矿预测相关信息，提取有利成矿条件，寻找有利组合的空间部位；实现深部矿产资源的定位定量定概率预测评价，工作成果采用三维技术与虚拟现实技术进行集成表达与综合分析。

总体上，整个隐伏矿三维矿产资源定量预测工作主要分为三维实体建模、可视化预测评价、成果集成分析三个模块（图1.1）。

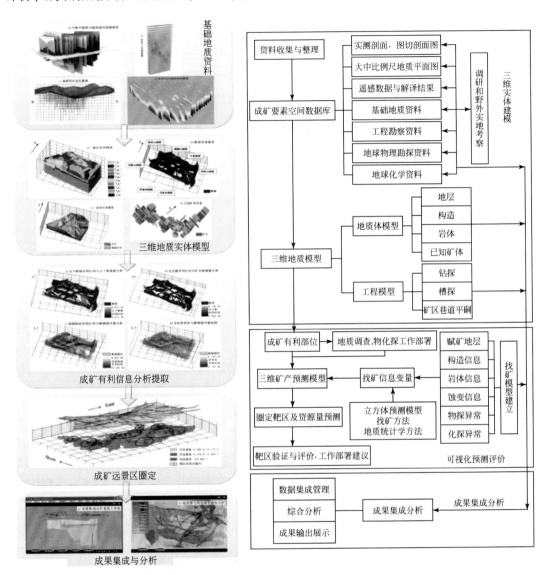

图 1.1　三维定量预测理论与方法技术路线图

1.2.1　三维地质建模理论

传统的地质信息模拟和表达方式主要有两种：①采用平面图和剖面图，如工程部署平面图、钻孔剖面图和地质剖面图等，将三维地质环境中的地层、构造和矿体等地质现象投影到某一特定二维平面上表达；②依据透视和轴侧投影原理，将三维地质体和地质现象进行透视制图或投影到两个以上的平面上进行组合表达。它们均存在着制图过程复杂烦琐、空间信息表达失真和信息更新困难等问题。针对这些不足和缺陷，一些专家学者不断尝试借助计算机和可视化技术从三维空间角度去表达地质体，并形成了一系列卓有成效的理论和技术方法。通过阅读文献对国内外三维空间建模方法进行总结，目前应用在地矿领域的主要有三种类型建模方法，分别为基于面的建模方法、基于体的建模方法、混合建模方法（表 1.1）（杨东来等，2007）。

表 1.1　三维空间建模方法分类

面模型（facial model）	体模型（volumetric model）		混合模型（mixed model）
	规则体元	非规则体元	
不规则三角网（TIN）	结构实体几何（CSG）	四面体格网（TEN）	TIN-CSG 混合
格网（Grid）	体素（Voxel）	金属塔（Pyramid）	TIN-Octree 混合或 Hybrid
边界表示（B-Rep）	八叉树（Octree）	三棱柱（TP）	Wire Frame-Block 混合
线框（Wire Frame）或相连切片（Linked Slices）	针体（Needle）	地质细胞（Geocellular）	Octree-TEN 混合
断面（Section）	规则块体（Regular Block）	非规则块体（Irregular Block）	GTP-TEN 混合
断面–三角网混合（Section-TIN mixed）	—	实体（Solid）	—
多层 DEM*	—	3D Voronoi 图	—
—	—	广义三棱柱（GTP）	—

* 为数字高程模型（digital elevation model，DEM）。

1）基于面的建模方法

基于面的建模方法倾向于构建三维空间实体的表面，常用于表达地表起伏形态、地质体表面及地下工程轮廓等。常用的方法包括 TIN 模型和 Grid 模型、边界表示（B-Rep）模型和线框（Wire Frame）模型等。通过面模型表示三维空间实体轮廓，便于显示和数据更新；但其表征方式通常过于简单，不能对三维目标物的内部属性进行描述，难以实现进一步的三维空间查询和分析等复杂应用。

TIN 模型和 Grid 模型通常用于实体表面建模，如地表形态模拟（图 1.2）。TIN 模型是

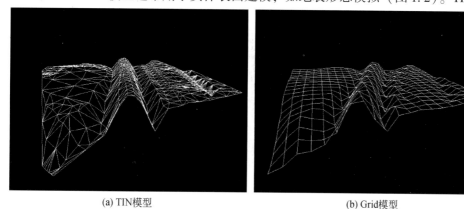

(a) TIN模型　　　　　　　　　　　　　　(b) Grid模型

图 1.2　TIN 模型和 Grid 模型

将无重复的散乱数据点按某种规则进行三角剖分，用形成的不规则三角网来描述三维表面形态；而 Grid 模型是在综合考虑了采样点密度和分布不均等特点，进行数据内插后形成的规则平面分割网格（Gold and Maydell, 1978; Nicolas and Renato, 1991; Victor, 1993）。

B-Rep 模型和 Wire Frame 模型常用于封闭表面或外部轮廓构建。其中 B-Rep 模型由拓扑结构和几何形态（包括曲面、曲线和点）两部分组成，这种模型详细记录了构成形体的几何要素信息和连接关系，直接存取构成形体的面、边界和顶点参数，有利于各种几何运算和操作；Wire Frame 模型是将目标空间轮廓上的点用线段连接起来，形成一系列多边形，然后把多边形面拼接起来，构成多边形网格，模拟地质边界或开采边界（图 1.3），当采样点或特征点呈沿环线分布时，所连成的线框模型也可称为相连切片模型（许斌等，1994）。

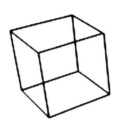

图 1.3　线框模型

断面（Section）模型、断面-三角网混合（Section-TIN mixed）模型常用于地质建模。断面建模技术是根据计算机上显示出钻孔和沿钻孔信息的断面，圈定各种岩石类型轮廓线并得到数字化的地质边界来实现的（阿列尼切夫等，1995）；断面-三角网混合模型，是在二维地质剖面上，将每一条表示不同地层或其他特殊意义的边界（如断裂、矿体和岩体等边界）赋予属性值，再将相邻剖面上属性相同的界线用 TIN 连接，从而构成了具有属性含义的三维曲面。

2）基于体的建模方法

体模型是基于三维空间体元分割和真三维实体表达建立起来的，体元的属性可以独立描述和存储，从而方便模型三维空间的操作和分析。体模型根据体元的面数可分为四面体、六面体、棱柱体和多面体四种类型；还可以根据体元的规则性分为规则体元和非规则体元。

规则体元包括结构实体几何（CSG）模型、体素（Voxel）模型、八叉树（Octree）模型、针体（Needle）模型和规则块体（Regular Block）模型，其中 Voxel 模型和 Octree 模型是基于无采样约束的连续空间的标准分割方法，而 Needle 模型和 Regular Block 模型用于简单地质体建模。规则体元有 3 种较为常用的建模方法（图 1.4）：①CSG 模型通过不同物体间简单的布尔运算操作来创建复杂表面和实体，表达精致，但不利于地质体属性的赋值和保存。②Octree 模型是将三维空间分为 8 个象限，且每个节点处存储 8 个元素。对于均质体（即象限中所有体元类型相同），数值直接存入相应节点中；对于非均质体，要进行象限细分，直到每个节点所代表的区域都是均质体为止，且每次递进各节点中的数据指向下个节点（Simon, 1994; Homer and Thomas, 1998; 韩国建等，1992）。③Regular

Block 模型实质是用一系列大小相同的正方体（或长方体）表示三维空间，可以通过克里格法、距离反比法或其他方法来确定每一小块体的参数值（如岩性或品位信息）。模型结构简单，对于空间地质体属性能够有效地进行赋值、保存和数值处理（如矿体的品位和储量估算），但在地质体形态表达上误差大，难以满足实际要求。

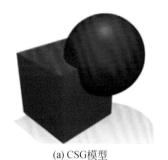  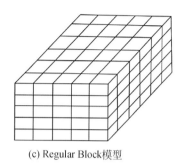

(a) CSG模型　　　　　　　(b) Octree模型　　　　　(c) Regular Block模型

图 1.4　规则体元

非规则体元是有采样约束的、基于地质体界线的、面向实体的三维模型，包括四面体格网（TEN）模型、金属塔（Pyramid）模型、三棱柱（TP）模型、地质细胞（Geocelluar）模型、非规则块体（Irregular Block）模型、实体（Solid）模型、3D Voronoi 图模型和广义三棱柱（GTP）模型 8 种模型。非规则体元有 4 种较常用的建模方法（图 1.5）：①TEN 模型是在 3D Delaunay 三角化研究基础上提出的，能较好地描述实体内部特征（Joe，1991；Pilouk et al.，1994）。用互不相交的直线将散乱数据点两两连接形成三角面，再由互不相交的三角面构成四面体格网，并经四面体剖分插值得到三维空间信息。②Irregular Block 模型的块体在三个方向上尺度互不相等且不是常数，可以根据三维空间界面变化进行模拟，提高模型精度。③Solid 模型的实质是采用线框模型描述地质体的几何边界，用块体模型描述地质体的品位等内部固有特征，是一种发展成熟且应用广泛的建模方法。其优点在于充分利用剖面和钻孔数据，非常符合地质工作的方式，建模过程中人工解译工作量大，因此模型能够较为精确地描述地质体的几何形态，也可以描述其固有属性，且编辑操作简单、便捷。④GTP 模型是在 TP 模型基础上，针对实际地质工作中钻孔倾斜的特点，提出的适用于不平行边建模的方法。通常用 TIN 模型表达不同地层面，利用侧面空间四边形描述层面间的空间关系，用柱体表达层间的实体部分（Wu et al.，2001）。

  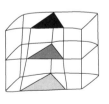

(a) TEN模型　　　(b) Irregular Block模型　　　(c) Solid模型　　　(d) GTP模型

图 1.5　非规则体元

3）混合建模方法

面模型构建方法侧重于三维空间实体表面的表示，它便于显示和数据更新，但难以进行空间分析；体模型建模方法倾向于三维空间实体的边界和内部表示，这种方法使空间操作和分析变得简单，但需要的存储空间较大，效率较低。混合模型是在综合面模型和体模型优点的基础上提出的，包括 TIN-CSG 混合模型、TIN-Octree 混合模型、Wire Frame-Block 混合模型、Octree-TEN 混合模型和 GTP-TEN 混合模型。此处介绍两种常用混合模型：①TIN-Octree 混合模型兼具 TIN 和 Octree 模型的优点，TIN 模型用于可视化与表达拓扑关系，以 Octree 模型描述地质体内部结构（Shi，2000）。②Wire Frame-Block 混合模型以 Wire Frame 模型模拟地质体轮廓和边界，用 Block 模型描述内部特征和属性，可用 Wire Frame 的三角面与 Block 体的截割角度来确定块体细分次数，据此提高建模精度（惠勒等，1989）。

1.2.2 可视化预测理论

可视化预测理论是指在地下三维空间可视化的基础上，以矿床成矿规律及预测理论为指导，通过合适的 GIS 三维图层来表征与成矿相关的各类地质特征，选用恰当的数学模型对地下空间的成矿可能性进行评估，并根据成矿概率圈定找矿远景区（或靶区）。

1.2.2.1 "立方体预测模型"找矿方法

"立方体预测模型"找矿方法从定性找矿向定量找矿迈出了新步伐，实现了传统的二维找矿向三维找矿的新突破（陈建平等，2009a）。"立方体预测模型"找矿方法找到了老矿山扩展第二找矿空间的新路子，其优越性除了实现找矿靶区的定位外，还能够实现所预测资源的定量。三维地质实体模型能够生动形象地反映各地质体的三维形态，以及各地质体与矿体的相互关系，但要定量分析矿体和相关地质体时则需要借助于块体模型。块体建模技术是一种传统的地质建模方法，该类建模方法是把要建模型的空间分割成一定尺度的三维立体网格，每个块体被视为均质同性体，所有立方体网格的属性变化规律就近似地表达了地质体的内部变化规律。这样的最小立方体被称为块段或块段单元。每个块段单元在计算机中存储的地址与其在自然矿床中的位置相对应（图1.6）。

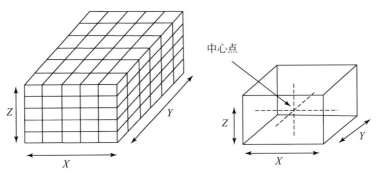

图 1.6 块体模型定义（左图为块体模型；右图为块段单元）

"立方体预测模型"找矿方法是以块体模型为技术基础提出的，它的实质是一种数据的存储和管理方式，将地质信息离散化、定量化，方便有条件地提取、赋值和运算等操作。块体模型用在矿产资源定量评价中，首先通过研究矿区控矿地质条件和找矿标志在空间上，特别是在深部的变化规律，综合分析处理各种深部找矿评价的定量化信息，建立三维找矿地质模型，然后建立研究区地层、构造、岩体、矿体等的三维实体模型，并根据实体模型进行研究区三维立方体提取，并将找矿定量化信息赋予每一个立方体，最后通过地质统计预测开展深部矿体定位、定量、定概率一体化的三维预测（陈建平等，2009a）。

1.2.2.2 成矿过程数值模拟理论

简单地说，数值模拟就是利用计算机软件进行数值分析。数值解法的基本原理是将研究域划分成网格，在每个网格的节点将偏微分方程转化为代数方程，然后来解这些代数方程。基于连续介质的数值方法是将复杂的物体简化为数学意义上的连续体来进行模拟计算，主要包括有限元法、边界元法、有限差分法等。有限元法（finite element method，FEM）目前应用比较广泛，是近似求解连续问题的数值方法。其基本思想是利用有限个单元组成的离散化模型最大限度地逼近研究对象，再运用计算机技术求出数值解，即将一个物体离散成有限个连续单元，单元之间利用节点相连，每个单元内赋予对应属性参数。根据边界条件和平衡条件，建立并求解以节点位移或单元内应力为未知量，以总体刚度矩阵为系数的联合方程组。剖分单元数量越多，计算值越接近实际情况，求解越真实。边界元法（boundary element method，BEM）是继有限元法之后出现的数值方法，其基本思想与有限元法相类似，不同的是边界元法不是在连续域内划分单元，而是将边界离散化，从而使边界积分方程的求解转化为代数方程组的求解。有限差分法（finite difference method，FDM）是用相邻节点之间的差异代替偏微分方程的导数，从而将求解偏微分方程的问题转化成求解代数方程组的问题。其中，拉格朗日差分法是一种新型的数值分析方法，与有限元法和边界元法的不同之处在于，它是一种显式计算方法，而有限元法和边界元法是隐式计算方法。显式差分法在求解时，未知数都集中在方程的一边，无须生成刚度矩阵，也不用求解大型联立方程，因而占用的内存较少，便于求解较大的工程问题。

成矿地质过程的数值模拟的基本原理是遵循自然规律和科学定律，如物质守恒定律、能量守恒定律等，是以数学、物理学等学科中的基本规律为原理，基于地球科学资料所构建的地质模型为实验研究对象，借助计算机处理系统的综合研究。成矿地质过程的数值模拟研究，是采用数学、物理方法对相关地质问题的科学描述，利用理论分析和数值模拟的方法，对相关地质过程进行定量化求解。因而，能够充分反映对岩石圈的基本物理化学过程（如介质变形过程、流体流动过程、热传递过程和水岩化学反应过程等）及相关的地学基本科学问题的认识，是探讨成矿地质过程等复杂地质学问题的基本前提条件。数值模拟的结果是得到流体流速、温度及压力等在空间和时间上的分布，上述参数定义了流体系统和过程的模型，数值解的过程被称为数值模拟。一般来说，成矿地质过程的数值模拟研究先从简单模型做起，如简单的几何形态是数值模拟常采用的简化方法，能有效地突出一些基本的科学问题，如仅发生温度场的改变，会导致流体发生对流和含矿热液系统的化学反应，可再现成矿物质的溶解、沉淀过程。成矿地质过程数值模拟的研究方法主要包括三个部分，一是建立科学的高级数值计算方法，这是数值模拟研究的核心。依据为人们所认识的自然规律和科学定律所建立的数学物理方程组，可以定量化地模拟相关的地质过程，将地质科学纳入定量的科学理论范畴。有限元法和有限差分法是目前解决这类耦合问题比较有效的方法。二是将上述建立的高级数值计算方法转化成计算机语言，主要由计算机方面的专家通过编写程序实现，并研发出数值模拟软件。三是以观察到的地质现象为依据，结合已有的地质资料，选择适当的参数进行数值模拟实验。地质过程的数值模拟已成为继理论研究和物理实验之后新的研究手段，通过数值模拟可以验证提出的各种成矿理论，阐明和再现复杂地质系统的时空演化。数值模拟的出现及广泛应用，推动了传统地球科学经验性和描述性的基本研究方法向以定量化和预测性为目标的综合性学科转变。

1.3　三维矿产资源定量预测方法

1.3.1　三维地质建模方法

　　常用的三维地质建模方法包括基于钻孔建模（Lemon and Jones，2003）、基于平行剖面建模（屈红刚等，2006）、基于多源数据建模（Wu et al.，2004）等。其中，基于钻孔建模可以较好地完成对层状地质体的模拟，但由于缺少构造信息无法建立构造模型；基于平行剖面的建模方法是通过相邻剖面之间对应的轮廓线连接来模拟地质体的形态，一般用于单体建模，在遇到较复杂的地质情况时，剖面之间轮廓线的对应会出现多解性；基于多源数据的建模是将相关的地物化遥多种信息有机地融合形成更加符合真实情况的地质模型，目前并没有形成完整的方法体系。在进行三维地质建模时，必须根据具体的地质情况选取合适的建模方法。

　　三维线框模型的构建主要是采用了 TIN 技术中的 Voronoi 图与 Delaunay 三角形算法。TIN 是一种表示数字高程模型的方法，它既减少规则格网方法带来的数据冗余，同时在计算效率（如坡度）方面又优于纯粹基于等高线的方法。线框模型是将面上的点用线段连接起来，形成一系列多边形，然后把多边形面拼接起来，构成多边形网格，模拟地质边界或开采边界。线框模型输出的图形是"线条图"，符合工程制图的习惯，适合于从任何方向得到三维视图，满足透视图的要求。地质体的地质形态复杂多变，很难用规则的几何体来描述，它需要一种灵活、简便、快速的方法来建立地质体的不规则几何模型，这种模型正是基于这一需要提出来的。但由于线框模型是用棱边来代表物体形状，只包含了物体部分信息，因而利用几何模型输出剖面图、消隐图及进行其他一些深入的图形分析时会遇到障碍。

　　目前，国内外地质矿业界涌现了众多地质采矿三维可视化方面的软件，具代表性的有澳大利亚 Surpac 公司的 SurpacVision 软件、Micromine 公司开发的 Micromine 软件、MAPTEK 公司开发的 VULCAN 软件，加拿大 LYNX GEO-SYSTEM 公司开发的 LYNX 和

MicroLYNX+软件、Geovia 公司的 Surpac 软件，以及英国 MICL 公司的 DataMine&Guide
软件等。无论采用哪款软件，都具有相似的工作流程，都可以实现三维地质实体的
建模。

以多年积累的二维地质调查成果为基础资料，系统地收集研究区的地质、矿产基础资
料，在平面地质图和剖面（钻孔）图等基础地质资料的基础上，依托三维可视化技术建立
三维地质实体模型，工作成果将采用新技术进行集成表达。本书建立的三维地质模型主要
包括地层、构造、岩体、矿体等地质实体模型，如图 1.7 为地质体建模的技术流程图。

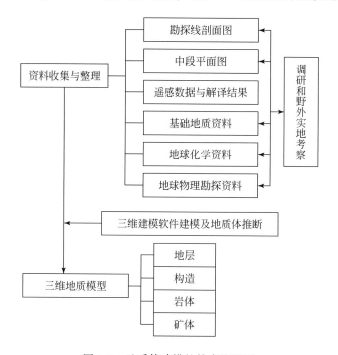

图 1.7　地质体建模的技术流程图

1.3.2　立方体模型最佳单元尺度估计

传统的二维矿产资源预测研究中，通常使用网格单元法对各类构造成矿有利因素进行
定量分析，提取出成矿有利信息作为预测图层，和其他成矿有利条件一起参与预测工作。
隐伏矿三维定量预测中，立方体单元取代了网格单元，但无论是二维还是三维成矿预测，
都涉及一个重要的问题，那就是如何科学有效地选取预测单元（网格或立方块）的尺度
大小。

前人在实际研究中通常采用以下几种方法：①根据已知矿点的密度，确保没有两个
矿点落在同一预测单元内，这是证据权法进行预测的基本要求；②依据研究区范围大
小，选取合适的预测单元，使总预测单元数不能过多也不能太少；③依据资料的详细程
度，以能反映出某个特征变量的变化趋势为准则，确定预测单元的大小。这些方法都在
一定程度上给出确定预测单元尺度的经验，但并没有从根本上解决如何确定预测单元最

佳尺度问题。

作者所在研究团队研发的"隐伏矿体三维预测系统"软件基于分形理论来确定立方体模型的最佳单元尺度，该方法依靠观察不同块体尺度时提取的成矿有利信息的分形特征稳定程度来判断提取的某一种成矿信息是否具有一致的自相似性，能够科学有效地确定预测单元的最佳尺度并应用于矿产资源预测研究中（郑啸，2013）。

1973 年，Mandelbrot 首次提出了分形的定义：设集合 $F \in \mathbf{R}$ 的 Hausdorff 维数是 DH，如果 DH 严格大于 F 的拓扑维数 DT（DH>DT），那么集合为分形特征集，简称分形，用以强调"局部和整体具有某种方式的相似"。分形的研究对象为自然界以及社会中大量存在的具自相似性的复杂系统。成矿系统是一种典型的强非线性系统（於崇文，2006），各类地质过程、现象、特征广泛存在自相似性，分形理论已经广泛应用于众多地学研究领域中并取得了丰硕的成果（Hronsky and Groves，2008；成秋明，2008；崔巍等，2011）。

断裂是由于地壳内动力作用于岩石，沿着某一方向产生机械破裂，使其整体性和连续性被打破的一种自然界中普遍存在的复杂地质现象。研究表明，断裂构造的形成、分布和几何形态都具有分形特征（Mandelbrot，1983），可以通过分维值来定量地描述（王洪兴等，2006）。分维值是断裂条数、规模、组合方式复杂程度的一个量化综合表达参数，能够体现构造这个复杂系统的动力学机制。因此，如果构造成矿有利信息本身具有分形分布的特征，就可以利用分形理论研究构造有利信息模型的最佳单元尺度。

例如，为了检验特征值在某金矿成矿带的分布表现形式，用边长为 100m 的立方体单元覆盖研究区的断裂构造三维模型，计算每个单元块内各类构造成矿有利信息值 F，并统计大于某一阈值的累积立方块体积 V [$>F$]，投到双对数坐标系中，用最小二乘法进行拟合，获取有利信息值的分布特征。选用信息值–体积（即 F-V）这种多重分形模型来度量有利信息值在研究区的广义自相似性，为了便于观察，将所有特征乘以一个系数让全部特征值的有效数据最小值大于 1，相当于在双对数坐标系下沿 Y 轴进行平移，让投点均落在 Y 轴的正半轴，这并不影响对分维数的研究（图 1.8 ~ 图 1.11）。

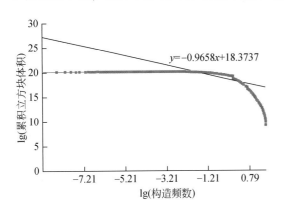
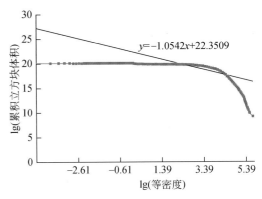

图 1.8　构造频数与累积立方块体积双对数散点图　　图 1.9　等密度与累积立方块体积双对数散点图

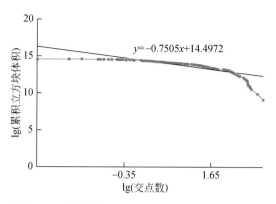 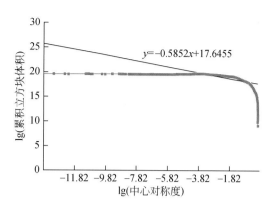

图 1.10 交点数与累积立方块体积双对数散点图　　图 1.11 中心对称度与累积立方块体积双对数散点图

以上结果表明，大多数的构造有利信息值 F 与累积立方块体积 V 均具有幂律分布特征，两者服从如下幂律关系：

$$V(>F) = c \times F^{-D} \tag{1.1}$$

函数是由参数 c 和分维数 D 共同确定的，每一组参数都对应着一个分形分布规律。上面是一个尺度下的构造有利信息在区域上的分形特征的表现，通过改变观测尺度，可以研究不同观测尺度下构造有利信息值的分形特征的稳定性。此方法的原理是用边长 R 的立方块覆盖研究区，从双对数图像上记录各构造有利信息值的幂律特征，计算其总体分维数，依靠改变尺度 R 来观察分维数的变化和不同尺度下的整体自相似性，得到分形特征的稳定区间。从式（1.1）可以看出函数分布与尺度 R 无关，只与 c 和 D 有关，因此，如果超出分形稳定区间的块体尺度，计算出的分维数（有利信息值的相似性）会发生明显改变，我们便可以有效判断构造有利信息值分形稳定性区间。依次用此方法对研究区内的构造频数、等密度、交点数和中心对称度在 5 ~ 500m 的立方体模型中进行计算，从而对其自相似区间展开分析。通过以上的分析可知，不同构造有利特征提取计算方法不同，数据精度的敏锐度也不同，因此不同构造变量所对应的最佳尺度不尽相同。综合考虑进行构造有利信息提取时，能够恰当地表现构造有利特征以及块体尺度在某特征分形分布的稳定区间范围，兼顾计算机性能及计算时间，最终来确定划分立方体单元块的尺度。

1.3.3 成矿有利信息分析提取

找矿模型可作为区域成矿找矿理论与矿产定量预测的"桥梁"，基于找矿模型，定量分析各成矿有利信息与矿化分布关联关系对找矿预测至关重要。对于资料丰富的浅部异常分析提取方法，成矿地质异常信息分析主要包括地层控矿要素分析提取、构造控矿要素分析提取、岩体控矿要素分析提取、地球物理找矿标志分析提取、地球化学找矿标志分析提取和遥感地质找矿标志分析提取 6 个部分。

1.3.3.1 地层控矿要素分析提取

对于地层控矿要素，由于成矿在时间上的不均一性，通过地层含矿性分析，得到地层时代对成矿的控制作用；结合地层与岩性分析，得到一定时期内成矿物质来源和环境因素对成矿的控制；对地层本身及结合构造发育进行地层复杂性分析，得到地层复杂程度对成矿的控制作用。除传统的地层控矿要素的分析外，本小节研究了岩性（层）界面、特殊岩性层位、蚀变特征等地层有利控矿条件的分析与提取。表 1.2 为主要的地层控矿要素定量分析描述。

表 1.2　地层控矿要素定量分析描述

控矿要素	地质特征描述	变量类型	定量分析描述
地层条件	地层含矿特征	赋矿地层	地层含矿性分析
	地层构造特征	地层断裂控矿表征	地层组合熵
	地层复杂程度	地层出露复杂地段	地层种类数
	岩性（层）界面	层间破碎带	层间破碎带
		不整合面	平行不整合面
			角度不整合面
		岩性差异面	硅钙面
			火山岩和沉积岩界面
	特殊岩性层位	成矿有利岩性特征	特殊岩性段
	蚀变特征	蚀变带	有利围岩蚀变
	剥蚀保存	风化壳	风化剥蚀面
		侵蚀基准面	侵蚀基准面

1.3.3.2　构造控矿要素分析提取

构造控矿要素是控制矿床形成和分布的重要因素之一。对于内生矿床，大的断裂构造往往是岩浆热液的运移通道，起着控岩控矿作用；次级断裂构造则对矿床（体）的产出和分布起到直接控制作用；对于外生矿床，断裂构造影响到沉积环境及后期的保存、改造条件。就构造在成矿过程中的作用而言，可以分为导矿、散矿（配矿）和容矿（赋矿）构造；从构造运动与矿化的时间关系而言，可以分为成矿前、成矿时及成矿后构造，它们对成矿物质的集散起着不同的作用；就构造发育的规模而言，可分为全球性构造、区域性构造、矿田、矿床、矿体范围的构造。不同级别、不同规模的构造，对成矿起着不同的控制作用，它们分别控制了矿带、矿田、矿床以及矿体的产出和展布。

深入研究构造控矿要素，对成矿预测具有十分重要的现实意义。通过构造交汇信息与构造岩浆活动特征分析岩浆热液上移的通道，进而分析其导矿、容矿特征；通过分析断裂缓冲实现对构造带特征进行分析；就构造发育的规模而言，通过主干构造和局部构造分析可以得到构造的空间展布特征。除此之外，还研究了构造形态特征（等间距控矿）和构造时序特征（构造分层解析）的成矿控矿分析以及不同规模构造的控岩控矿作用分析，如褶皱构造区域上控岩与组成部分控矿的分开讨论与提取。分析构造运动的时序与矿化的时间，得到成矿前、中、后不同时期构造对成矿物质运移、富集、保存的条件；对褶皱构造的提取，分析其对矿产的控制作用。表 1.3 为构造控矿要素定量分析描述。

表 1.3　构造控矿要素定量分析描述

控矿要素	地质特征描述	变量类型	定量分析描述
构造条件	构造含矿特征	有利成矿构造	构造含矿性分析
	构造带特征	断裂影响范围	断裂缓冲区
		褶皱控岩	褶皱分层提取
	构造发育及展布特征	主干构造	深大断裂（等密度/构造频数）
			断裂优益度
		局部构造	主要的成矿空间（构造频数/等密度）
			方位异常度
		构造方位	控矿方位
			异常方位
			主干构造发育方位
	构造导矿、容矿特征	构造交汇特征	构造交汇处
			构造交点数
		构造岩浆活动特征	中心对称度
	构造形态特征	等间距控矿	等间距控矿空间
		褶皱控矿	褶皱控矿部位
	构造时序特征	构造分层解析	成矿期构造特征提取

1.3.3.3　岩体控矿要素分析提取

岩浆活动是地壳运动的主要形式之一，许多内生矿床的形成和分布都不同程度地受岩浆活动因素所控制。矿床的物质来源（特别是内生矿床）的重要方面是由岩浆活动所提供的。一定类型矿床的形成及分布与一定类型的岩浆活动有关。因此，在矿产勘查中，某些岩浆岩体的存在，可以作为预测与其有关的矿床的地质条件。对于岩体控矿要素分析提取的研究，主要包括：①通过岩体缓冲区分析可以定量提取岩体对成矿作用的影响范围；②通过构造对称性特征结合岩体可以实现岩体分异中心及热液活动特征分析；③结合钻孔中样品分析岩体类型、成分和地球化学特征对成矿的指示作用；④通过岩体剥蚀程度可以分析矿床的保存条件；⑤通过对岩体的分异特征可以分析岩体的形态，挖掘有利岩体成矿部位等。表 1.4 为岩体控矿要素定量分析描述。

表 1.4　岩体控矿要素定量分析描述

控矿要素	地质特征描述	变量类型	定量分析描述
岩体条件	岩体含矿特征	有利成矿岩体	岩体含矿性分析
	岩体影响范围	有利岩体缓冲区	岩体缓冲范围
	岩浆热液活动特征	脉岩	脉岩
	岩体分异特征	岩体岩性多样性	岩体岩性种类数
		岩体分异系数	岩体复杂程度
	岩体顶面形态	岩体凹凸度	岩体顶面凹凸度变化率
		有利成矿岩体部位	岩体特殊部位

1.3.3.4　地球物理找矿标志分析提取

各类地球物理场通过场态与强度信息反映着三维空间上的丰富地质特征和各类控岩控矿要素。地球物理的探测手段和探测精度在近年来得到了不断丰富和发展，研究人员可以获取到多种高精度的地球物理信息，如高精度航空物探、大功率阵列、地震测量、瞬变电磁法、井中电法、核磁共振测井等。建立不同岩石类型、地质体及构造的地球物理模式，依据不同场态、强度等特征，客观地划分各类地球物理场。以物探方法解释具有不同物理特征的地质体、线性构造、矿化体和矿体（郭孟习等，1999）。对地球物理数据进行处理和转换分析，不仅可以获得地表地质体和地质现象的信息，还可以提取深部地质信息，与化探、遥感获取的信息相结合，进行综合信息的地质解释，对深部隐伏矿体的预测具有重要意义。表 1.5 为地球物理找矿标志定量分析描述。

表 1.5　地球物理找矿标志定量分析描述

找矿标志	地质特征描述	变量类型	定量分析描述
地球物理	重、磁、电、震分析	视电阻率异常分析	等值线陡变带及拐点
		重、磁异常分析	正异常、负异常、陡变带、凹凸带
		重、磁综合分析	磁重比值分析
		重、磁背景分析	（重、磁）趋势分析
		重、磁三维展布	（重、磁）延拓分析

1.3.3.5　地球化学找矿标志分析提取

地球化学信息既包含控矿要素（矿床是某些化学元素高度富集的地质体），也包含找矿标志，地球化学异常本身的特征在很大程度上反映了矿体的特征。某一地区的区域地球化学特征是决定该地区内成矿特征的内在因素，它提供了成矿的矿质来源，决定了成矿的元素种类及共生组合特征。同时，各种地区化学分散晕（原生晕、次生晕）即围绕矿体周围的某些元素的局部高含量带也是重要的地球化学找矿标志。表 1.6 为地球化学找矿标志定量分析描述。

表 1.6　地球化学找矿标志定量分析描述

找矿标志	地质特征描述	变量类型	定量分析描述
地球化学	成矿元素分析	单元素异常	单元素异常
		元素组合异常	元素组合异常
	成矿系列分析	成矿系列分析	相关分析、聚类分析
	成矿背景分析	异常背景场	异常背景场
		背景与局部异常	背景与局部异常分析
	成矿富集条件	成矿富集条件	富集系数
	成矿保存条件	成矿保存条件	剥蚀系数
	成矿运移分析	构造地球化学分析	构造地球化学信息
	化探异常深部特征	化探异常深部特征	成矿元素延拓分析

1.3.3.6 遥感地质找矿标志分析提取

遥感具有能够客观地反映地质体包括矿化异常空间信息和波谱信息的特点。除了能真实地显示地表地质体和地质现象的形态和空间分布特征外,遥感还能记录不同波段范围内地物辐射量。不同的矿物、岩石蚀变具有不同的吸收特征和反射波谱,并直接反映为不同的波谱曲线。根据这种特性,即使是隐伏矿体,只要有一定面积的与矿化相关的蚀变地质体出露,就有可能通过遥感技术手段找到,且蚀变强度越大,地质体形迹越清晰,对蚀变、构造等矿化异常信息的提取越为有利。因此可以直接或间接利用遥感图像反映的空间特征和波谱特征,得到矿化异常标志。具体可以通过多光谱和高光谱遥感对蚀变信息(铁染、羟基和硅化等)进行提取和组分填图,并将结果分别与元素、矿化、构造、岩体、地层和地貌 DEM 相互对比叠合分析,更深化对遥感蚀变信息的表述。主要的遥感地质找矿标志定量分析描述见表 1.7。

表 1.7　遥感地质找矿标志定量分析描述

找矿标志	地质特征描述	变量类型	定量分析描述
遥感信息	多光谱遥感	遥感蚀变信息提取	羟基、铁染
	高光谱遥感	遥感蚀变组分填图	蚀变组分信息
	遥感与化探对比	蚀变指示元素组合	蚀变指示元素
	遥感与矿化对比	遥感矿化蚀变组合	矿化蚀变信息
	遥感蚀变特征分解	遥感蚀变+构造	线性构造、环形构造
		遥感蚀变+岩体	解译岩体
		遥感蚀变+地层	解译地层
		遥感蚀变+地貌	解译地貌

1.3.4　定位、定量、定概率预测评价

矿产资源定量预测的目标是实现定位、定量和定概率的预测评价。其中,定位是预测结果在空间上的分布情况,优选成矿有利地段,圈定靶区;定量主要针对预测结果的资源潜力估算,定量的特性也贯穿在整个预测评价中,包括对控矿要素的定量分析和综合处理;定概率是预测结果可靠性的反映。

1.3.4.1 定位预测——预测靶区圈定

矿产资源定量预测研究的最终目的是识别和发现新的成矿有利区域,对研究区矿产资源的潜力进行评价,建立定量化的预测模型并且采用合理的数学方法是综合分析成矿有利条件、找寻深边部隐伏矿体的重要手段。在定量预测评价方法的选择上,除了应用证据权法、德尔菲法、找矿信息量法、特征向量法、平方和特征分析法、地球化学块体方法等数学方法外,还提出了多种方法结合进行预测的思路,既提高了定位预测结果的准确性,又

获得了各种预测方法的技术流程，适用于不同资料详细程度的地区开展定量预测评价工作。在成矿有利度计算的基础上，基于统计收敛确定成矿有利度阈值，划分成矿有利区间，圈定成矿有利区及靶区。

1）矿产预测中常用的数学方法

利用统计方法对已有数据进行处理，进而推断其内部规律，并据此进行矿体定位仍是成矿预测的主流。针对不同类型的地学数据，预测中常用的数学方法有基础概率统计、多元统计、随机过程、地质统计学、模糊数学、灰色系统、非线性理论、数量化理论和人工神经网络等。一般的统计方法有频率分步法、条件概率法、贝叶斯法、参数计算法、蒙特卡罗法。多元统计方法有回归分析、判别分析、因子分析、对应分析、典型相关等。其他方法还有信息量分析、逻辑信息、特征分析、成矿有利度法、层次分析法、决策分析法等。

证据权法：证据权法是加拿大数学地质学家 Agterberg 提出的一种地学统计方法，最初基于二值图像。它采用一种统计分析模式，通过对一些与矿产形成相关的地学信息的叠加复合分析来进行矿产远景区预测。其中的每一种地学信息都被视为成矿远景区预测的一个证据因子，而每一个证据因子对成矿预测的贡献是由这个因子的权重值来确定的。

找矿信息量法：找矿信息量法属于统计分析方法。该方法是以地质异常理论为指导，以地质、物探、化探、遥感、矿产分布等找矿信息为基础，通过统计途径计算各地质因素、找矿标志所提供的找矿信息量，定量地评价控矿因素和找矿标志对指示找矿作用的大小，确定有利成矿部位。

德尔菲法：德尔菲法是一种客观地综合多数地质专家经验和主机判断的方法。其基本做法是分别地、不断地向一组地质专家提出一系列矿产资源问题，然后将他们的回答加以综合，直到取得一致的意见形成最后结论。

特征向量法：该方法确定变量权思想基础是矩阵 R 的行表现了某个变量与其他变量的密切程度。如果把单元看作 m 维空间中的点，则可以找到那样一个向量，它使所有点在它上面的投影平方和达到最大，该向量反映了诸变量所表征的 m 维空间的一个特征方向。如果将该变量看成 m 维空间中的一个特殊点，该点与所有模型单元都最大限度地相似。因此，这个向量就是矩阵 R 的最大特征值所对应的特征向量，该特征向量的各分量可作为诸变量的权系数。

平方和特征分析法：该方法又称矢量长度法，其确定特征分析变量权的思想基础是变量与其他变量的关联性越强，变量就越重要。用变量之间的匹配数作为变量之间关联性的度量指标，即可确定变量两两之间的关联性大小。

地球化学块体方法：谢学锦（1995）在对全国区域地球化学填图资料进行系统研究后发现，除了各种类型的局部分散晕和区域性异常之外，还存在一系列更宽阔的套合的地球化学模式谱系，即元素不同含量等级的地球化学块体。他提出地球化学块体概念，指出此套合地球化学模式谱系是地壳富含各种金属岩块的内部结构在地表的表现，可利用套合的地球化学块体的模式来追踪成矿物质浓集的趋势，追溯巨型矿床的成矿远景地区，把握巨型矿床的找寻，并依此思路发展地球化学块体矿产勘查新方法技术。

2）成矿有利度计算

找矿预测是指应用地质理论和科学方法综合地质、地球物理、地球化学和遥感地质等基础地质工作所获得的地质、找矿信息，总结成矿地质条件和矿床赋存的规律，建立矿床模式，圈定不同级别的成矿区带、矿田、矿区及矿床范围内不同类别的预测区或三维空间的找矿靶区，提出开展矿产勘查的重点区和勘查工程施工的普查点，指导不同层次的地质找矿工作实施（朱裕生等，1997）。成矿地质作用和控矿地质因素复杂多样，而区域地质特征、地球物理特征、地球化学特征、遥感特征等信息只是成矿作用在区域不同侧面上的反映，任何单一信息都具有多解性，因此，为了降低单一信息的多解性造成找矿的不确定性，成矿预测时将多元地学信息综合起来是必然手段。多元信息综合分析是将能够反映矿床形成、分布规律和控矿要素的地质、地球物理、地球化学、遥感地质等一系列有关信息，通过定量化的预测模型将各种成矿有利条件进行综合，建立矿床产出及其远景规模与各种找矿信息的关系，查明各个地质变量在矿床产出规模中所占的重要性。

综合信息法利用多种信息进行预测，可以避免单一信息的多解性和单一找矿方法的片面性。综合信息预测侧重于定位预测，能定量圈定出潜在的成矿有利区域。多元统计在数据处理中也发挥着重要作用，在开展隐伏矿床或难识别矿产资源预测中有很大的优势，是探寻隐伏矿体的重要手段。

建立数学预测模型开展成矿预测是当今探寻隐伏矿体的重要手段。其依托于计算机和GIS 技术所提供的强大数据管理和分析功能，将由多个图层表示的找矿信息综合为一个评价预测图层。过程中将地物化遥各类空间信息数据化合成叠置，定量化地评价每一类信息对成矿的贡献。因此，成矿有利度模型可以表达为

$$F(x) = a_0 x_0 + a_1 x_1 + a_2 x_2 + \cdots + a_n x_n \qquad (1.2)$$

式（1.2）可以进一步改写为

$$F(x) = (a_0, a_1, a_2, \cdots, a_n) \begin{pmatrix} X_0 \\ X_1 \\ X_2 \\ \vdots \\ X_n \end{pmatrix} \qquad (1.3)$$

式中，X_0，X_1，X_2，$\cdots$，X_n 为 n 个资源预测变量；a_0，a_1，a_2，$\cdots$，a_n 为度量变量相对贡献的权系数；F 为关于随机变量的有利度函数。观察可知，若想求得有利度函数 F，关键在于计算每个变量的权系数。可以看出，综合信息成矿预测的核心任务就是如何确定地质变量及如何确定地质变量的权系数。

3）成矿过程模拟

成矿过程的地质模型是在专家对研究区域的地质背景和成矿条件充分认知的基础上总结的，是对矿区成矿作用和成矿条件的高度概括。可突出主要的控矿要素，总结主要控矿标志组合，抓住成矿的关键信息，简化成矿的实际过程，有助于从复杂成矿作用中揭示其本质，便于有目标、有方向地定量化分析，提高对成矿的理性认识和规律性认识。根据收集的资料和前人的研究成果，总结研究区的矿床类型，分析区域成矿地质背景、成矿模式和成矿规律，按照地质事件的发展和年代顺序，整理成矿地质环境特征、成矿作用和成矿

地质过程，分别将地质特征转换为对应的定量模型，建立成矿地质过程的概念模型，是合理进行数值模拟的基础和前提。本部分主要介绍相对比较成熟的热液数值模拟用于矿产预测的方法和实例。

热液成矿系统的成矿地质过程概念模型，包括研究区地下深部结构、区域构造、热演化史、流体源信息、热液可能的驱动过程以及流体有可能的运移路径等。热液成矿系统是构造和岩石变形、热传导、流体形成和运移、溶解沉淀四个过程相互作用的结果，是复杂的动力学系统，涉及力、热、流体、化学反应之间的非线性耦合（Hobbs et al.，2000；Ord et al.，2002），如地壳的应力-应变过程、地热在地壳中的传递过程、流体在地壳中的流动过程、成矿物质在地壳中的传输和汇聚过程，其中任何一个过程的进行都会影响到其他过程。这些过程之间的耦合关系可以通过列举它们各个因素之间的相互影响和反馈作用来说明，如图 1.12 为有孔介质中热-力-流耦合过程示意图。

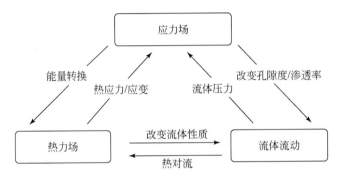

图 1.12　有孔介质中热-力-流耦合过程示意图

构造和岩石的变形过程对于成矿作用主要体现在对于流体压力梯度和流体运移速度的影响，包括：根据莫尔-库仑材料的机械性能所描述的岩石变形膨胀性质，流体孔隙压力改变莫尔-库仑塑性屈服条件，岩体变形和破裂导致局部化体积应变，体积增加或膨胀导致孔隙压力减小，体积减小或收缩导致孔隙压力增加，从而使流体流动速度产生梯度变化；岩体变形会增加岩石和断裂构造的渗透率，导致流体运移速度的增加；区域变形会产生构造格架的改变，如地形的沉降和抬升，从而导致体积应变、孔隙压力和水头分布的变化以及流体运移形式的改变。

流体流动依赖于热传导。温度改变会造成流体压力的变化，影响到固体岩层的变形和破裂，导致地层介质的孔隙度和渗透率改变，从而影响流体的压力，促使流体运移。流体的流动会引起元素的运输，溶解-沉淀作用将导致渗透率的改变。随着反应进行而不断变化的渗透率是一个反馈的过程，或增加或减小，对于热液运移和成矿作用是非常关键的。热传导直接影响温度分布的变化，化学反应随温度改变，影响化学元素的沉积汇聚，这就是地壳深部的热液系统的动力学机制（图 1.13）。

流体的性质（如成分、密度、黏度等）一般都与温度和压力有关，其变化可使流体流动以及热流方程成为非线性的。地质流体的运移原因主要是压力差或深部热源作用，一般都伴随着岩石变形和热量传递，因此，流体流动（或质量守恒方程）要与热量流动（或热能守恒方程）以及岩石变形（介质连续方程）相互耦合。成矿作用实际上是上述过程

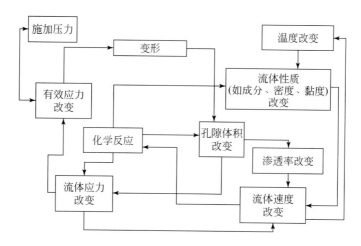

图 1.13 热液成矿作用过程中各因素相互影响关系图

的全耦合结果,矿体的形成实际上是耦合机制相互强化,从而使得成矿速率在一段时间内的一个位置达到了最优化(Hobbs et al.,2000)。

4)靶区圈定

靶区圈定是矿产资源定量预测最终目标之一,即确定成矿有利地段,进行靶区的优选和圈定。靶区圈定主要参考研究区各处成矿有利度值空间分布情况。这里所说的成矿有利度反映着成矿可能性的大小,它是圈定靶区的依据。通过对研究区地质模型、成矿模型及数学模型等不断分析总结及修正,以及应用三维建模软件对矿区进行的数字化模拟和建立立方体预测模型后,根据量化后的三维立方体模型,选择合适的数学方法对立方体单元所包含的信息数据进行统计处理,计算得到各立方体的找矿有利度,进而确定找矿靶区。

对于靶区的圈定,根据地质异常致矿理论,将地壳结构复杂的地质异常区域定义为找矿有利地段;在找矿有利地段内,根据成矿系统理论,将成矿关键要素(源、运、储、盖)发育的地段定义为找矿潜在地段;在找矿潜在地段内,根据成矿系统理论,将可能出现矿床共生组合的地段定义为找矿远景地段。基于成矿系统模式的概率模拟和基于综合找矿模型的概率模拟是从成矿的本质和现象两个方面评价可能矿化地段的最有效途径。此外,还可以根据成矿系列圈定成矿可能地段;根据地质勘查的多元综合信息圈定成矿有利地段;通过对成矿有利地段进行优选从而确定找矿靶区。

1.3.4.2 定量预测——预测资源量估算

预测资源量估算,或称储量估算、资源评估,是要通过已知采样点数据,利用一定的数学方法(如距离反比法、普通克里格法等),对预测矿体进行空间插值,以便求得未知矿体的平均品位、体积、吨位和金属量等一些特性。资源量计算方法的种类很多,有几何法(包括算术平均法、地质块段法、开采块段法、断面法、等高线法、线储量法、三角形法、最近地区法/多角形法),统计分析法(包括距离加权法、克里格法),以及 SD 法等。其中,基于地质统计学方法研究矿体品位在空间方位上的分布规律,以进行三维矿体储量估算的方法在近年来许多领域的可视化中得到了应用。地质统计学的基础是区域变化量理论，主要研究分析工具是变异函数。因其在品位推估时能充分考虑矿化在空间上的连续性和变异性，估算结果更加符合地质规律，是一种最佳的线性无偏估计，并且能够给出具体的估算精度，这是传统储量估算方法难以达到的。

对于有大量采样信息的靶区，可根据钻孔中的采样信息，对圈定的靶区分别进行资源量的估算。通常资源量（或称金属量）的计算公式为

$$C = \sum \rho \times V \times g \times (1 - j) \tag{1.4}$$

式中，C 为研究区内某种元素的资源量；V 为三维立方体预测模型中单个单元块的体积；ρ 为区内岩石的平均体重；g 为单元块体内元素不同的品位值；j 为夹石率。

每个矿区（段）每种矿产的金属量均采用资源量上限和下限进行估值，331～333 资源量的上限是根据大于工业品位的矿块的平均品位估算出的资源量，下限则是根据工业品位估算出的资源量；低品位资源量的上限是根据边界品位至工业品位区间内的矿块的平均品位估算出的资源量，下限则是根据边界品位估算出的资源量。在资源储量的估算过程中，所预测的单元块里包含的不一定全是矿体，一般会含有夹石，于是引入夹石率这个概念。矿体内部的不符合工业要求的岩石叫作夹石，夹石率是夹石在矿体中所占的百分比。利用所有钻孔上部第一个高于边界品位的样品和底部最后一个高于边界品位的样品圈定矿体，然后把穿过矿体的钻孔部分作为样本，统计计算矿体的夹石率。设定：L，圈定矿体内部钻孔样品中大于边界品位的样品长度和；S，圈定矿体内部所有样品的长度和；l，单个钻孔品位大于边界品位样品长度和；s，单个钻孔所有样品的长度和；j，单个钻孔的夹石率；J，所有钻孔样本夹石率，代表矿体的夹石率。则矿体的夹石率 $J = 1 - \mathrm{average}(l/s) = 1 - (L/S)$，即矿体的夹石率等于圈定矿体内部钻孔样品中大于边界品位的样品长度和与圈定矿体内部所有样品长度和的比值与 1 的差值。此外，由式（1.4）计算得到理论资源量后，根据实际情况可乘以找矿概率用以校正资源量。找矿概率为预测出的含矿单元数与研究区内含矿单元总数的比值，即找矿概率＝预测出的含矿单元数/研究区内含矿单元总数。

在采样信息不足时，还可采用体积估计法和丰度估计法对资源量的上下限做出估计，以实现矿产资源潜力的定量评价。

1）体积估计法

把已知地区有代表性的单位体积矿产平均含量估计值外推到研究地区体积内的资源，这种估计方法称体积估计法。体积估计法对简单和规则形状的矿床可获得较好的效果，通常用来估计与已开发矿床相邻的尚未发现的资源，也用来确定已发现资源的推断储量。

$$T_2 = \frac{T_1}{V_1} \times V_2 \tag{1.5}$$

式中，T_1 为模型区矿床储量；T_2 为预测区矿床储量；V_1 为模型区矿床体积；V_2 为预测区矿床体积。

2）丰度估计法

在进行某一地区资源估算时，可通过求出已知地区成矿元素的富集系数，并外推到预测区去的办法来求预测资源，这就是丰度估计法。其中，富集系数是指在地壳单位体积内某元素成矿部分占元素的比例，反映了元素在一定地质环境中富集成矿的能力。它的计算公式为

$$r = \frac{T}{S \times h \times G \times A \times 10^3 + T} \tag{1.6}$$

式中，r 为富集系数；S 为模型区面积（km^2）；h 为模型区深度（km）；G 为含该元素的岩石比重（g/cm^3）；A 为模型区内该元素丰度（g/t）；T 为模型区矿床储量。

地壳丰度代表地区岩石的最大可能金属元素含量，所以丰度估计是资源估计的上限；而体积估计法是资源估计的下限。

1.3.4.3 定概率预测——预测结果可靠性评价

对预测结果可靠性的评价应综合考虑预测工作中的各项因素。首先要对用于建立实体模型的各类资料数据进行评价，因为作为数据支撑的它们的精度直接影响到建立的实体模型对地下信息反映的准确性，评价指标包括工程密度（勘探线间距和钻孔间距）、剖面数据与平面地质资料精度等。其次是开展预测研究过程中立方体预测模型与分析方法的参数，包括立方体模型的块体尺度、插值方法选取及搜索半径设置等。此外，对于找矿模型的认识程度，研究区地质背景和成矿条件研究的充分性也在一定程度上影响着预测结果的准确性。

对于可靠程度进行定量评价，通常可采用模糊权重法。该方法将上述各影响因子按重要性程度给出因子的权重，然后对各个因子的内部精度进行模糊打分（0~1），最后计算各因子权重与得分的乘积累加得出综合评价结果，所得的值越大说明预测的可靠性越高。其数学表达式为

$$P = \sum_{i=1}^{n} W_i \times V_i \quad (i = 1, 2, \cdots, n) \tag{1.7}$$

式中，P 为综合评价结果；W_i 为影响因子 i 的权重；V_i 为影响因子 i 的模糊分值。

总结上述预测可靠性的影响因素，可归纳出五类影响较大的典型因子作为评价指标，包括资料基础、工作程度、预测单元、搜索半径和找矿模型。对评价因子按照重要程度进行分级，影响最为重要的是资料基础（包括勘探线间距和钻孔密度）及体现对研究区地质背景认识程度的找矿模型，各赋权重值为 0.25，两者整体占重要性的一半。其次是研究区的工作程度，主要是各类地质图件比例尺等的详细程度，赋权重值为 0.2。对于预测单元的大小以及搜索半径的合适设置等分析方法及参数，各赋权重值为 0.15，两者共占重要性的 30%，表 1.8 为评价因子权重值表。预测结果的可靠性即各评价因子的得分与权重值的乘积加和。即便计算得到的预测结果的可靠性偏低，也并不是说明预测方法及预测工作的不可靠，而是尽量避免人为性，对于研究程度比较低的地区，可以增加地质工程，继续开展预测研究。

表 1.8 评价因子权重值表

评价因子	权重（W_i）
资料基础	0.25
工作程度	0.2
预测单元	0.15
搜索半径	0.15
找矿模型	0.25

第2章 陕西华山-太峪口地区
金矿深部三维预测评价

小秦岭成矿带是我国三大重点金成矿带之一，被誉为我国的"金腰带"，其金矿资源潜力很大，极具远景。小秦岭金矿经过多年勘查与开采，浅部资源基本已探明，专家预测，深部可望再找到一个"小秦岭"。因此，对于小秦岭地区深部开展研究工作具有重要意义。华山-太峪口地区金矿田即处于小秦岭成矿带范围内。

本研究通过系统分析研究区成矿地质背景、研究区成矿期次、研究区矿化类型，构建了研究区的找矿模型。借助三维软件平台，建立了研究区范围内的三维实体模型（包括地层、岩体、断裂、矿脉、矿体和钻孔等三维实体模型）。首先，在找矿模型指导下，对研究区有利控矿要素（成矿条件）建立定量化指标，结合三维实体模型和块体模型，进行了各成矿有利条件三维立方体提取；然后，基于"隐伏矿体三维预测系统"，采用证据权法与找矿信息量法对研究区进行矿产资源定量预测，圈定了13个成矿有利远景区，得到估算资源量914.6t；最后，系统地对研究区的预测工作进行了概率评价，得出找矿概率64.5%的精度评价值，完成了华山-太峪口地区金矿田的定位、定量、定概率的预测评价工作。

2.1 区域地质背景

本次研究的华山-太峪口地区的金矿田属于小秦岭金成矿带。小秦岭地处河南与陕西两省交界处的灵宝-潼关一带，其东西长约70km，南北宽约15km。从大地构造上来看，小秦岭地区位于中朝准地台的豫西断隆南缘的小秦岭隆起，其南侧与北秦岭带的北缘即秦岭的EW向构造带中的北亚带相互毗连，北侧止于黄河、渭河凹陷，总体呈近EW向的带状分布。

在距今5.43亿~2.5亿年的古生代时期，华北古陆遭受了广泛的海侵而使小秦岭地区沉积了二叠系、石炭系、奥陶系、寒武系等海陆和海相的交互相地层。到距今9600万年前的晚白垩世时期，其与熊耳山和嵩山等山间形成了断陷的盆地，从而沉积了河流-湖泊相的红色碎屑岩层。再到距今6500万年的新生代时期，由于受到了喜马拉雅运动的影响，小秦岭地区产生了一系列诸如区域性的拆离以及伸展等构造运动。研究区内的华北陆块基底地层由位于地壳深部直接被抽拉到地表区域。研究区内特殊的地质演化历程以及自然地理条件，使得小秦岭地区成为我国西部重要的构造成矿带。

根据陕西省地质矿产局（1989）报道以及区域地层和岩体组合等资料，研究区地处华北板块南缘部分，其主体位于华北地块南缘的二级构造单元内。从新太古代形成到新生代，研究区经历了多期次、多阶段、多旋回的构造运动演化，区域内的地层属于多期、多建造的类型。其主要由新太古代的太华岩群构成的太华古陆核为基底部分，中元古代的熊耳群、高山河群和官道口群共同组成过渡基底部分，区域盖层缺失。区域内的侵入岩比较发育，以不同的规模出露，其主要是基性-酸性岩，其中又以酸性岩的规模为最大。区内的侵入岩属于小秦岭及北秦岭构造岩浆岩带，其构造的岩浆期次为新太古代—中生代。

2.2　矿产特征与找矿模型

2.2.1　矿产特征

研究区的金矿田内已发现的含金石英脉有 800 余条，其矿化作用主要出现在广泛发育的石英脉中。根据统计数据，这些石英脉的分布规律显著：①研究区内的含金石英脉尤其是有工业价值的矿脉多数集中分布在大月坪-金罗斑复式背斜中心枢纽两侧；②研究区内的含金石英脉群大多分布在太华岩群的大月坪组中；③研究区内的含金石英脉多数集中围绕燕山期花岗岩基分布，大多分布在其外围 5～10km 的范围，其他则距离越远分布得越少。

含金石英脉还严格受发育于褶皱两翼的小型压扭性和张扭性走向断裂所控制，脉的延伸长度一般在几十米至千余米间，幅宽一般为 0.3～1.5m。在一个矿体（矿脉）中，含金石英脉往往和糜棱岩、碎裂岩相伴生，其内可见脉石英的不连续性：分支复合、尖灭再现、交叉膨大、雁列和追踪充填等。所以，小秦岭金矿田经历了多种因素复合的成矿作用过程，其成矿规律也受到多种因素的控制。冯建之等（2009）通过系统地研究小秦岭金矿的区域地质概况、区内金矿的控制成因、区内典型金矿矿床的地质特征、区内金矿矿物学以及其围岩蚀变和地球化学等，认为小秦岭地区金矿的成矿物质来源为新太古界太华岩群的变质岩，由燕山期的花岗岩岩浆活动提供了热动力，以韧-脆性的剪切带作为储矿的构造，他们据此建立了区内的成矿模式。该区域金矿的成因类型是中温（偏高）岩浆期后热液型的脉状矿床，并且区内金矿化的强度与韧性剪切带的规模及其空间分布密度呈正相关。

2.2.2　找矿模型

本研究通过对研究区收集到的资料进行汇总，并结合区内典型矿床资料的分析，总结出华山-太峪口地区金矿田的成矿规律，建立了研究区的找矿模型，为区内金矿预测提供支撑和依据。

根据对区内金矿床的统计结果，区内含金石英脉基本都出露于新太古界太华岩群中。其中近 62% 的含金石英脉集中分布于太华岩群的大月坪组地层中，86% 的石英脉长度在 100m 以上。这表明该区含金石英脉的分布受地层层位控制，其中太华群大月坪组是主要的含矿地层。

　　区内金矿的形成和分布与构造密切相关，包括褶皱、断层和剪切带等，金矿体明显受到断裂的控制，控制脉（矿）体规模的决定因素为断裂构造带的规模。含金石英脉及含金构造带均主要沿断裂破碎带分布。区内的各矿床探明储量与其控脉（矿）构造带的规模大小呈正相关。大规模的控脉（矿）构造更容易形成中大矿，小规模者就只能形成小矿。褶皱也是影响矿脉空间展布的主要因素。研究区内的含金石英脉大多沿太华复背斜或者其次级褶皱轴成群成带地分布，且研究区内较大的脉体密集区也分布在大月坪–金罗斑复背斜的轴部及两侧区域，在远离背斜轴部的翼部地带的石英脉分布得稀而散。

　　根据华山–太峪口地区金矿田地质特征，研究区内的金矿床和含金石英脉的产出分布与区域内的华山岩体和文峪岩体的位置在空间上密切相关。含金石英脉分布密集的区域与花岗岩的分布保持一致。矿体富集区与环绕岩体保持一定距离分布。研究区内的金和其他有关元素的地球化学异常呈半环状围绕着华山岩体东侧以及文峪岩体西侧分布。研究区内地球化学异常元素以金为主，其具有明显的浓度梯度变化的特征，且金异常的分布特点与区内的含矿构造的分布特征也基本相同。

　　华山–太峪口地区金矿田属于中–低温重熔岩浆期后热液型金矿，根据其产出的形式和矿化类型可以划分为石英脉型和构造蚀变岩型，以石英脉型为主。整个金矿田的形成经历了长期的、复杂的演化过程，从新太古代时期含金较高的长英质、镁铁质岩浆喷发及其相关的花岗岩浆侵入，到碳酸盐及碎屑岩的沉积，金的原始矿源层的形成时期即多期构造热事件相关的区域变质、混合岩化以及岩浆活动过程中发生的金的活化、迁移与再分配，金的局部富集时期即与燕山期构造热事件和重熔花岗岩岩浆活动相关的热液成矿时期。整个成矿作用可以概括成从矿源层到花岗岩矿源体再到矿床的过程，也就是一个从源到转换再到存储的过程（图2.1）。

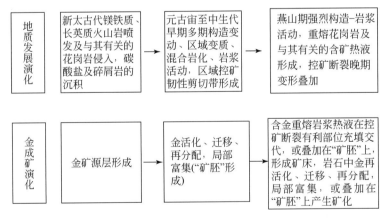

图2.1　华山–太峪口地区金矿田成矿模式示意图

　　综上所述，根据华山–太峪口地区的成矿规律及矿床成因等结合典型矿床的分析得到研究区的找矿模型，见表2.1。

表 2.1　华山–太峪口地区金矿田找矿模型

找矿信息类型	成矿预测因子	特征参数描述
地层	有利地层信息	成矿有利地层
岩浆岩	有利岩体信息	成矿有利岩体
		石英脉
		岩体缓冲区
构造	断裂发育特征	主干断裂
	断裂岩浆活动	中心对称度
	断裂展布特征	方位异常度
	断裂交汇点特征	构造交点数
	断裂带特征	含金构造带缓冲区
地球化学	Au 元素异常	Au 元素异常

2.3　三维实体模型的建立

研究区三维实体模型的构建是本次研究工作的主要内容，也是矿产预测工作的必备条件。研究区主要的建模工作包括以下几个步骤：①通过对华山–太峪口地区金矿田研究区进行系统的研究及分析工作，收集所需的建模基础数据如区域地形地质图及勘探线剖面图、钻孔数据等资料；②对所收集到的资料进行建模前的处理，为建模工作打好基础；③通过三维地质建模软件 Surpac，根据已有数据资料建立该研究区的地表、地层以及钻孔等三维实体模型。

通过对研究区地质模型的构建从而实现区域数字模型的建立，最终为三维成矿预测提供模型支撑。

2.3.1　资料收集与整理

研究区三维实体模型的建立离不开基础资料的收集和整理，此次研究工作收集到的资料见表 2.2。

1）地质矿产图

本次研究收集了研究区 1∶50000 的区域地质矿产图，区域内的地质矿产图是该研究区的基本资料之一，它提供了研究区内的地层、岩体、构造、矿脉、地形等分布的基本数据。

根据研究区的区域地质矿产图提取区域内的地形、地质体界线及地质体产状数据、断裂及其产状数据等进行图切剖面。由于研究区范围较大，已实测的地质剖面数据较少，为了后续的三维模型的建立工作，需要对研究区进行图切剖面的工作。根据研究区的范围，布置了93 条图切剖面，参考区域地质矿产图进行图切剖面的绘制工作。

表 2.2　收集资料清单表

资料类别	实际资料	份数
地质矿产图	华山幅 1∶50000 地质矿产图 太峪口幅 1∶50000 地质矿产图	2
实测剖面	实测地质剖面	3
	实测物探地质剖面	5
钻孔数据	钻孔柱状图	3
	其他资料钻孔	23
典型矿床	典型矿床勘探线剖面图	18
	典型矿床垂直纵投影图	4
地球化学数据	华山幅 1∶50000 地球化学综合异常图	1
	研究区 1∶50000 Au 元素异常图	1
图片格式	研究区内金矿田整装勘查矿体分布中段图片	5
文字资料	研究区矿点综合信息、地质部分简介、典型矿床介绍、钻孔总结等	6

2）实测剖面

本次研究收集了研究区内 1∶2000 的立峪—善车峪剖面、1∶5000 的陕西小秦岭金矿田蒲峪实测佛头崖片麻岩地质剖面图、安乐镇实测地质物探综合剖面图、麻峪实测地质物探综合剖面图、太峪口实测地质物探剖面图、蜂王村实测地质物探剖面图、五仙村实测地质物探剖面图，以及 1∶10000 的陕西省小秦岭金矿田潼关县蒿岔峪古侵入体实测地质剖面图共 8 个剖面文件。

除此之外，还收集整理了研究区内 Q240 号金矿脉 1∶1000 的第Ⅰ、Ⅴ勘探线剖面文件，Q2122 号金矿脉 1∶2000 的第Ⅱ勘探线剖面文件以及 Q8、Q12、葫芦沟金矿床等共计 18 个勘探线剖面图。根据矢量化图片文件或原有的 MapGIS 格式文件，将剖面整理变化通过 AutoCAD 软件转换并建立到研究区中，为研究区的图切剖面的绘制以及三维模型的建立提供数据参考。

3）钻孔数据

钻孔数据是地质勘查工作者在野外钻探现场记录并整理的重要技术资料，对于区域地质剖面及区域深部的实际状况及信息获取都十分重要。

本次研究共收集 26 个钻孔的数据，包括 Excel 表格文件及钻孔柱状图等数据形式。为了建立统一的钻孔数据库，根据软件的编录要求将钻孔数据整理为孔口表、测斜表、样品分析表以及岩性分析表，统一转换为 Excel 格式。将数据表格导入三维建模软件 Surpac 中，构建钻孔数据库，为三维钻孔模型提供数据基础。

4）地球化学数据

本次研究收集了研究区内 1∶50000 的 Au 元素异常图以及华山幅 1∶50000 地球化学综合异常图。地球化学元素异常图为研究区的构造及矿脉分析提供了很好的参考，通过对异常图数据的处理，将其提取到三维建模软件 Surpac 中与构造等模型进行叠加分析，为成矿有利信息的提取提供参考。

5）其他资料

本次研究除上述资料外，还收集了包括研究区的地质背景介绍、研究区各典型矿床的研究介绍、李惠教授对陕西东桐峪金矿床构造叠加晕研究的资料、区域矿点综合信息介绍等资料，并针对研究工作中的问题查阅了相关的文献。

2.3.2　研究区三维实体模型

由于研究区范围较大，同时地质条件复杂，为使三维实体模型更好地表达实际地质情况，本次建模采用"将大化小，以小合大"的建模思路构建研究区的三维实体模型。首先将三维建模范围根据 93 条图切剖面切成 46 个小块体，3 个图切剖面控制一个块体，中间的剖面位于块体的中心位置；然后分析两相邻剖面中相同地质体的形态变化，建立该地质体的上顶面和下底面，再用上顶面和下底面去切对应的小块体，保留该小块体中的地质体；最后将所有块体中切下的相同地质体合并，完成研究区三维实体模型的构建。建模过程示意图如图 2.2 所示。

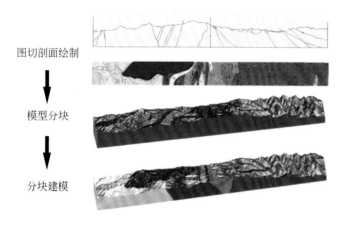

图 2.2　建模过程示意图

图切剖面绘制

模型分块

分块建模

1. 研究区地表三维实体模型

研究区地表模型主要是利用区域内的等高线数据构建，它能够更加直观地反映研究区内地形的高低起伏等形态。本次研究区域位于陕西省华山–太峪口地区，属于小秦岭成矿带，其区域面积将近 848.8km²，且研究区内高程起伏较大。本次地表模型的建立是通过提取区域 1∶50000 地质图中 20m 间隔的等高线地形数据，将其通过数据转换为 CAD 格式导入 Surpac 建模软件中，利用数字地形模型（digital terrain model，DTM）工具生成研究区地表三维实体模型（图 2.3）。

2. 研究区范围实体模型

研究区范围实体模型主要是利用地表三维实体模型对整个区域的立体模型进行切割产生的，为区域的实际三维立体模型。本次研究区域的坐标范围为南北 3800327.126 ~ 3820207.205m，东西 407050.639 ~ 454775.247m，高程 0 ~ 3000m。为了更加直观地反映

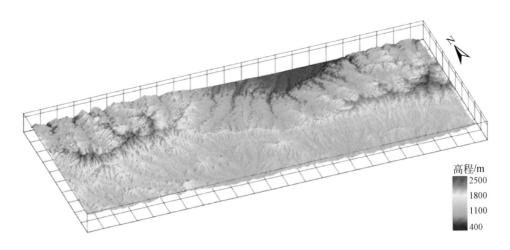

图 2.3　研究区地表三维实体模型

研究区整个范围实体模型的分布，作者在实体模型上叠加遥感影像图，呈现出研究区内的地形分布情况（图 2.4）。

图 2.4　遥感影像叠加地表三维实体模型

3. 地层三维实体模型

研究区出露的地层从新到老主要包括新生代地层，中元古代的官道口群、高山河群、熊耳群和新太古代的太华岩群。区内所有出露的地层按照地层单位划分为 4 个群级地层、10 个组级地层。

1）新太古代的太华岩群

研究区内的太华岩群从上到下主要包括桃峪岩组（Ar_3t）、洞沟岩组（Ar_3dg）、板石山岩组（Ar_3b）、大月坪岩组（Ar_3d）。其主要呈带状及不规则残留体出露，分布在研究区北部的潭峪口、蒲峪口、两岔口、小夫峪、蒿岔峪、坑儿岔以及王排沟等地区。区内太华岩群主要是一套高级变质表壳岩系，顶底未见。区内岩石变形较为强烈，由于年代已久，区内原始的地层叠覆关系已经遭受了完全的改造，地层三维实体模型主要根据区域地形地质图和图切剖面等数据推测建立，模型结果如图 2.5 所示。

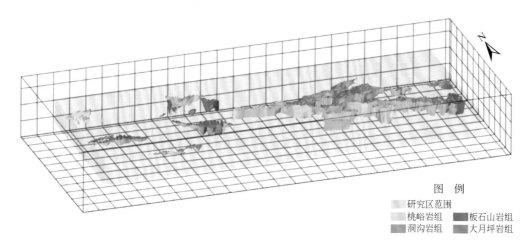

图 2.5　太华岩群三维实体模型

2）中元古代地层

研究区所属的晋冀鲁豫陕地层区是一套大陆裂谷火山岩系发展为陆缘的稳定沉积。在中元古代时期，研究区内的大陆壳处于扩张裂解的状态，其原始的大陆块发生了裂解，区内北部已经克拉通化的华北陆块南缘部分涌现了板块内的熊耳三叉裂谷和小秦岭稳定陆缘的海盆，研究区南部为大陆边缘宽坪裂谷。该时期的地层从新到老划分为蓟县系官道口群（图 2.6）、长城系高山河群（图 2.7）和熊耳群（图 2.8）。

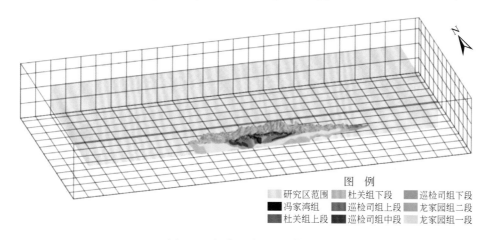

图 2.6　官道口群三维实体模型

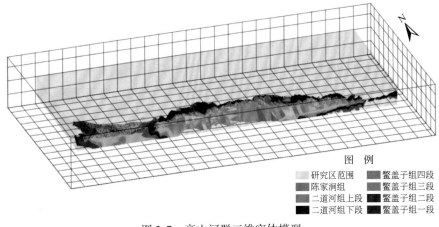

图例

█ 研究区范围　　　　█ 鳖盖子组四段
█ 陈家涧组　　　　　█ 鳖盖子组三段
█ 二道河组上段　　　█ 鳖盖子组二段
█ 二道河组下段　　　█ 鳖盖子组一段

图 2.7　高山河群三维实体模型

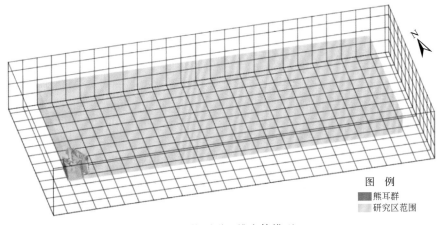

图例

█ 熊耳群
█ 研究区范围

图 2.8　熊耳群三维实体模型

3) 新生代地层

研究区内的新生代地层主要包括新近纪的李家庙组（$N_1 lj$）和第四纪的马兰组以及全新统。其中李家庙组在区域内出露较少，主要分布在研究区南部的洛南盆地，主要是砖红色、浅红色泥岩以及砂质泥岩夹砾岩。第四纪的马兰组则主要分布在研究区盆地河流二级阶地以及渭河南塬、塬顶部等地方。且马兰组和下伏的岩石等基岩呈角度不整合接触或平行不整合接触。全新统则是零星地分布在区域内水系的河谷及两侧，以河谷阶地堆积以及河床、河漫滩堆积为主。根据区域地质图，新生代地层的三维实体模型如图 2.9 所示。

4. 岩体三维实体模型

研究区内的构造岩浆岩带及侵入体单元主要包括燕山期的华山岩体（黑云二长花岗岩）、文峪岩体（含斑黑云二长花岗岩）以及东石门岩体（含角闪二长花岗岩），晋宁期的小河岩体（黑云二长花岗岩），吕梁期的罗斑岩体（浅肉红色花岗伟晶岩）和佛头崖岩体（片麻状中细粒黑云二长花岗岩），阜平期的太峪岭片麻岩套（图 2.10）以及翁岔铺片麻岩套（图 2.11）。此外，研究区内还包括从太古宙至中生代，以及从超基性至酸性岩类等不同发育程度的脉岩。

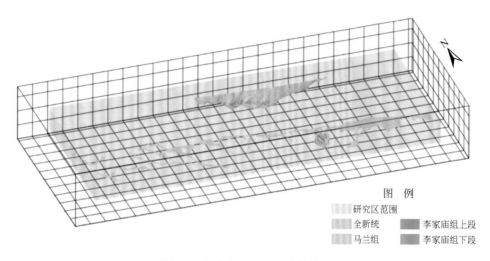

图例
研究区范围
全新统　　　李家庙组上段
马兰组　　　李家庙组下段

图 2.9　新生代地层三维实体模型

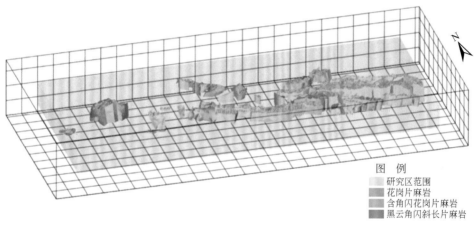

图例
研究区范围
花岗片麻岩
含角闪花岗片麻岩
黑云角闪斜长片麻岩

图 2.10　太峪岭片麻岩套三维实体模型

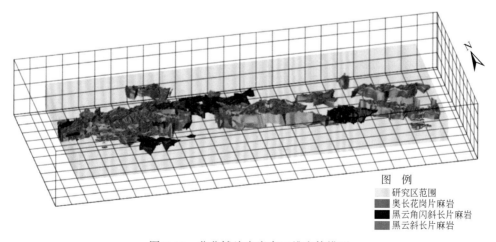

图例
研究区范围
奥长花岗片麻岩
黑云角闪斜长片麻岩
黑云斜长片麻岩

图 2.11　翁岔铺片麻岩套三维实体模型

1）元古代及中生代侵入岩

中生代的侵入岩主要分布在研究区的中北部，其规模大，是属于燕山期陆内的俯冲期岩浆活动的产物，主要包括侏罗纪的东石门岩体和文峪岩体以及白垩纪的华山岩体。其中东石门岩体的岩石类型是角闪二长花岗岩，主要分布在研究区西北部的翁峪和石堤峪东石门一带。文峪岩体的岩性是中细粒的花岗岩，其呈椭圆形岩基，近 EW 向展布，主要分布在研究区北东部的华山-老牛山一带。华山岩体的岩性为二长花岗岩，它是一个长轴状的岩基（图 2.12）。

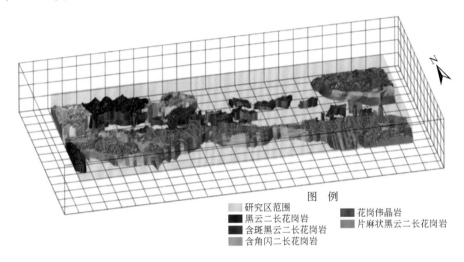

图 例
　■ 研究区范围　　　　　　　　　　　■ 花岗伟晶岩
　■ 黑云二长花岗岩　　　　　　　　　■ 片麻状黑云二长花岗岩
　■ 含斑黑云二长花岗岩
　■ 含角闪二长花岗岩

图 2.12　侵入岩体三维实体模型

2）脉岩

研究区域内的脉岩十分发育，包括从太古宙至中生代，以及从超基性至酸性岩类等不同发育程度的岩脉。主要呈岩墙以及岩脉形式产出，其中又以太华变质核杂岩中最为集中，主要包括辉绿（玢）岩、板石山石英脉岩、正长斑岩、云煌斑岩以及花岗伟晶岩等。其三维实体模型如图 2.13 所示。

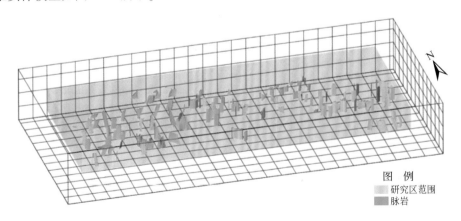

图 例
　■ 研究区范围
　■ 脉岩

图 2.13　脉岩三维实体模型

5. 构造三维实体模型

1）断裂

研究区主体部分是在华北地块南缘，主要的构造形迹为 EW 向。在构造早期以拆离断裂和断褶为特征，其组成了主造山期重要的板内结合带，而晚期则是断块升降的活动。区内的断裂构造十分发育，其主要断裂走向包括近 EW 向的正断层、NE 向左行的走滑断层、近 EW 向右行的逆冲断层以及近 SN 向右行的走滑断层等。例如，总断距大于 10km 的西起渭南沟峪口东至河南省内的大夫峪–太要断裂（即山前断裂）、断裂带宽数百米到千余米的西起崇凝镇东至河南朱家沟的巡马道断裂（即小河断裂）、位于太华复背斜南翼且靠近核部的鳖盖子–朱峪右行逆冲断层等。根据已知的断裂位置分布及其产状信息建立了断裂三维实体模型（图 2.14）。

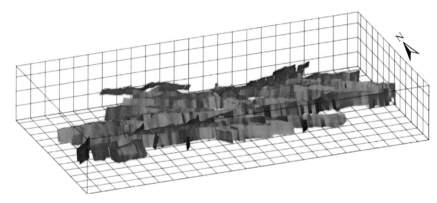

图 2.14　断裂三维实体模型

2）含金构造带

研究区内的构造十分发育，其影响范围也十分广泛，根据已有的构造资料结合研究区的 Au 元素化探异常数据建立其影响带的模型。断裂的成矿作用具有一定的不确定性，而且对于 Au 元素化探异常的解释具有多解性，故将两者数据结合并做缓冲区来建立构造带的影响范围（图 2.15）。

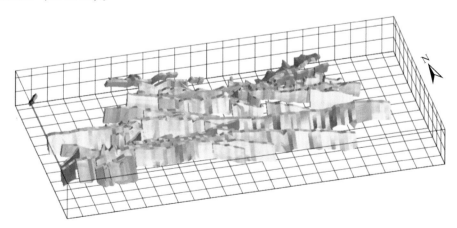

图 2.15　含金构造带缓冲区三维实体模型

6. 矿脉三维实体模型

研究区内的金矿床主要赋存于构造带所控制的石英脉里，根据资料统计研究区内的含金构造带达近千条，其发育的空间以及形状产状等与对应的构造带基本一致。本次研究根据已有的数据资料建立了研究区内的矿脉三维实体模型（图 2.16），由于资料的限制，仅仅包含了一部分矿脉。

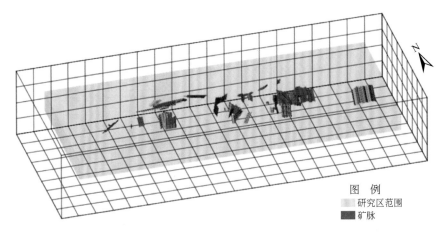

图 2.16　矿脉三维实体模型

7. 矿体三维实体模型

矿体三维实体模型的建立在研究过程中是至关重要的，圈定矿体并建立矿体的三维实体模型主要是为了满足在地质工作中的要求。一般为了建立实用的矿体三维实体模型，都需要利用原始探矿工程中的数据，如钻孔数据提取矿体的轮廓线或者利用已有的地质剖面图数据提取轮廓线进行交互式的三维实体模型建立。本研究取得的钻孔数据有限且分布零散，勘探线剖面等数据缺失，无法进行轮廓线提取的交互式建模，故根据研究区以往的统计资料得到的矿体的中断分布情况进行模型的构建。通过提取轮廓线分布，导入建模软件中进行连接、平滑等，最终建立起研究区内的矿体三维实体模型，为后期的矿产预测工作提供了预测的先验条件。其三维实体模型如图 2.17 所示。

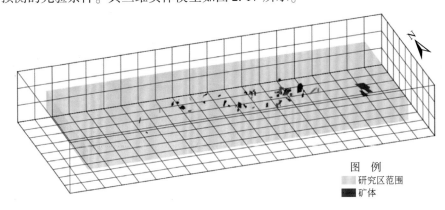

图 2.17　矿体三维实体模型

8. 钻孔三维实体模型

钻孔数据是地质工作中的重要数据，它是地质技术人员在现场及野外钻探时得到并整理的最精确的技术资料。这些资料数据对后期地质剖面的形成或其他深部研究的信息都有非常重要的作用。对钻孔数据处理后，将其导入 Surpac 建模软件中建立钻孔的三维实体模型。

2.4　成矿有利信息定量分析与提取

2.4.1　立方体模型的建立

本次研究在参考前人经验的基础上，利用中国地质大学（北京）陈建平团队研发的基于分形理论的"隐伏矿体定量化预测系统"中线性体分形分析统计模块功能，通过对区域内的构造等密度、交点数、构造频数以及中心对称度在块体单元尺度为 20～1000m 的立方体模型中进行计算分析，得到其对应的自相似性区间的相关数据，据此来确定立方体单元的最佳尺度。

由于不同的构造有利特征在提取计算时所采用的方法各异，对数据精度的敏锐度也不尽相同，所以在各自不同标度下的分形分布特征也不同。根据不同构造变量的最佳单元尺度的要求整合，可以确定在华山–太峪口地区金矿田研究区内单元块体的最佳尺度为 50～100m。根据研究区实际情况，其总范围面积达 800 多平方千米，块体尺度越小，块体模型数据越庞大，对计算机的要求越高，在统计分析的过程中，越容易造成困难。综上所述，结合分维数的稳定区间以及兼顾计算机计算性能可得，在本次研究中立方体模型的块体单元尺度为 100m。

2.4.2　成矿信息分析与提取

根据已经建立的三维实体模型和立方体模型的单元块确定，建立研究区的块体模型。将研究区根据分形理论的结果划分为单元块行×列×层：100m×100m×50m，模型包括块体总数为 5094900 块。根据建立的块体模型，以已经建立的地质体三维模型为约束，通过"立方体预测模型"找矿方法对区域内各地质要素进行定量化提取分析，包括有利地层、岩体、构造、地球化学等信息提取。通过统计分析各地质要素的控矿关系，定量化区域找矿模型，为后期的深部预测及靶区圈定等工作提供基础。

1. 有利地层信息提取

研究区内出露的地层主要包括新太古代的太华岩群（Ar_3T）以及中元古代长城纪的熊耳群（ChX）、高山河群（ChG）和蓟县纪的官道口群（JxG），其中太华岩群包括大月坪岩组（Ar_3d）、板石山岩组（Ar_3b）、洞沟岩组（Ar_3dg）和桃峪岩组（Ar_3t）。通过将地层三维实体模型和已知矿体三维实体模型对区域块体模型分别进行约束，对约束结果进行统计分析,结果如图 2.18。

根据统计结果可以发现研究区内矿体赋存在太华岩群的大月坪岩组、板石山岩组和洞沟岩组中,含矿单元数目分别为 220 块、560 块、394 块,在其他地层中均无含矿单元的分布。因此,在本次研究区域中,矿体主要赋存地层为太华岩群的大月坪岩组、板石山岩组以及洞沟岩组。

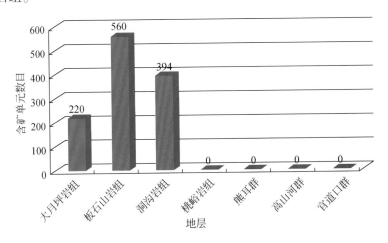

图 2.18　不同地层中含矿单元数目分布图

2. 岩体信息提取

1) 成矿有利岩体

研究区内岩体分布广泛,主要包括新太古代及元古宙的太华花岗片麻岩区、元古宙及侏罗纪小秦岭岩浆岩带和白垩纪花岗岩带。根据岩体单元将其分为 8 个变量,分别为大月坪花岗片麻岩（Ar_3Dgn^i）、长沟口含角闪花岗片麻岩（Ar_3Chgn^i）、马驹峪黑云角闪斜长片麻岩（Ar_3Mgn^i）、宁家源奥长花岗片麻岩（Ar_3Ngn^i）、侯家村黑云角闪斜长片麻岩（Ar_3Hgn^i）、武家坪黑云斜长片麻岩（Ar_3Wgn^i）、片麻状中细粒黑云二长花岗岩（Pt_1Fgn^i）和浅肉红色花岗伟晶岩（$\gamma\rho Pt_1$）。通过对不同岩体单元的块体数与已知矿体的块体数进行统计分析,得到含矿单元数目的分布图（图 2.19）。

根据统计结果可以得到,研究区内的已知矿体在 Ar_3Dgn^i、Ar_3Wgn^i、$\gamma\rho Pt_1$、Ar_3Hgn^i、Ar_3Mgn^i、Ar_3Chgn^i、Ar_3Ngn^i、Pt_1Fgn^i 8 个单元变量中含矿单元数目分别为 2160 块、1347 块、908 块、283 块、264 块、260 块、2 块、0 块。由此可得在研究区内矿体主要赋存于太华花岗片麻岩区中的大月坪花岗片麻岩 Ar_3Dgn^i（41.35%）,武家坪黑云斜长片麻岩 Ar_3Wgn^i（25.78%）次之,其他太华花岗片麻岩区的岩体单元也有少量的矿体出露。

2) 矿脉信息提取

研究区内含金石英脉十分发育,不同规模展布的石英脉达到千余条,区内金矿化作用主要出现在广泛发育的石英脉中,所以石英脉变量即矿脉信息对成矿预测工作意义重大。但是,因为地质资料的特殊性,本次研究工作仅收集了区内部分矿脉的信息,建立了部分矿脉的块体模型,根据资料统计可以发现,矿脉与已知矿体信息重叠较好,具有统计意义（图 2.20）。

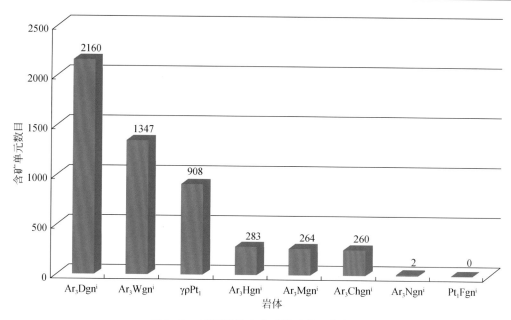

图 2.19 不同岩体中含矿单元数目分布图

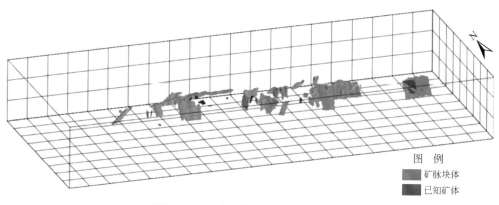

图 2.20 矿脉块体与已知矿体叠加图

3. 构造信息提取

断裂构造在华山-太峪口地区金矿田研究区内呈不同时期、不同规模广泛发育，在成矿过程中作为成矿物质的通道，对矿产资源的形成和发展起着重要的作用。但是，在区域内断裂构造的发育十分复杂且还对矿体产生改造和破坏等。为了反映构造在矿床形成及发展过程中的重要作用，本研究定量化地分析描述了构造的各项特征。构造的发育特征主要根据构造频数以及构造等密度来表示，区域局部构造的方向展布等特征则通过方位异常度来描述。本次研究主要通过主干断裂、中心对称度、方位异常度，以及构造交点数来对断裂构造的发育特征、岩浆活动、展布特征和交汇点特征进行定量化统计分析。通过对这些特征变量与区域已知矿体的叠加分析，来提取成矿有利信息，从而为矿产预测评价工作提供数据基础。

本研究根据已经建立的断裂三维实体模型，提取其在不同标高中的中断面的线文件数据，共提取到区域内高程 0 ～ 2300m 的中断分布图 24 个。通过三维预测软件对这 24 个中断平面分布数据插值处理等，对区域的构造特征进行定量化提取，包括构造等密度、构造频数、方位异常度、构造交点数、中心对称度等。

　　本次研究中主干断裂通过构造等密度/构造频数来定量化表述，得到的结果值越大表示在该区域中断裂的总长度越大，而数量相对越少，则长断裂的发育机会越大。研究区内断裂主要方向为 EW 向以及近 EW 向，其构造方位玫瑰图如图 2.21 所示。通过定量化提取区域主干断裂信息与已知矿体叠加分析，统计得出主干断裂的成矿有利定量化取值区间为（0.0064，0.0096）（图 2.22）。根据统计结果，将提取出的主干断裂块体模型与断裂实体三维模型进行叠加显示（图 2.23），可以看出已提取的主干断裂有利区间块体即断裂发育活动多发的地区与断裂的主体分布及规模等相吻合。据此，主干断裂的定量化区间被确定。

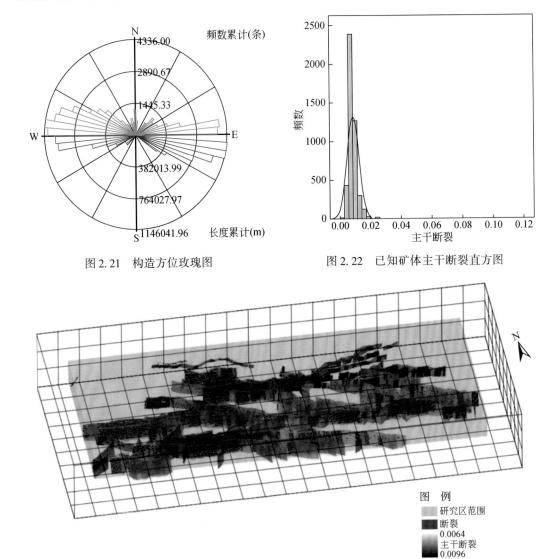

图 2.21　构造方位玫瑰图　　　　　　　　图 2.22　已知矿体主干断裂直方图

图 2.23　主干断裂块体与断裂叠加图

构造中心对称度是用来定量化描述断裂岩浆活动的要素，它是指由于压力的作用，岩浆侵入时四周形成环状、放射状的具有对称性构造分布的特征。根据对中心对称度的定量化信息提取和已知矿体叠加分析（图 2.24），可以得到其成矿有利区间为（0，0.059674）。将对应的中心对称度有利信息的块体模型与断裂三维实体模型叠加，效果如图 2.25 所示。

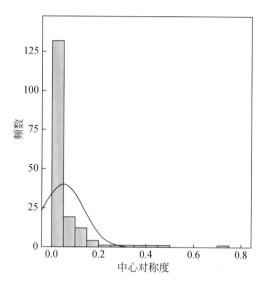

图 2.24　已知矿体中心对称度直方图

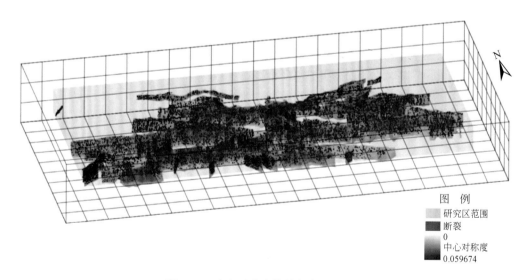

图 2.25　中心对称度块体与断裂叠加图

根据定量化提取的方位异常度的信息与已知矿体进行叠加分析可得其有利区间为（0，0.00995）。对应的与断裂三维实体模型叠合的效果如图 2.26 所示，由此可见方位异常提取描述的局部断裂的分布基本与事实吻合。

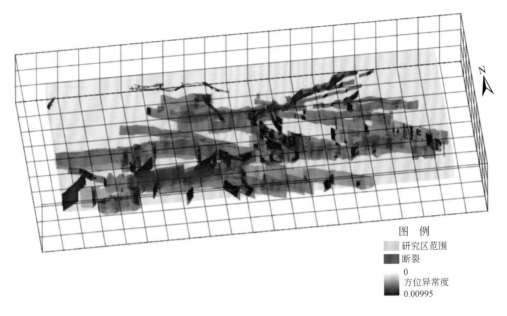

图 2.26　方位异常度块体与断裂叠加图

在成矿过程中，断裂的交汇区域尤其是主干断裂跟其他次级断裂的交汇区域等常常更适宜矿体的富集。构造交点数通过断裂线性体的交汇部分来提取，交汇区域越多，交点数值越高。本次研究通过构造交点数信息的提取与已知矿体的叠加分析，得到成矿有利信息的区间为（0～0.0469）、（0.0937～0.141）、（0.1875～0.2344）。将有利区间的信息块体提取与断裂三维实体模型叠加显示（图 2.27）可以看出其较为显著地表达了断裂的交汇区域。因此，将该区间的交点数信息作为成矿预测的一个有利因子。

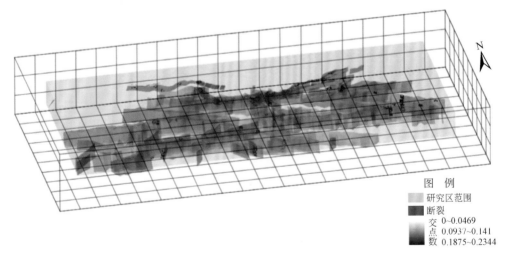

图 2.27　构造交点数块体与断裂叠加图

本次研究收集到华山–太峪口地区 1：50000 的 Au 元素异常图。由于 Au 元素异常图仅为平面分布图，对深部的参考价值有限，为了更准确地利用已有资料数据，研究中将 Au 元素异常数据提取分析并与已经建立的断裂三维实体模型叠加分析，提取含金构造带模型。将化探异常的多解性与断裂的不确定性结合提取含金构造带的 200m 缓冲区的块体模型，与已知矿体叠加分析，其结果分布如图 2.28 所示。根据统计分析，含金构造带的 200m 缓冲区与已知矿体有着较好的叠合效果，因此含金构造带缓冲区对于成矿预测分析是一个较好的分析因子。

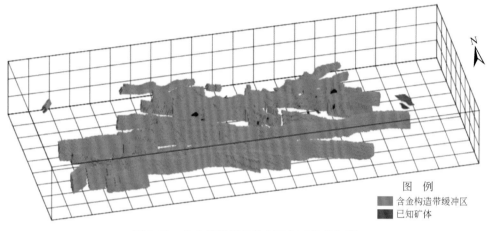

图例
含金构造带缓冲区
已知矿体

图 2.28   含金构造带块体与已知矿体叠加图

4. 地球化学信息提取

研究区内主要矿体为金矿，资料收集共收集了区域内 25 个钻孔数据以及其对应的样品分析数据。矿体的矿化形成从本质上是对应金属化学元素的富集，因此根据钻孔采样所得的样品数据分析区域内的化学元素异常分布也可以作为矿产预测评价过程中的一个成矿有利信息。本次研究主要利用距离幂次反比加权法对钻孔数据中的 Au 元素异常数据进行插值计算，得到部分元素异常分布。其插值后的块体模型与钻孔数据叠加如图 2.29 所示。根据统计可以得到，由于研究区范围较大，区域内钻孔信息仅有 25 个，钻孔覆盖范围内的已知矿体有 88.35% 落在 Au 元素异常内。

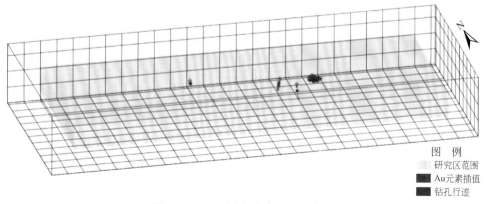

图例
研究区范围
Au元素插值
钻孔行迹

图 2.29   Au 元素插值与钻孔叠加图

2.5　三维预测与评价

研究区深部矿产预测工作，主要根据建立的找矿模型，结合区域三维实体模型和立方体模型定量分析并提取成矿有利信息，进一步建立研究区的定量化预测模型。按照证据权法和找矿信息量法分别计算得到矿产预测的后验概率值以及信息量值，通过两种方法共同约束，对预测结果进行分析，圈定成矿有利区域并对资源量进行估算。之后对预测评价工作进行定概率评价并提出区域的合理的勘查建议。

本次研究采用的预测软件为中国地质大学（北京）陈建平团队自主研发的"隐伏矿体定量化预测系统"（3DMP）。该系统主要是将传统的二维矿产资源预测评价方法应用到三维空间中，即实现成矿有利信息的提取分析以及深部矿产资源的预测评价工作。

2.5.1　定量化预测模型

根据已经建立的研究区的找矿模型，结合相对应的成矿有利信息的定量化提取，可以得到华山-太峪口地区金矿田的定量化预测模型（表2.3）。在该研究区内，构造及石英脉的控矿作用明显，从地层、岩体、构造及元素异常等部分的成矿有利信息的提取可以确定区域定量化预测模型的有效性及唯一性。

表 2.3　华山-太峪口地区金矿田定量化预测模型

控矿要素	成矿预测因子	特征变量	特征值
地层	有利地层信息	成矿有利地层	太华岩群中的 Ar_3d、Ar_3b、Ar_3dg
岩体	有利岩体信息	成矿有利岩体	Ar_3Dgn^i、Ar_3Wgn^i
		石英脉	含矿石英脉
		岩体缓冲区	燕山期花岗岩岩基的外围 $5\sim10km$
构造	断裂发育特征	主干断裂	(0.0064, 0.0096)
	断裂岩浆活动	中心对称度	(0, 0.059674)
	断裂展布特征	方位异常度	(0, 0.00995)
	断裂交汇点特征	构造交点数	(0~0.0469)、(0.0937~0.141)、(0.1875~0.2344)
	断裂带特征	含金构造带缓冲区	周边200m缓冲区
元素异常	Au元素异常	Au元素异常	Au

根据建立的区域定量化预测模型选取地层（太华岩群中的 Ar_3d、Ar_3b、Ar_3dg）、岩体（Ar_3Dgn^i、Ar_3Wgn^i）、含矿石英脉、岩体缓冲区（燕山期花岗岩岩基的外围 $5\sim10km$）、构造特征值（主干断裂、中心对称度、方位异常度、构造交点数）、含金构造带缓冲区以及 Au 元素异常作为找矿标志。根据其定量化分析进行二值化，并统计得出各标志的单元块体分布信息，统计结果如图 2.30 所示。

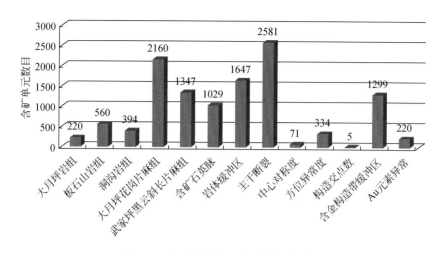

图 2.30　金矿体在各标志中分布统计图

2.5.2　三维成矿预测

1）证据权法

本次研究区的深部矿产预测采用的第一种方法是证据权法。依照区域的定量化预测模型，应用证据权法对区域的各要素权重值进行计算，得到各要素的权重值见表 2.4。

表 2.4　华山–太峪口地区金矿山各成矿要素权重值

证据项	正权重值（W^+）	方差 S（W^+）	负权重值（W^-）	方差 $S(W^-)$	综合权重值（C^*）
Au	5.55281	0.083217	−0.04579	0.014638	5.598601
矿脉	3.431849	0.02555	−0.39342	0.017505	3.825267
$Ar_3 Dgn^i$	1.417183	0.021606	−0.4688	0.01913	1.885983
$Ar_3 Chgn^i$	1.375029	0.06226	−0.04104	0.014701	1.416064
$Ar_3 b$	1.25043	0.042405	−0.08815	0.0152	1.338577
罗斑花岗伟晶岩	1.115875	0.033288	−0.14243	0.015849	1.258302
$Ar_3 dg$	1.069136	0.050525	−0.05587	0.014918	1.125002
岩体缓冲区	0.822483	0.024697	−0.25013	0.017558	1.072608
$Ar_3 d$	0.91099	0.067582	−0.02773	0.014638	0.938716
主干断裂	0.023604	0.117123	−0.00033	0.014414	0.023937
含金构造带缓冲区	0.487379	0.027791	−0.1304	0.016688	0.617783
$Ar_3 Wgn^i$	0.454186	0.02729	−0.12973	0.016801	0.583916
$Ar_3 Hgn^i$	0.456038	0.059534	−0.0222	0.014738	0.478238
$Ar_3 Mgn^i$	0.404969	0.061634	−0.01878	0.014708	0.423753

证据项	正权重值（W^+）	方差 S（W^+）	负权重值（W^-）	方差 $S(W^-)$	综合权重值（C^*）
构造交点数	0.34335	0.445631	−0.00028	0.014313	0.343629
方位异常度	0.45324	0.117188	−0.00548	0.014414	0.458723
中心对称度	0.015012	0.118759	−0.0002	0.014411	0.01521

＊综合权重值＝正权重值–负权重值。

　　根据区域各要素权重值的计算，可以发现不同证据因子在成矿作用中的作用大小，Au元素异常是对实际钻孔采样信息最直接的体现，所以其与已知矿体的作用最为密切。根据研究区已有资料发现该区域的金矿化与石英脉密切相连，所以在计算权重时，含金石英脉即矿脉的作用是显而易见的。除此之外，其他证据因子与矿体的形成关联也可以通过权重值体现。

　　证据权法是基于贝叶斯方法，因此该方法要求各个证据因子之间必须具有条件独立性。只有满足条件独立的各个因子之间进行计算，才能得到比较可信有效的后验概率值。对权重计算后的 17 个证据因子进行条件独立性检验，在显著性水平为 0.05 的情况下，检验结果基本满足条件独立（表 2.5）。

表 2.5　证据因子的条件独立性检验结果

证据因子	L2	L3	L4	L5	L6	L7	L8	L9	L10	L11	L12	L13	L14	L16	L17	L15
L1	0.16	0.16	0.16	0.16	0.16	0.16	0.16	0.16	0.66	0.16	0.16	0.16	0.16	0.15	0.53	0.3
L2		0.16	0.16	0.16	0.16	0.16	0.16	0.16	0.71	0.16	0.16	0.16	0.16	0.22	0.58	0.28
L3	—	—	0.16	0.16	0.16	0.16	0.16	0.16	0.82	0.16	0.16	0.16	0.16	0.05	0.68	0.25
L4	—	—	—	0.16	0.15	0.16	0.16	0.16	0.7	0.16	0.16	0.16	0.16	0.22	0.57	0.28
L5	—	—	—	—	0.16	0.16	0.16	0.16	0.71	0.16	0.16	0.16	0.16	0.05	0.58	0.28
L6	—	—	—	—	—	0.16	0.16	0.16	0.74	0.16	0.16	0.16	0.16	0.16	0.6	0.27
L7	—	—	—	—	—	—	0.16	0.16	0.71	0.16	0.16	0.16	0.16	0.16	0.58	0.28
L8	—	—	—	—	—	—	—	0.16	0.82	0.16	0.16	0.16	0.16	0.05	0.68	0.25
L9	—	—	—	—	—	—	—	—	0.73	0.16	0.16	0.16	0.16	0.05	0.59	0.27
L10	—	—	—	—	—	—	—	—	—	0.83	0.84	0.8	0.82	0.95	0.45	0.15
L11	—	—	—	—	—	—	—	—	—	—	0.16	0.16	0.16	0.45	0.68	0.24
L12	—	—	—	—	—	—	—	—	—	—	—	0.16	0.16	0.05	0.69	0.24
L13	—	—	—	—	—	—	—	—	—	—	—	—	0.16	0.22	0.66	0.24
L14	—	—	—	—	—	—	—	—	—	—	—	—	—	0.22	0.68	0.23
L16	—	—	—	—	—	—	—	—	—	—	—	—	—	—	0.79	0.18
L17	—	—	—	—	—	—	—	—	—	—	—	—	—	—	—	0.2

由各证据因子的权重值计算各预测单元的后验概率值，并根据其值的大小划分区间分别赋予颜色显示。图 2.31 为区域的后验概率结果图。

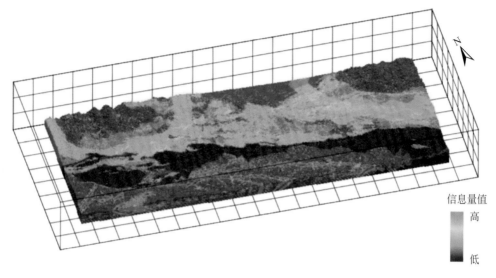

信息量值
高
低

图 2.31　后验概率结果图

2）找矿信息量法

本次研究区的深部矿产预测采用的第二种方法是找矿信息量法。利用找矿信息量法对区域内各成矿要素进行计算分析，得到各成矿要素的信息量值，见表 2.6。

表 2.6　华山–太峪口地区金矿田各成矿要素信息量表

信息层名	含标志单元数	信息层单元数	信息量值
Ar_3b	556	77918	0.547425
Ar_3Chgn^i	259	32136	0.600296
Ar_3d	217	43082	0.396152
Ar_3dg	391	66058	0.466239
Ar_3Dgn^i	2123	255088	0.614248
Ar_3Hgn^i	277	87320	0.195354
Ar_3Mgn^i	263	85697	0.180978
Ar_3Wgn^i	1304	413017	0.193298
Au	212	621	2.227232
断裂	469	215602	0.031508
含金构造带缓冲区	1275	386134	0.21276
矿脉	1012	22573	1.345579
罗斑花岗伟晶岩	896	144651	0.485975

信息层名	含标志单元数	信息层单元数	信息量值
岩体缓冲区	1610	349571	0.357278
方位异常度	329	123075	0.121014
主干断裂	2524	859918	0.16162
局部断裂	758	243891	0.186461

3）预测结果分析

综上所述，本次研究根据证据权法，得到了区域各找矿标志的权重值，并计算了每个单元块体的后验概率值，其大小反映了该单元块体相对的找矿意义。将后验概率值结合已知矿块单元进行统计分析，可得 55.13% 的已知矿体落在后验概率值≥0.65 的立方块中。

根据区域的后验概率值对预测工作进行第一步指导，通过之前的统计分析，将后验概率值≥0.65 的块体单元提取，再根据信息量值的分析进行第二步约束。根据信息量法计算得到的信息量值赋予到块体模型中，需要对信息量值的找矿作用进行统计分析。因此，对不同信息量区间中的矿块比例（信息量区间内含已知矿块数量/总已知矿块数量）、块体比例（信息量区间内块体总数量/研究区块体总数量）以及矿块比例/块体比例进行统计（图 2.32）。根据统计分析可以发现，随着信息量值的不断升高，含矿比率（矿块比例/块体比例）一直收敛，证明了预测工作的统计规律。含矿比率是用来表达含矿的浓集程度，根据图 2.32 的统计规律，将信息量值划分了两个区间，即信息量值>2.35 以及信息量值≤2.35 且>1.15。

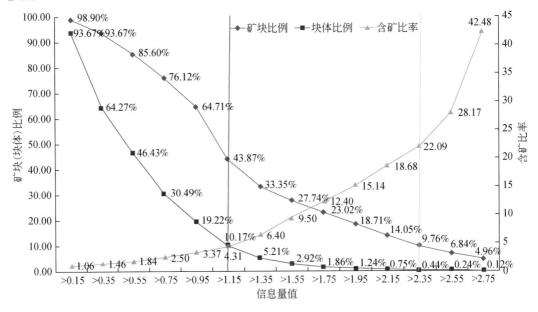

图 2.32　区域信息量统计分析图

图中蓝色和黄色竖线用以划分区间

根据后验概率值及信息量值的共同约束，对区域内块体单元进行筛选，其结果如图 2.33所示。经统计可得符合后验概率值≥0.65 且信息量值>1.15 的有利成矿块体数量共 79412 块，占研究区总立方块数 2415777 的 3.29%，包含的矿块数量占区域内总已知矿块数量 4896 的 42.81%，说明该结果对成矿有利范围的圈定有很好的指导作用。

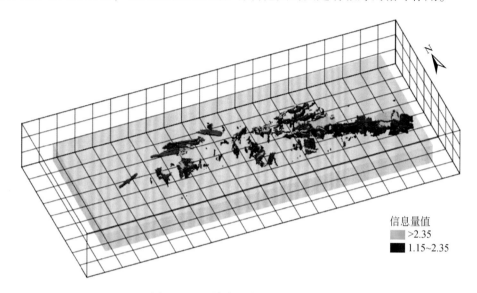

信息量值
>2.35
1.15~2.35

图 2.33 区域成矿有利块体分布图

4）靶区圈定

根据证据权法以及找矿信息量法的计算得到研究区的成矿有利块体，将成矿有利块体结合区域实际地质背景进行成矿有利区的圈定工作。本次研究依据后验概率与信息量高值区的分布情况，以后验概率值≥0.65，信息量值>1.15 的块体为成矿有利区域，并结合其在空间上的分布圈定了 13 个成矿有利区（图 2.34、图 2.35）。对已经圈定的 13 个成矿有利区进行数据统计分析，分别统计信息量值>1.15 以及信息量值>2.35 时，成矿有利区的信息量块体数量的分布（图 2.36）。依据已统计的信息量高值块体数量的分布，结合其找矿潜力的大小将其分为 A、B、C 三级。

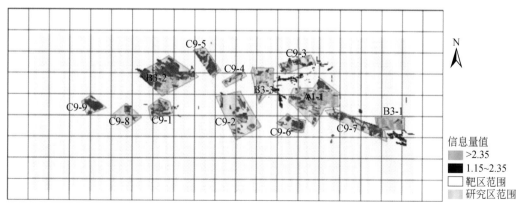

信息量值
>2.35
1.15~2.35
靶区范围
研究区范围

图 2.34 成矿有利区分布（平面图）

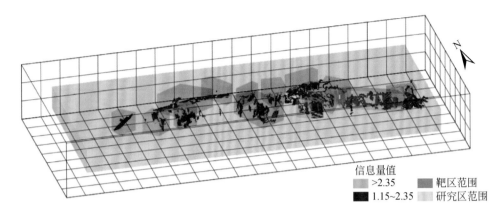

图 2.35 成矿有利区分布（立体图）

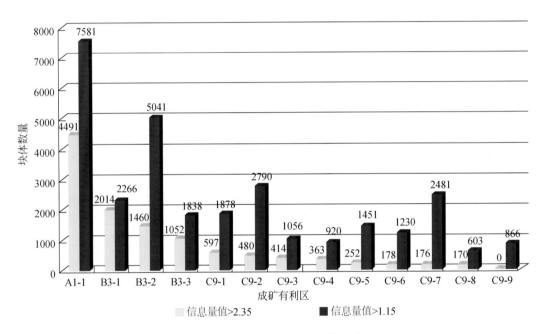

图 2.36 成矿有利区信息量块体统计图

5）预测资源量估算

在完成研究区的预测分析及有利区圈定工作实现了区域的定位预测后，对研究区内的资源量进行定量评价，即估算区内的矿产资源量。

本次研究区范围较大，且区内的矿产资源主要赋存于石英脉体中，呈带状分布。区域研究程度高，但实际预测工作中收集到的钻孔数据非常有限。因此，采用合适的预测方法来估算资源量是十分必要的。在根据研究区资料对比分析后可以发现，由于钻孔采样信息有限，利用含矿率及岩石的平均体重等信息来估算区域资源量数据没有统计意义。同时，研究区的范围广，矿产分布具有一定的规律性，利用体积估计法和丰度估计法等进行区域资源量的估算时，误差较大。因此，在应用和比较了前人的估算方法后，为了更加准确地估算区域内的资源量，本次研究根据研究区已有资料分析，采用成矿广度和成矿强度以及找矿概率法来对区域资源量进行估算。成矿广度和成矿强度的指数既是作为评价地区或地质建造的有利指标，也是研究矿床时间谱系的主要指标。本次研究以矿床的规模为研究对象，以矿床的成矿潜力为指标来进行区域的矿产资源定量预测评价。矿床的成矿潜力指标是指基于矿床规模将研究区内不同规模的矿床资源量进行转换从而得到区域的总矿产资源量。该方法的转换过程通过区域资源分布以及矿床时间谱系等方面来考虑不同规模的矿床折算率，即结合区域的成矿广度指数和成矿强度指数来估算矿床的成矿潜力。再通过找矿概率法确定矿点和矿化点之间转换的可能性，从而进行矿产资源量的估算。

成矿广度是指在一个研究区内矿化发育的广泛程度，它可以通过在区域成矿分析时用研究区内的资源量产出多少来表征。成矿强度是指研究区内矿化发育的强烈程度，它可以通过在区域成矿分析时用某个成矿单元内单位面积中含有的矿产资源量来表征。在对成矿广度与成矿强度进行评价时，引用评价指标作为成矿广度指数（矿产当量 N）及成矿强度指数（K_N）。其计算公式为

$$N = N_1 \times K_1 + N_2 \times K_2 + N_3 \times K_3 + N_4 \tag{2.1}$$

$$K_N = N/V \tag{2.2}$$

式中，N_1、N_2、N_3、N_4 分别为研究区内的大型矿床、中型矿床、小型矿床以及矿点数量；K_1、K_2、K_3 分别为大型矿床、中型矿床、小型矿床对应的权系数，其通常根据实际情况人为取值，本次研究取 K_1、K_2、K_3 值为 50、10、5；V 为成矿单元的体积，且其单位为 km³。在研究工作中，为了使成矿强度指数更能与矿产当量 N 显著地对比分析，常乘以 1000 来表示（表 2.7）。

表 2.7 研究区金元素成矿广度与成矿强度分析

信息层名	V/km³	N 值	K_N 值×1000
$Ar_3 b$	38.959	6	154
$Ar_3 Chgn^i$	16.068	10	622
$Ar_3 d$	21.541	10	464
$Ar_3 dg$	33.029	16	484
$Ar_3 Dgn^i$	127.544	90	706
$Ar_3 Hgn^i$	43.660	12	275
$Ar_3 Mgn^i$	42.849	6	140
$Ar_3 Wgn^i$	206.509	96	465
$\gamma\rho Pt_1$	72.326	11	152
$Ar_3 t$	4.141	5	1207
$Pt_1 Fgn^i$	36.697	10	273
$\eta\gamma Pt_2$	274.331	10	36

在经过成矿强度和成矿广度分析后，根据我国矿床规划分标准，利用已知的矿点和矿化点勘查其进一步转化为矿床的可能性。

根据国内外的研究成果，本次研究采用0.61%作为找矿概率对研究区进行找矿概率法资源量估算。根据2000年国土资源部发布的《矿产资源储量规模划分标准》，对区域内金矿床按规模划分，由划分标准得到大型矿床、中型矿床、小型矿床，分别取40t、20t、5t，并对研究区内的矿点采用0.61%的找矿概率进行转化。研究区的金矿田已探明大型矿床2处，中型矿床6处，小型矿床38处。综上所述，计算得到研究区远景资源量结果为914.6t。

2.5.3　预测精度评价

本次研究找矿概率评价采用的是专家打分权重法。该方法主要从资料基础（勘探剖面、钻孔等）、工作程度（区域数据比例尺）、预测单元、搜索半径以及找矿模型5个典型方面对预测的可靠程度进行定量评价。

1）资料基础

资料基础主要包括研究区收集的勘探线剖面、钻孔等地物化遥数据，本次研究收集的研究区内数据包括8个实测地质剖面、26个钻孔数据、22个典型矿床勘探线剖面图及垂直纵投影、一幅区域地球化学Au元素异常图等。其中图切剖面93条，图切剖面的工程间距为250m。由此可得，区域内勘探线精度赋值为0.7，因区域范围较大，实测剖面及钻孔数据资料较少且相对集中，故对区域钻孔数据等精度赋值为0.5。综上所述，对研究工作资料基础的精度赋值为0.6。

2）工作程度

根据不同比例尺地质图的数据基础将其按等级划分并按精度赋值，本次研究区域三维模型的建立主要参考使用的是1∶50000的地形地质图，故对区域工作程度的精度赋值为0.6。

3）预测单元

块体单元的大小对预测工作的精度保证及顺利进行都有重要的作用。本次研究最终采用的单元块体为100m×100m×50m，是综合考虑了研究区实际情况以及由分形方法计算对比得出，故精度较高，对区域预测单元的精度赋值为0.8。

4）搜索半径

本次研究主要对钻孔中Au元素的采样分析数据进行了插值分析，其搜索半径第一次取值为工程布置的间距，第二次取值为工程布置间距的2倍，故对区域搜索半径的精度赋值为0.7。

5）找矿模型

本次研究工作的找矿模型主要是根据研究区已有的找矿规律的总结以及地质学者在该区对成矿条件及发展规律的总结等建立的，根据建立的找矿模型进行定量化统计分析，其精度相对较高，对其赋值为0.6。

综上所述，根据专家打分权重法以及各评价因子的赋值情况（表2.8），对华山-太峪口地区金矿田的预测精度进行评价计算可以得到找矿概率精度评价值为 64.5%。因为研究工作的资料数据较少，精度有限，故预测评价工作存在一定的风险。

表 2.8　评价因子赋值及权重表

评价因子	赋值（V_i）	权重（W_i）
资料基础	0.6	0.25
工作程度	0.6	0.2
预测单元	0.8	0.15
搜索半径	0.7	0.15
找矿模型	0.6	0.25

2.6　小　　结

本章对华山–太峪口地区金矿田的区域地质背景、矿床成因、典型矿床、成矿规律等进行了深入研究，并结合陕西省矿产地质调查中心提供的资料数据对区域的三维建模及深部矿产开展研究，得到了以下主要成果：

（1）通过对华山–太峪口地区金矿田基本地质概况的了解分析及资料收集，建立了研究区范围内的实体模型，即区域的地表三维实体模型、地层三维实体模型、岩体三维实体模型、构造三维实体模型、矿脉三维实体模型、矿体三维实体模型和钻孔三维实体模型等，完成了研究区三维实体模型的构建工作。

（2）通过对研究区成矿条件、成矿规律及典型矿床的总结分析，得到了区域的三维找矿模型，并进一步根据找矿模型分析确定成矿要素因子，得到研究区的找矿模型及其成矿要素因子特征值。

（3）通过建立研究区的立方体模型，对区域成矿要素因子特征值定量化分析，得到了研究区的定量化预测模型。

（4）根据"隐伏矿体三维预测系统"利用证据权法与找矿信息量法对研究区进行了三维成矿预测，根据结果圈定了 13 个成矿有利区域并对研究区的资源量初步估算为 914.6t。同时，系统地对研究区的预测工作进行了概率评价，本次预测工作的找矿概率精度评价值为 64.5%。

综上所述，本章完成了华山–太峪口地区金矿田的定位、定量、定概率的预测评价工作，为研究区的下一步工作提供了勘察建议和理论指导。

第3章 山东大尹格庄-夏甸地区金矿深部三维预测评价

金矿是山东省的优势矿产资源，以资源丰富、开发历史悠久及产量大而为世人瞩目。山东胶东地区面积不足全国的0.7%，而黄金储量占全国的四分之一，是我国最大的黄金矿集区。截至2018年底，胶东地区已探明三个超千吨的世界级金矿田，它们是三山岛金矿田、焦家金矿田和玲珑金矿田。

本项目对大尹格庄-夏甸金矿田进行了系统研究，总结了研究区的综合找矿模型，建立了大尹格庄-夏甸金矿田的三维地质体模型，应用"立方体预测模型"找矿方法进行成矿有利信息的定量化提取，运用证据权法和找矿信息量法分别计算了每个单元块的权重值和信息量值，圈定2个找矿靶区，并估算找矿靶区的Au金属量约240t，对成矿预测进行了精度评价，预测结果的可靠程度为0.61，预测结果具有较高的可靠程度，发生风险的机会较低，风险较小。

3.1 区域地质背景

矿区位于胶东半岛西北部——胶西北金矿集区，为我国最重要的金成矿区，其大地构造位置处在华北板块（Ⅰ级）东南缘、沂沭断裂带东侧、招平断裂带中段，区内地层出露较简单，断裂构造十分发育。

3.1.1 区域地层

研究区地层属华北地层区、鲁东分区的胶东地层小区，主要包括古太古界唐家庄岩群、新太古界胶东岩群、古元古界荆山群及第四系松散堆积物。主要出露胶东群和荆山群，分布于招平断裂上盘，下盘以残留体形式存在，二者以黑虎山断裂为界呈断层接触。黑虎山断裂以北出露胶东群，以南出露荆山群，胶东群岩性主要为黑云变粒岩、黑云斜长片麻岩、斜长角闪岩等，厚约1500m；荆山群岩性主要为黑云斜长片麻岩、黑云变粒岩、大理岩、透辉岩、斜长角闪岩等，厚约2500m。

3.1.2 区域构造

区域内构造可分为褶皱构造、韧性变形构造、脆性断裂构造。脆性断裂构造以NNE—NE向断裂构造广泛发育，是区域典型的控矿构造，与金矿成矿关系密切。韧性变形构造多发育在古老基底变质岩系及早期幔源成因的侵入岩，往往伴生有褶皱构造。它们形成时代有早有晚，构成了区内基本的构造格架。

招平断裂带是区域最主要的控矿构造，控制了金矿床的总体展布，招平断裂所派生和伴生的次级断裂，走向 NE 或 NNE，倾向 SE，少数 NW，倾角较陡，一般为 60°~80°，控制着矿体的规模、形态和产状，次级断裂控制矿体较多，但其规模较小，更次一级的节理裂隙在力学性质上以张性、扭性最为发育，组成多种形式，如共轭型、扭性帚状型、张性羽裂型、张性分支型等，控制了矿化的局部富集。

大尹格庄断裂，位于大尹格庄村南。区内其长 2200m，东部被第四系覆盖，宽 1.80~35m，控制垂深 500m，走向 100°，倾向 NE，倾角 43°~60°，横穿并错断招平断裂，其北盘西移，水平断距 260~300m，地表呈波状弯曲，局部有分支复合现象。岩性为碎裂岩、角砾岩及断层泥。该断裂带中分布有少量黄铁绢英岩角砾、碎块，表明断裂为后期断裂，显示压扭性特征。

南周家断裂，位于南周家村北。除西段局部出露地表外均被第四系覆盖，由大致平行分布的南北两条相距 80m 的断裂组成，将招平断裂分割错断成三段，使北盘西移，水平断距约 140m，带长 560~1000m，宽 3~20m，走向 110°，倾向 SW，倾角 55°~72°，岩性为碎裂岩、糜棱岩及断层泥。

栾家河断裂，在习惯上将栾家河断裂称为招平断裂的次级断裂，区内出露长度 1400m，两端延出测区，宽 40~200m，总体呈 NNE 向展布，倾向 SE，局部 NW，倾角在 60°~70°，为一高角度断层，波状弯曲，略具分支复合特征。

留仙庄断裂，系招平断裂的分支，发育在留仙庄北侧，沿玲珑二长花岗岩与栖霞奥长花岗岩接触带展布，走向 50°，倾向 SE，倾角 40°~50°。带内由角砾岩、花岗质碎裂岩及断层泥组成，角砾呈浑圆状、次圆状，成分多为花岗质，胶结物为糜棱物质及硅质，具绢英岩化、碳酸盐化等蚀变。

黑虎山断裂，在山后矿区，走向近 EW，倾向 N，倾角 60°~70°，下盘为花岗岩，上盘为胶东群。

3.1.3 区域岩浆岩

区内岩浆活动剧烈而频繁，总体呈近 EW 或 NE 向展布的岩基、岩株、岩瘤状产出，具规模性的多群居聚集形成复式岩体。岩石类型齐全，从超基性至酸性岩均有，尤以中酸性、酸性岩规模大、分布广。自中太古代至中生代均有出露，其中以中生代燕山期侵入岩最为发育。中生代以来的侵入岩受近 EW、NE 和 NNE 向断裂制约。

区内岩浆岩广布，以中生代燕山早期（晚侏罗世）玲珑序列为主体，大面积展布；新太古代早期的栖霞序列、新太古代晚期的谭格庄序列分布于招平断裂带以东，马连庄序列和莱州序列在区域内少量分布，以零散的包体状分布于栖霞序列中。区内派生脉岩较为发育，主要为闪长玢岩脉、煌斑岩脉，与矿体相伴出现，有破碎现象。

3.2 矿产特征与找矿模型

3.2.1 矿产特征

招平断裂带是胶西北地区最重要的金矿成矿带，呈带状分布，构成破碎带。矿体一般分布在主裂面之下的碎裂岩和碎裂状岩石中。

　　招平断裂沿走向及倾向呈舒缓波状展布，主要显示为压扭性，并具多期次活动的特征。发育连续碎裂岩带，以断层泥为标志的主裂面发育，且以主裂面为界，向两侧破碎、蚀变、矿化程度逐渐减弱。矿体大部分赋存于主裂面下盘的黄铁绢英岩化碎裂岩、黄铁绢英岩化花岗质碎裂岩带内。矿体多位于其走向拐弯、倾角由陡变缓部位。其主断裂控制了台上、破头青、曹家洼、大尹格庄、姜家窑、夏甸等特大及大中型金矿床的分布，发育于其下盘的大量次级断裂则控制了玲珑金矿田及原疃、埃子王家、谢家沟等一系列金矿床（点）的分布。其中，研究区内的夏甸、姜家窑、曹家洼、大尹格庄等金矿床分布于胶东群与岩体接触带中。胶东金矿的成因类型为花岗岩体内外变形带热液金矿床，即构造破碎带蚀变岩型金矿床（图 3.1）。

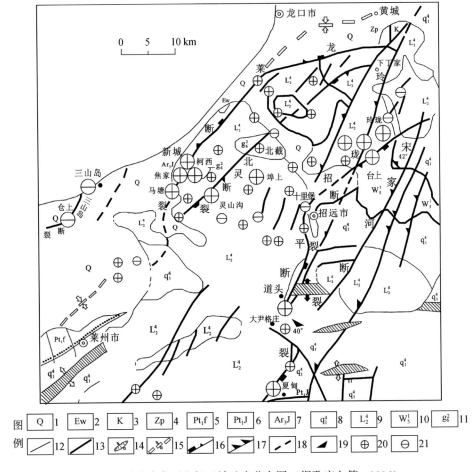

图 3.1　胶东半岛西北部区域矿床分布图（据孔庆友等，2006）

1. 第四系；2. 古近系—新近系；3. 中生界白垩系；4. 震旦系蓬莱群；5. 古元古界粉子山群；6. 古元古界荆山群；
7. 新太古界胶东岩群；8. 新太古界栖霞超单元；9. 中生界玲珑超单元；10. 中生界文登超单元；11. 中生界郭家岭超
单元；12. 地质界线；13. 不整合接触界线；14. 背斜构造；15. 推断隐伏向斜构造；16. 胶西北"S"；
17. 压扭性断裂；18. 推断断裂；19. 片麻理产状；20. 金矿床；21. 中型银矿床

3.2.2　找矿模型

3.2.2.1　成矿模式

研究成矿模式是全面认识成矿带地质演化的重要途径。通过正确认识矿床成矿机制，掌握控矿规律，可有效地指导矿床的勘查和预测。刘玉强（2004）根据综合研究成果，结合前人资料，建立了胶西北金矿成矿模式（图3.2）。

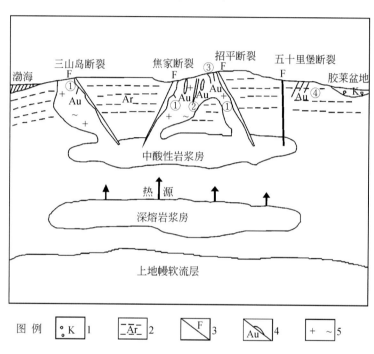

图 3.2　胶西北金矿成矿模式图（据刘玉强，2004 修改）
1. 白垩系砂砾岩；2. 胶东岩群变质岩；3. 断裂带；4. 金矿体；5. 重熔花岗岩；
①焦家式金矿；②灵山沟式金矿；③玲珑式金矿；④盘马式金矿

1）早期褶皱变形

胶东运动形成了近 EW 向的栖霞复背斜，这次构造运动使区内胶东岩群地层发生褶皱，褶皱枢纽总体上呈近 EW 向展布，与区域构造线完全一致。燕山运动早期，在应力持续作用下，深部固态物质位移，不断引起热能释放，温度逐渐升高，深部热流、挥发分及碱金属在背斜核部不断集中，这些因素共同作用的结果引起交代作用和重熔作用，形成大面积的玲珑花岗岩体（范永香和阳正熙，2003）。

2）晚期断裂构造成矿

成矿的发展演化分为两个阶段，即早期韧性剪切带形成阶段和晚期脆性断裂成矿阶段。①早期韧性剪切带形成阶段：在中生代晚白垩世，随着太平洋板块向 NW 运移，并向欧亚大陆俯冲，形成了区内 NW—SE 的挤压构造应力场。同时，混合岩化作用导致了混合岩化边界构造应力的差异,在边界部位(两种岩性的界面)形成了韧性剪切带。②晚期脆性断裂成矿阶段:随着地壳的抬升和剥蚀,深部构造层次的韧性剪切带抬升至中浅构造层次,其变形机制也相应由韧性变形转为脆性变形,随之叠加了脆性断裂。成矿早期,在区域构造应力场的左行扭动下,产生了叠加在早期韧性剪切带上的断裂带,断裂面均为压扭性结构面,呈舒缓波状,并产生了以脆性变形为特征的构造岩系列及节理带,一起构成了整个破碎带。成矿期,随着区域构造应力场的变化,由原来的左行压扭转变为 NE—SW 向的右行扭动,使先存断裂带发生了右行张剪,并产生了次级断裂。本区构造演化经历了长期复杂的演化过程,晚期脆性断裂的发展演化一方面受先存构造制约,另一方面又表现出对先存构造的改造叠加,同时还派生出次级断裂。

3)断裂构造演化对金成矿的控制

成矿需要经历矿质的活化、迁移、富集等复杂的演化过程,而断裂构造对成矿的每一个阶段都有重要的影响和控制。在韧性剪切阶段,构造活动直接导致了矿质的活化及一定程度上的迁移,沿构造带形成金的初步富集;随着地壳的抬升和剥蚀,断裂构造的变形机制由早期的韧性变形逐渐转变为晚期脆性变形,脆性变形叠加在韧性变形之上,除形成招平主断裂外,同时还形成了一系列次级的脆性断裂(上下盘的次级断裂)。而深部的含矿流体,在断裂脉动泵吸的驱动下以及热液内压力的作用下,沿断裂向上大规模迁移,并在断裂构造的较大启张空间及构造岩、脉岩等的良好圈闭部位聚集,形成金的工业矿体。早期韧性剪切和晚期脆性变形叠加是金矿形成的重要条件。

3.2.2.2　找矿模型

通过对大尹格庄-夏甸金矿田的矿床地质特征、成矿地质背景和控矿要素等进行深入挖掘,结合收集的资料,对研究区的成矿规律分析如下。

(1)矿床赋存于成矿岩体边缘或者两种岩性的接触带上,主要是玲珑二长花岗岩和栖霞英云闪长岩及残留荆山群的断裂接触带内,玲珑二长花岗岩与研究区的金矿关系密切,是金矿的成矿母岩。

(2)NE 向断裂构造是主要的控矿构造,尤其是纵观全区的招平断裂,它既是容矿构造又是导矿构造,为矿液的运移提供了通道,且断裂构造的交汇部位、拐弯部位以及产状由陡变缓部位极易成矿。

(3)研究区的金矿床多分布在以黄铁绢英岩化为主的蚀变带岩带中,蚀变岩的蚀变越强烈,蚀变带厚度越大,越容易形成金矿床。其中,黄铁绢岩化碎裂岩、黄铁绢英岩化花岗质碎裂岩、黄铁绢英岩化花岗岩破碎程度高,裂隙发育,孔隙度大,有利于矿液的渗滤、扩散和交代,矿化富集程度高。

(4)从矿床的空间分布规律上讲,矿床沿主要成矿断裂带具有纵向等间距分布的特征,且无论是招平主干断裂还是分支构造,大规模金矿床所在的弧形断裂主裂面的法线方向一定距离内均有小规模的金矿床与其匹配。断裂带上金矿呈近等间距分布,相距 1~2km。

(5)断裂以 NE 向构造为主,矿体受断裂控制,总体呈 NE 侧伏的特征,在走向和倾向上矿体具有膨大夹缩和尖灭再现等表现特征(张文钊和徐述平,2006)。

在研究分析大尹格庄–夏甸金矿田的地质特征的基础上，建立了研究区金矿床找矿模型（表 3.1、表 3.2）。控矿因子主要是构造、蚀变带和岩体三类：①构造（断裂）控矿是大尹格庄–夏甸金矿田最显著的特征，纵观全区的招平断裂既是导矿构造又是容矿构造（孙涛等，2007），构造带的展布特征可以通过对主干断裂的分析得到，构造带的影响范围可以通过断裂缓冲区来表述，构造交汇点特征可以判断成矿潜在有利场所；②岩体特征表现了研究区岩浆条件，同时也是岩浆热液活动的标志特征，构造中心对称度对侵入岩体等地质现象有很好的反映，在一定程度上指示了构造发育特征与岩体形态特征的关系；③研究区金矿床是构造破碎带蚀变岩型金矿床，金矿大多分布在黄铁绢英岩化为主的蚀变带中，蚀变带的构造越强烈、破碎程度越高、裂隙越发育、孔隙度越大，就越有利于矿液的渗滤、扩散和交代，矿化富集程度越高（吕古贤，2011）。

表 3.1　破碎带蚀变岩型金矿找矿模型

典型矿床		大尹格庄、曹家洼、姜家窑、夏甸等
成因类型		构造破碎带蚀变岩型金矿床
地质环境	成矿时代	燕山晚期，距今 120～100Ma
	成矿环境	俯冲背景下的伸展拉张环境，压扭性构造控矿
	成矿有关地质体	与栖霞岩体、玲珑岩体有成因联系，玲珑花岗岩为主要成矿物质的来源
	控矿构造	NE 向为主控矿断裂
矿床特征	矿物组合	主要为自然金、银金矿、黄铁矿、黄铜矿；其次为磁黄铁矿、闪锌矿、方铅矿、磁铁矿、镜铁矿
	结构构造	主要为脉状、细脉浸染状、网脉状构造；其次为浸染状、块状晶粒结构、碎裂结构、残余结构、致密块状
	矿化岩石	含金黄铁石英脉型、含金多金属硫化物型、黄铁绢英岩型、黄铁绢英岩化花岗质碎裂岩型、黄铁绢英岩化花岗岩型
	矿化特征	蚀变构造岩，连续矿化
	围岩蚀变	硅化、钾化、黄铁矿化、绢云母化和碳酸盐化
地球物理特征	航磁异常特征	金矿床绝大多数分布在平缓的弱磁场和负磁场
	电性特征	玲珑序列花岗岩类电阻率较高但是电阻率变化范围较大；胶东岩群、马连庄、栖霞序列和第四系电阻率低；断裂蚀变带呈现高中阻特点，电阻率范围变化较大
地球化学特征	致矿元素	Au

表 3.2　大尹格庄–夏甸金矿田金矿床找矿模型

找矿信息类型	变量类型	特征参数描述
地质找矿信息	赋矿岩体	玲珑序列、栖霞序列
	成矿时代	中生代燕山晚期
	成矿围岩蚀变带	黄铁绢英岩化碎裂岩带、黄铁绢英岩化花岗岩带、黄铁绢英岩化花岗质碎裂岩带

续表

找矿信息类型	变量类型	特征参数描述
地质找矿信息	构造位置	岩体接触带
	构造展布特征	主干断裂
	构造带特征	断裂缓冲区
	构造交汇特征	交点数
	岩浆活动	中心对称度
	等间距控矿特征	等间距控矿
地球物理找矿信息	视电阻率异常信息	视电阻率异常
地球化学找矿信息	致矿、异常元素	Au、Ag、Cu、Pb、Zn、As、B、Ba、Hg、Sb、Bi、Co、Mn、Mo、Ni

3.3　三维实体模型的建立

3.3.1　资料收集与整理

资料的有效整合是整个研究得以顺利进行的第一步和重要前提。收集和应用到的数据资料包括研究区地质图、地质勘查规划平面部署图、勘探线地质剖面图、钻孔柱状图、等高线地形图、地球物理 CSAMT[①] 测深反演成果图、地球化学构造叠加晕图和研究区内主要矿区的勘查报告等。在建立研究区三维实体模型的过程中，这些资料和数据起到了十分重要的作用。

3.3.1.1　勘探线地质剖面图

本研究中收集整理到的勘探线剖面主要集中在大尹格庄–夏甸北部和南部，包括大尹格庄 22 条、曹家洼 11 条、姜家窑 12 条、夏甸 10 条、山后 9 条。勘探线地质剖面上具有断裂、蚀变带、岩体、矿体等信息，揭示了研究区的地质特征，是建立三维实体模型的基础。所收集的勘探线剖面多为 CAD 格式，以 AutoCAD 软件作为平台，基于研究区的工程布置图，完成剖面的配准工作，转换为 Surpac 支持的线串格式剖面图件，导入 Surpac 软件中，实现地质体三维实体模型的构建。

3.3.1.2　地质勘查规划平面部署图

地质勘查规划平面部署图一般就是研究区的工程部署图，主要是为便于地质工作者了解研究区的工程规划部署情况而编制的，展示了工作区内勘探线剖面以及钻孔的分布。在开展隐伏矿体三维成矿预测工作中，工程部署图在勘探线剖面的三维空间位置校正和

---

① 可控源声频大地电磁法（controlled source audio-frequency magnetotelluric method，CSAMT）。

Surpac 建模中有着重要的作用。

3.3.1.3　等高线地形图

本次研究应用了 Aster 30m 分辨率的 DEM，考虑生成地表形态光滑细腻，根据需要在 ArcGIS 中提取 2m 间距的等高线，并将线文件转化后导入软件 Surpac 中，由软件中的 DTM 工具生成大尹格庄–夏甸金矿田地表形态的 DTM 模型，研究区位于华北平原，平均海拔在 120~200m，地势起伏相对平缓。

3.3.1.4　钻孔柱状图

本次收集的钻孔柱状图多为 MapGIS 格式和 CAD 格式，为了方便在 Surpac 软件中建立钻孔数据库，将钻孔数据柱状图中的信息进行提取，将孔口坐标和孔深提取形成钻孔的孔口坐标表；将测斜深度、倾角等提取形成测斜数据表；将钻孔的采样深度、样长、样品元素值提取形成样品分析表；将矿石类型和深度提取形成岩性分析表。并将格式统一转化为 csv 格式，导入 Surpac 中，建立钻孔数据库和钻孔三维实体模型。本次从山东省地质调查院共收集到钻孔 125 个，为地质模型的建立及成矿预测起到了关键的数据支撑作用。

3.3.1.5　研究区内主要矿区的勘查报告

本次收集到的相关区域金矿勘查报告包括大尹格庄详查报告、夏甸深部及外围道北庄子段详查报告等，这些资料对了解研究区成矿地质背景，建立找矿模型及成矿预测评价起到了实际指导作用。

3.3.1.6　地球物理 CSAMT 测深反演成果图

本次收集到大尹格庄、夏甸、姜家窑及山后 CSAMT 测量并由山东省地质调查院解译后的剖面 10 条。首先对其进行三维空间校正以后，将其进行格式转换；然后按照建模软件的要求将其导入三维建模软件；最终应用三维建模软件，并在三维空间中完成每个剖面解译信息的地质体圈定和连接工作，实现三维实体模型的建立。

3.3.1.7　地球化学构造叠加晕图

招平研究区的地球化学数据主要为由钻孔测得的构造叠加晕剖面图（大尹格庄 13 条、曹家洼 5 条、姜家窑 8 条），用来直接指示矿体赋存的部位和元素的浓集中心。研究表明区内金矿床异常元素主要有：Au、As、Ag、B、Ba、Bi、Co、Cu、Hg、Mn、Mo、Ni、Pb、Sb、Zn。为了更好地剖析与成矿有关的元素异常特征，作者对研究区地球化学多元素组合异常剖面进行编录，并对数据进行整理。通过对大尹格庄 13 条剖面、曹家洼 5 条剖面以及姜家窑 8 条剖面的研究分析，得到勘探线元素组合异常图。

3.3.2　三维实体模型构建

利用 Surpac 软件建立大尹格庄–夏甸金矿田的三维实体模型，包括研究区地表范围、岩体、构造、蚀变带、已知矿体、钻孔、地球物理和地球化学元素组合异常等三维实体模型。

3.3.2.1　研究区地表三维实体模型

本研究中利用 Aster 30m 分辨率的 DEM，在 ArcGIS 软件中处理生成 2m 间距的等高线，导入 Surpac 软件中，生成 DTM 模型表示招平矿带地表形态。大尹格庄–夏甸金矿田研究区模型坐标范围为南北 4105923.433 ~ 4124003.984m，东西 525847.879 ~ 536342.830m，高程 –3000 ~ 300m。在模型建立过程中，叠加了研究区地表的 DTM 数据，得到研究区地表三维实体模型（图 3.3）。

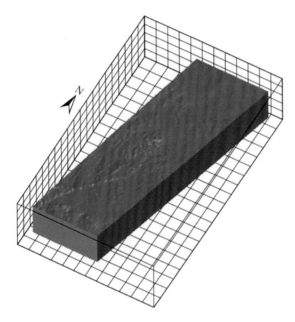

图 3.3　大尹格庄–夏甸金矿田地表三维实体模型

3.3.2.2　地质体三维实体模型

1）岩体三维实体模型

岩体模型的建立主要根据收集到的勘探线地质剖面，将勘探线剖面在 AutoCAD 中校正，导入 Surpac 中，在各剖面上将岩体边界利用地质解译的方法圈定，然后将相邻剖面上的岩体边界依次相连接，建立三维实体模型，并采用实体之间的差、交、并等布尔运算来处理不同地质体之间的相交现象，从而建立研究区各岩体的实体模型。图 3.4 为招平金矿带北部和南部岩体及地层三维实体模型。

2）构造三维实体模型

建立研究区构造三维实体模型时，首先根据勘探线剖面进行实体圈定，使相邻勘探线剖面之间连接，并结合地质图和地质报告中的构造形态参数和特征（走向、倾向和倾角）进行构建，最终得到大尹格庄–夏甸金矿田主要断裂模型，包括招平断裂、大尹格庄断裂、

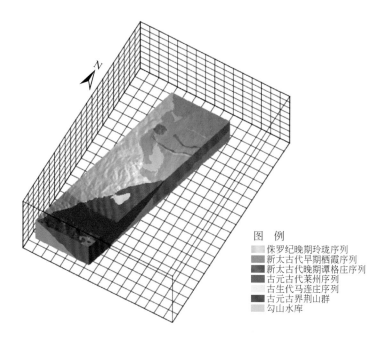

图例

侏罗纪晚期玲珑序列
新太古代早期栖霞序列
新太古代晚期谭格庄序列
古元古代莱州序列
古生代马连庄序列
古元古界荆山群
勾山水库

图 3.4　岩体及地层三维实体模型

南周家断裂、栾家河断裂、黑虎山断裂等。图 3.5 为大尹格庄–夏甸金矿田断裂三维实体模型，其中招平断裂纵贯整个研究区，图中的断裂三维实体直观地显示出各断裂的特征。

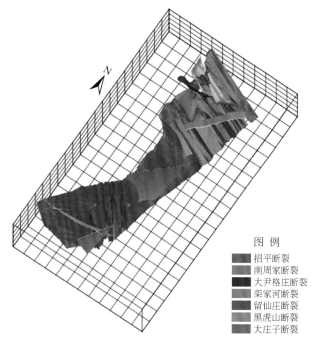

图例

招平断裂
南周家断裂
大尹格庄断裂
栾家河断裂
留仙庄断裂
黑虎山断裂
大庄子断裂

图 3.5　断裂三维实体模型

3) 蚀变带三维实体模型

研究区的矿床类型是构造破碎带蚀变岩型金矿床，金矿床基本赋存于由断裂控制的蚀变岩带中。研究区主要是绢英岩化蚀变带，包括黄铁绢英岩化花岗岩、黄铁绢英岩化碎裂岩以及黄铁绢英岩化花岗质碎裂岩等。研究区浅部的矿体多产于黄铁绢英岩化碎裂岩带中，而深部的矿体多富集于黄铁绢英岩化花岗质碎裂岩带。蚀变带三维实体模型的构建主要依据勘探线剖面上各蚀变岩带的界线进行圈定，然后通过将相邻剖面上的各蚀变岩带边界依次连接得到，如图 3.6 所示。

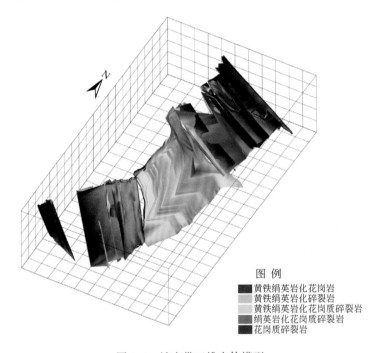

图 例

■ 黄铁绢英岩化花岗岩
■ 黄铁绢英岩化碎裂岩
□ 黄铁绢英岩化花岗质碎裂岩
■ 绢英岩化花岗质碎裂岩
■ 花岗质碎裂岩

图 3.6　蚀变带三维实体模型

4) 已知矿体三维实体模型

研究区内的金矿床基本沿着 NE 向的断裂构造分布，纵贯全区的招平主断裂，基本控制了区内特大、大型金矿床，由招平断裂所派生和伴生的次级断裂控制矿体也较多，但其规模相对较小。矿体总体走向与主裂面或蚀变带产状一致，根据收集的数据建立了大尹格庄矿体、曹家洼矿体、姜家窑矿体、夏甸矿体和山后矿体模型，图 3.7 为大尹格庄–夏甸金矿田已知矿体相对位置图。

已知矿体三维实体模型主要是基于研究区的勘探线剖面图，在 Surpac 软件中对勘探线剖面上的矿体进行地质解译圈定矿体边界，然后利用软件的拓扑关系建立已知矿体的实体模型，在构建矿体模型的过程中结合成矿规律，生成较符合实际的矿体模型。

3.3.2.3　钻孔三维实体模型

研究区内收集到的多是 CAD 和 MapGIS 格式的钻孔柱状图，将钻孔柱状图的钻孔坐标、样长、岩性特征、孔深、倾角等数据分别整理，形成研究区钻孔的孔口坐标表、样品

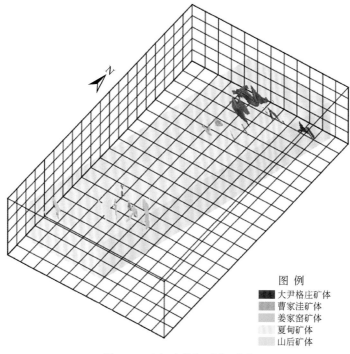

图 3.7　已知矿体相对位置图

分析表、测斜数据表和岩性分析表，在 Surpac 中建立钻孔数据库。图 3.8 为大尹格庄–夏甸金矿田钻孔三维分布图，可以直观地显示钻孔的轨迹和样品属性等，Au 品位也可以根据 Surpac 中的钻孔模型两次插值分析得到。

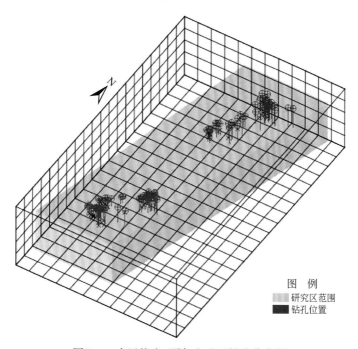

图 3.8　大尹格庄–夏甸金矿田钻孔分布图

3.3.2.4 地球物理三维实体模型

为了研究主要控矿断裂在大尹格庄–夏甸深部金矿三维定量预测,对大尹格庄、夏甸、姜家窑及山后四个测区进行 CSAMT 数据采集工作,且对 CSAMT 测试剖面资料进行二维反演处理,并做出反演电阻率成果断面图。夏甸金矿区内构造蚀变带严格受招平断裂带中段的芝下–姜家窑断裂带控制,大尹格庄金矿区位于招平断裂带中段,南起勾山水库,北至道头南侧,区内主蚀变带为招平断裂蚀变带的一部分。姜家窑金矿区位于招平断裂带的中部,区内主矿体受招平断裂带控制。故以招平断裂带缓冲区为范围,以 10 条电阻率断面图进行深部地质体三维实体建模(图 3.9、图 3.10)。

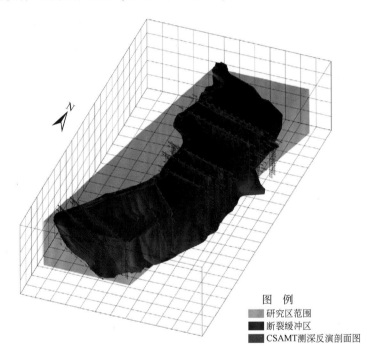

图 例
研究区范围
断裂缓冲区
CSAMT测深反演剖面图

图 3.9　断裂缓冲区与 CSAMT 测深反演剖面叠加

3.3.2.5 地球化学元素组合异常三维实体模型

微量元素在矿床内局部富集的特点可为深部隐伏矿体的找寻提供重要的指示信息(庞绪成,2005)。构造破碎带蚀变岩型胶东金矿的原生晕组分十分复杂,其主要指示性元素为 Au、Ag、As、B、Ba、Bi、Co、Cu、Hg、Mn、Mo、Ni、Pb、Sb、Zn 15 种化学元素。各元素形成异常的规模不等、强度不一,同单元素比,元素组合异常具有更加明显的指示意义(张佳楠,2012)。根据研究区共 26 条元素异常剖面上圈定的元素异常界线,在 Surpac 软件中建立元素组合异常的三维实体模型(图 3.11)。

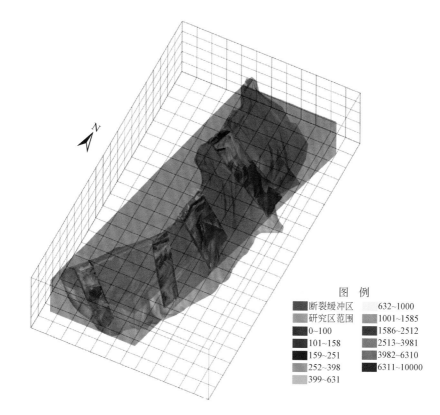

图 3.10 CSAMT 视电阻率三维模型图

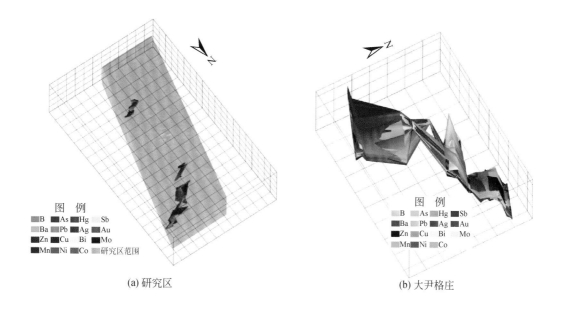

(a) 研究区

(b) 大尹格庄

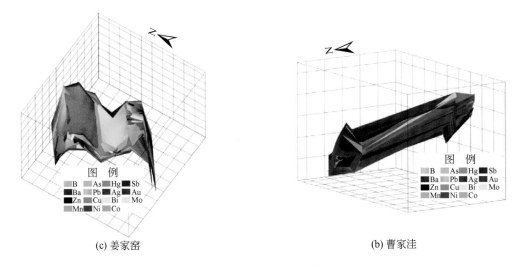

(c) 姜家窑　　　　　　　　　　　　　　(b) 曹家洼

图 3.11　元素组合异常模型

通过参考对 80 个典型金矿床原生晕轴向分带序列的概率统计得出的中国金矿床的原生晕综合轴（垂）向分带序列（图 3.12），以及对以上 15 种元素的构造叠加晕图进行观察，将其他元素与 Au 元素的空间位置分布进行对比分析。根据以上 15 种元素异常空间位置分布情况可以总结出，对于研究区总体而言，As、B、Ba、Hg、Sb 元素是特征的前缘晕指示元素，Ag、Cu、Pb、Zn 元素是近矿晕的特征元素，而 Bi、Mn、Mo、Co、Ni 元素则是矿体尾部的重要指示元素（Mo 元素相较于其他元素，更偏向于近矿）。在矿脉深部，存在尾晕元素和头晕元素异常的叠加。

B-I-As-Hg-F-Sb-Ba ⟶ Pb-Ag-Au-Zn-Cu ⟶ W-Bi-Mo-Mn-Ni-Cd-Co-V-Ti
矿体前缘及上部　　　　　矿体中部　　　　　　　矿体下部尾晕

图 3.12　中国金矿床原生晕轴（垂）向分带序列

3.4　成矿有利信息定量分析与提取

在综合分析研究区资料，深入了解研究区成矿地质背景，总结出找矿模型，建立研究区三维实体模型的基础上，首先，应用陈建平教授的"立方体预测模型"找矿方法建立区域块体模型，利用三维实体模型为约束，对控矿要素进行分析与提取，对立方块体进行赋值，进一步得出大尹格庄–夏甸金矿田的定量预测模型；其次，应用证据权法、找矿信息量法对各预测要素进行评价，以此圈定出找矿信息量高值区作为找矿靶区；最后，在此基础上，估算找矿靶区的金金属量，对找矿概率进行评价，实现大尹格庄–夏甸金矿田的定位、定量、定概率的成矿预测。

3.4.1　立方体模型的建立

本节应用陈建平教授所在团队研发的"隐伏矿体定量化预测系统"软件的 line analysis 工具来进行最佳矿块大小的确定。

依次对研究区内的构造频数、等密度、交点数和中心对称度在 10m、20m、30m、40m、50m、60m、70m、80m、90m、100m、150m、200m、250m、300m 的立方体模型进行计算，并对其自相似区间展开分析。通过以上的分析可知，数据精度的敏锐度以及不同构造有利特征提取计算方法不同，因此不同构造变量所对应的最佳尺度不尽相同。根据各个构造变量的分形特征和分维数稳定区间研究，取各变量的交集，块体的最佳尺寸在 40~80m 尺度将得到比较相似的计算结果。并且，研究区山东大尹格庄–夏甸金成矿田是一个面积约 110km² 的成矿带，如果将 50m 作为基本预测单元尺度，模型总共包含 2734016 个单元块。在 40~80m 的交集，假如选择再小的块体尺度，那么研究区将产生庞大的计算机方面的开销，综合考虑下，本节选择 50m 作为划分立方体单元块的尺度。

3.4.2　成矿信息分析与提取

根据现有地质资料对矿体的揭示，特别是地质勘探线的分布，结合构造、岩体、蚀变带、矿体的形态、走向、倾向和空间分布特征确定了建模的范围和基本参数。研究区的坐标范围为南北 4105923.433~4124003.984m，东西 525847.879~536342.830m，高程 -3000~300m。在建立研究区的矿体模型时，矿块大小可根据勘探线的网度、矿体的大小、矿体边界的复杂度及采矿设计的要求来取值。本书基于"隐伏矿体三维预测系统"软件分析得出研究区的最佳单元块尺寸，以行×列×层：50m×50m×50m 为基本预测单元，立方体模型总共有 5017321 个单元块，其中 2734016 个立方块在研究区内部，包括总已知矿块数 5645 个。

在建立立方体模型后，首先要根据已建立的大尹格庄–夏甸金矿田找矿模型进行控矿要素的提取与统计分析，以三维实体模型为限定，应用"立方体预测模型"找矿方法进行各地质要素的定量分析与提取，如对构造、岩体、蚀变带进行含矿性统计分析，由此确定大尹格庄–夏甸金矿田研究区定量预测模型，并将所确定的预测参数作为属性赋给每一个单元块，它们既是靶区圈定的依据和前提，也对成矿规律的完善具有重要意义。

3.4.2.1　岩浆岩条件分析

基于建立的研究区岩体三维实体模型，在立方体模型中建立约束，划分岩体块体，用已知矿体三维实体模型对立方体模型进行限制，统计各个岩体内的矿块数量。研究区的岩体有玲珑序列、栖霞序列、谭格庄序列、莱州序列和马连庄序列，统计不同岩体所包含的已知矿体单元块的数目。图 3.13 为研究区内不同岩体的含矿单元数目统计，87.28% 的矿体分布在玲珑序列，11.18% 的矿体分布在栖霞序列，由此确定成矿有利岩体为玲珑序列和栖霞序列，并与实际地质成矿理论相互印证。值得说明的是研究区内莱州序列和马连庄序列的出露面积较小，故收集到的已知矿体较少分布在这两个岩体中。

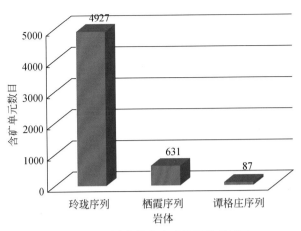

图 3.13　不同岩体中含矿单元数目统计

3.4.2.2　构造信息定量分析

在构造信息定量分析时常常选用构造频数、等密度、交点数和中心对称度等来表征，它们从不同角度反映了线性构造的特征，挖掘出与成矿相关的构造信息并提取分析是成矿预测工作的基本要求（董庆吉等，2010；陈建平等，2012a）。这些变量分别从构造带特征、构造发育特征、构造岩浆活动特征、构造交汇特征和构造等间距控矿特征等角度对构造条件进行分析，将传统二维成矿预测中的变量拓展到三维空间范围内，更能有效地反映深部成矿特征。

1）构造带特征——断裂缓冲区

在定量分析中，一般是通过断裂缓冲区来分析表征断裂构造带特征的。对区域断裂取断裂面两侧 200m 区域为缓冲区，经统计发现能够覆盖区内 90.71% 的已知矿体立方块，是成矿最有利的构造控制范围，断裂及其缓冲区的实体关系如图 3.14 和图 3.15 所示。然

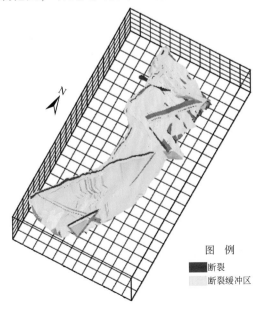

图 3.14　断裂及其各缓冲区实体关系图 1

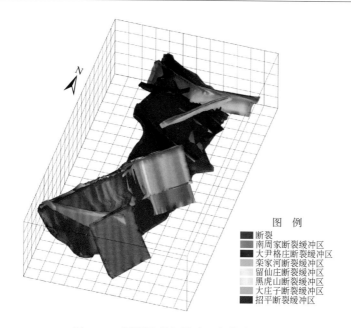

图 3.15 断裂及其各缓冲区实体关系图 2

后以断裂缓冲区实体模型为限定，划分出断裂缓冲区所包含的立方体单元块，作为成矿预测中反映断裂构造带特征的变量。

2）构造发育特征——主干断裂

大尹格庄–夏甸金矿田的 NNE 向断裂（招平断裂）为研究区的主干断裂，将研究区内的已知矿体频数与主干断裂值进行叠加统计分析，选取（0.0200947，0.0220085）区间作为主干断裂的成矿有利信息（图 3.16）。图 3.17 为招平断裂与主干断裂有利区间叠合图，直观地显示出，主干断裂有利块体分布区与主要断裂的分布吻合，表示选取的区间较符合实际地质情况。

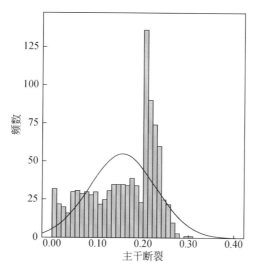

图 3.16 已知矿块主干断裂分布直方图

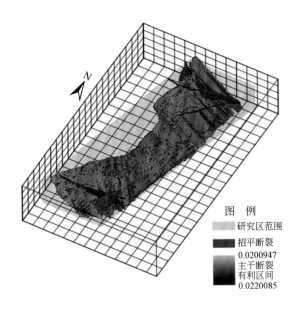

图 3.17 招平断裂与主干断裂有利区间叠合图

3）构造岩浆活动特征——中心对称度

通过将研究区的已知矿体和中心对称度进行叠加分析，选取（0，0.009909）区间作为中心对称度的成矿有利因子（图 3.18）。图 3.19 为构造中心对称度有利区间块体与断裂叠合图，从图上可以清晰地看到，有利区间的块体即岩浆上升岩体隆起的部位，多分布于断裂构造带中，很好地反映了断裂周围岩浆热液的活动情况，这一特征与研究区的构造交汇特征能够很好地相互印证。

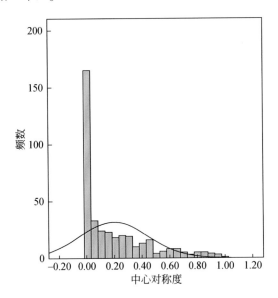

图 3.18 已知矿块构造中心对称度分布直方图

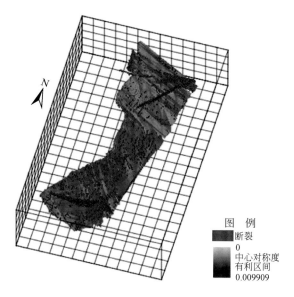

图 3.19　构造中心对称度有利区间块体与断裂叠合图

4）构造交汇特征——交点数

经统计，选取（0，1）为成矿有利区间（图 3.20）。经过叠合分析可以看出，交点数有利区间的块体都分布在招平断裂和其他断裂交汇部位，如图 3.21 所示。

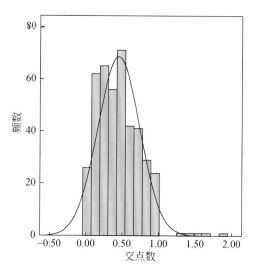

图 3.20　已知矿块构造交点数分布直方图

5）构造等间距控矿特征

区域内控矿构造的等间距性和含矿热液流动方向及叠加程度导致了矿床呈等间距性展布，构造的等间距在不同方向、不同尺度上控制着矿床，矿体的分布也呈现等间距特征，因此分析构造的等间距特征对指导盲区找矿具有指示性作用（石玉臣等，2005）。在胶东金矿床中，构造普遍具有不同尺度上的等间距分布特征，矿田、矿床的分布往往也呈现似

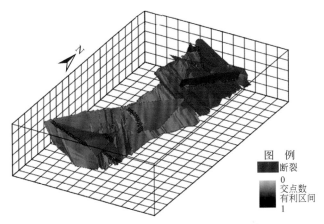

图 3.21　交点数有利区间块体与断裂叠合图

等间距分布特征，招远金矿集中区内一些重要金矿床的等间距产出规律，在矿床的圈定和空间定位中起到了重要的作用（丛成双，2003；黄良伟，2013）。

从大尺度上观察，矿带在 EW 向上的分布具有似等间距特征，三山岛金成矿带、焦家金成矿带和招平金成矿带的分布具有等间距特征（张晓飞等，2012）；从胶西北金成矿带的尺度上看，矿田的分布也具有似等间距特征；在大尹格庄-夏甸金矿田中，矿田的分布在 SW 向也呈现等间距的特征。研究区内 SN 向上，大尹格庄矿床、曹家洼矿床、道北庄子矿床、夏甸矿床和山后矿床的分布具有等间距特征，间距在 1~2km。

在深部找矿中，等间距分布的特征更具有指导意义（宋明春等，2010a，2010b）。目前胶东地区勘查的矿床基本属于中浅部矿床，由成矿深度的构造校正，吕古贤预测深部存在矿床的第二富集带（吕古贤，1995；吕古贤等，2006），并且根据深部勘查证明第二富集带确实存在（张志臣等，2009；宋明春等，2012；宋明春，2015）。矿体总体上向 NE 侧伏，招平断裂带矿体倾向大致为 SE 向，倾角 19°~42°，平均 35°，可以推断等间距控矿模型深部的走势。

根据研究区沿着主干断裂方向、次级序断裂方向及垂向延伸方向呈似等间距分布的特点，建立了研究区的等间距控矿模型，纵向和横向间距都在 1500~2000m，研究区的等间距控矿模型和已知矿体叠加显示如图 3.22 所示，断裂叠加显示如图 3.23 所示。将研究区内收集到的已知矿体划分为立方块单元与等间距控矿模型进行叠加分析，并统计得到区内87% 的已知矿体均落在构造等间距控矿模型中，充分说明了等间距控矿模型的有效性。

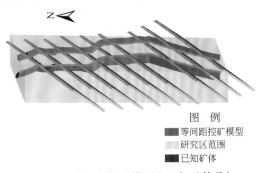

图 3.22　等间距控矿模型和已知矿体叠加

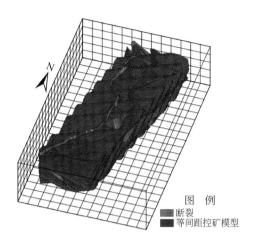

图 3.23　等间距控矿模型和断裂叠加

3.4.2.3　蚀变带信息提取

招平金成矿带上的金矿床主要赋存于招平断裂控制的蚀变带内，研究区内与金矿有关的蚀变岩主要有黄铁绢英岩化花岗岩和碎裂岩、黄铁绢英岩化花岗质碎裂岩和绢英岩化花岗质碎裂岩等。以研究区蚀变带三维实体模型为约束，提取出相应的立方体块体模型（图 3.24），然后将其与研究区内的已知矿体进行叠加分析，统计得到研究区内 98.60% 的含矿体分布在蚀变带内，其中 27.26% 分布在黄铁绢英岩化碎裂岩内，24.25% 分布在黄铁绢英岩化花岗岩内，22.83% 分布在黄铁绢英岩化花岗质碎裂岩内，15.41% 分布在绢英岩化花岗质碎裂岩内，8.84% 分布在花岗质碎裂岩内（图 3.25），蚀变带信息作为重要的成矿有利变量参与三维预测研究。

图 3.24　矿田蚀变带块体模型图

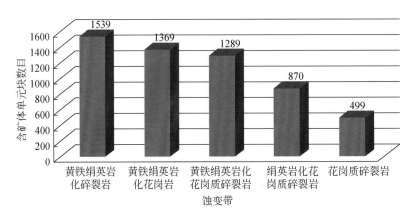

图 3.25　不同蚀变带中含矿体单元块数目统计

3.4.2.4　地球物理找矿信息分析与提取

　　根据收集到的研究区的 CSAMT 剖面资料，建立视电阻率三维模型，并对其进行分析，从 CSAMT 测深成果看，浅部低阻反映了胶东岩群底层，深部高阻反映了二长花岗岩分布，两者间存在电阻率梯度带，异常特征反映清晰，断裂带反应明显。大尹格庄测区位于大尹格庄矿区南部、勾山水库北部。剖面 NW—SE 走向，区内主蚀变带为招平断裂蚀变带，主要岩性为二长花岗岩与英云闪长岩；夏甸测区位于夏甸探矿权区东部、勾山水库南部，剖面 NW—SE 走向，剖面西北端均有黄铁绢英岩化花岗岩出露；姜家窑测区位于夏甸探矿权区东南部、留仙庄西南部，剖面 NW—SE 走向，剖面西北端均有黄铁绢英岩化花岗岩、碎裂岩出露；山后测区位于姜家窑采矿区西南部，剖面 NW—SE 走向，剖面西北端均有黄铁绢英岩化花岗岩、碎裂岩出露；根据视电阻率异常区间的块体模型与矿体块体模型的交汇块体数来判断该异常区间是否是找矿有利区间，由表 3.3 可知视电阻率异常区间 399～631、632～1000、2513～3981 及 3982～6310 含矿块数比其余矿块数多，所以将该层位作为找矿的指示变量，能够初步指导找矿（图 3.26）。

表 3.3　金矿体在视电阻率异常层位中的分布情况表

视电阻率异常	包含矿块数	占总已知矿块数比例/%
0～100	0	0
101～158	0	0
159～251	9	0.16
252～398	105	1.86
399～631	233	4.13
632～1000	271	4.80
1001～1585	132	2.34
1586～2512	161	2.85
2513～3981	391	6.93

续表

视电阻率异常	包含矿块数	占总已知矿块数比例/%
3982～6310	408	7.23
6311～10000	18	0.32

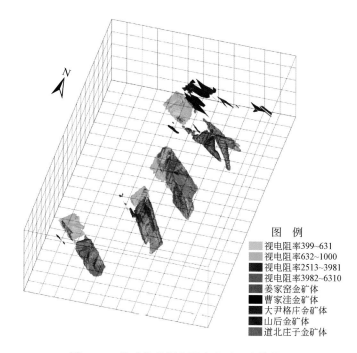

图 3.26　地球物理视电阻率成矿立方体模型

3.4.2.5　地球化学找矿信息分析与提取

建立了研究区的立方体模型后,利用钻孔数据和地球化学元素剖面数据来分析立方体单元块的元素三维异常分布。依据地球化学异常元素的剖面信息,本节在研究区(大尹格庄、曹家洼、姜家窑)建立了矿头异常元素(As、B、Ba、Hg、Sb)、近矿异常元素(Ag、Cu、Pb、Zn)、矿尾异常元素(Bi、Co、Mn、Mo、Ni)的实体模型和块体模型(图3.27)。

统计研究区内已知矿体在元素异常组合中的分布情况(表3.4),结果表明,研究区(大尹格庄、曹家洼、姜家窑)钻孔数据覆盖范围内,总已知矿块数为5645,矿头异常元素总立方块数为9506,近矿异常元素总立方块数为8607,矿尾异常元素总立方块数为9589,17.25%的已知金矿床落在矿头元素异常区域内,16.21%的金矿床落在近矿元素异常内,16.23%的金矿床落在矿尾元素异常内。虽然已知金矿体落在覆盖范围的百分比较小,但是分布在研究区(大尹格庄、曹家洼、姜家窑)的已知金矿体与元素异常范围重叠情况较好,故地球化学异常对大尹格庄–夏甸金矿田来说是比较直观的找矿标志。

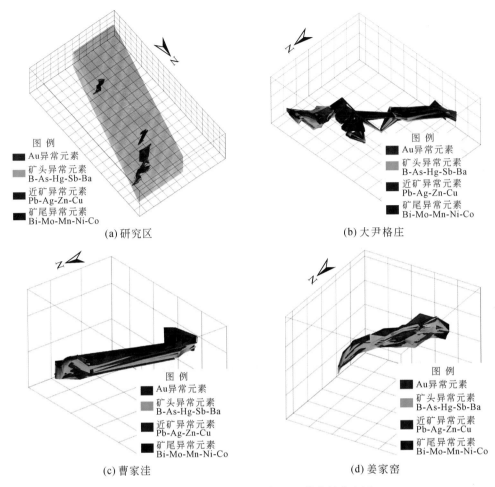

图 3.27　元素异常组合在已知金矿体中的分布图

表 3.4　金矿体在元素异常中的分布情况

元素组合异常	总立方块数	包含矿块数	占总已知矿块数比例/%
矿头元素异常	9506	974	17.25
近矿元素异常	8607	915	16.21
矿尾元素异常	9589	916	16.23

　　李惠等（2013，2016）总结的应用叠加晕寻找盲矿和判别金矿侵蚀程度的 5 条准则中的前尾晕共存准则提到，在有金异常的条件下，若在矿体尾部有尾晕强异常的基础上，又有前缘晕指示元素的强异常，指示深部还有盲矿体存在。若在矿体中出现了前尾晕元素共存，则指示矿体向下延伸还很大。

　　如图 3.28 所示，矿头异常元素显示为红色，矿尾异常元素显示为绿色，矿头、矿尾异常元素基本处于叠合状态，即在矿体尾部存在尾晕强异常，又存在前缘晕强异常，根据李惠等（2013，2016）总结的前尾晕共存准则可知，其深部存在矿体叠加在已知矿体上，两个矿体联合起来向深部有很大延伸，找矿前景良好。

如图 3.29 所示，已知矿体矿头、矿尾叠合以及预测靶区沿着断裂从上至下依次分布，预测靶区的分布恰好证明了上面所说的深部存在矿体叠加在已知矿体上，而地球化学对深部矿体的预测反过来也证明了靶区预测的正确性和合理性。

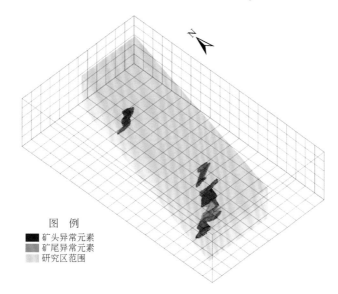

图 例

■ 矿头异常元素
■ 矿尾异常元素
■ 研究区范围

图 3.28　矿头、矿尾异常元素叠合图

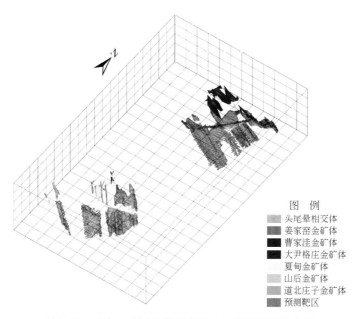

图 例

■ 头尾晕相交体
■ 姜家窑金矿体
■ 曹家洼金矿体
■ 大尹格庄金矿体
■ 夏甸金矿体
■ 山后金矿体
■ 道北庄子金矿体
■ 预测靶区

图 3.29　矿头、矿尾异常元素叠合与预测靶区分布图

3.5　三维预测与评价

基于大尹格庄-夏甸金矿田地质背景、成矿规律的分析，确立研究区找矿模型，结合

建立的研究区三维实体模型，以"立方体预测模型"找矿方法定量分析和提取多元成矿有利信息为依据，利用证据权法和找矿信息量法两种定量预测方法分别计算成矿的后验概率值和信息量值，圈定找矿靶区，并利用体积估计法、丰度估计法和找矿概率矿床规模法相结合对金金属量进行估算，从资料基础、工作程度、预测单元、搜索半径和找矿模型 5 个方面对找矿精度进行评价，提出合理的勘查建议。

3.5.1　定量预测模型

根据山东省大尹格庄–夏甸金矿田的成矿背景和构造破碎带蚀变岩型金矿床的成矿规律，建立了表 3.5 的研究区定量预测模型。

表 3.5　大尹格庄–夏甸金矿田定量预测模型

控矿要素	成矿预测因子	预测变量	特征值
岩体	赋矿岩体	成矿有利岩体	玲珑序列
			栖霞序列
构造	构造带特征	断裂缓冲区	断裂周边 200m 缓冲区
	构造展布特征	主干断裂分析	（0.0200947，0.0220085）
	构造交汇特征	交点数	（0，1）
	岩浆活动特征	中心对称度	（0，0.009909）
	等间距控矿特征	构造等间距性	等间距带宽约为 1.5km
蚀变带	围岩蚀变带	成矿有利蚀变带	黄铁绢英岩化碎裂岩带
			黄铁绢英岩化花岗质碎裂岩带
			黄铁绢英岩化花岗岩带
化探	致矿元素异常	Au	>1

3.5.2　三维成矿预测

矿产资源定量预测研究的最终目的是发现新的找矿靶区，并评价找矿靶区的资源潜力。在成矿预测中，选用适合的数学方法进行成矿分析和预测十分关键，常用的数学方法有地质统计学、非线性理论、多元统计分析、概率统计等，本节根据实际情况选取证据权法和找矿信息量法进行金矿资源潜力预测评价。

3.5.2.1　证据权法

基于前面建立的定量化预测模型，在立方块模型和"隐伏矿体三维预测系统"软件中分别对每个证据因子进行二态属性赋值（表 3.6），利用软件中的证据权方法计算各个证据因子的权重，见表 3.7。

表 3.6　大尹格庄–夏甸金矿矿田立方体预测变量统计表

序号	预测变量	变量内金矿立方体数	变量所占立方体数
1	Au	102	2482
2	黄铁绢英岩化花岗岩	1369	19801
3	黄铁绢英岩化碎裂岩	1539	16695
4	黄铁绢英岩化花岗质碎裂岩	1289	20253
5	绢英岩化花岗质碎裂岩	870	17691
6	花岗质碎裂岩	499	7522
7	等间距控矿	4866	808155
8	断裂	4113	131230
9	断裂周边 200m 缓冲区	5121	444345
10	荆山群	125	162284
11	玲珑序列	4946	1991867
12	栖霞序列	1608	418942
13	谭格庄序列	415	202165
14	矿块总数	5645	—

表 3.7　大尹格庄–夏甸金矿矿田各证据因子权重表

序号	控矿要素	证据因子	正权重值（W^+）	负权重值（W^-）	综合权重值（C）	
1		玲珑序列	0.2047281	−0.8618256	1.0665537	
2	岩体条件	栖霞序列	0.640587	−0.1735647	0.8141517	1.8951219
3		谭格庄序列	0.0133762	−0.0010403	0.0144165	
4		主干断裂	1.903386	−0.0537387	1.9571248	
5		断裂周边 200m 缓冲区	1.7529247	−2.3169018	4.0698264	
6	构造条件	断裂交点数异常	3.2971817	−0.0173826	3.3145643	14.4132773
7		中心对称度异常	2.2658862	−0.0251432	2.2910294	
8		等间距控矿	1.0949405	−1.6857919	2.7807324	
9		黄铁绢英岩化碎裂岩	3.9123531	−0.3145242	4.2268773	
10		黄铁绢英岩化花岗岩	3.6012032	−0.273163	3.8743662	
11	围岩蚀变条件	绢英岩化花岗质碎裂岩	3.2389444	−0.1625202	3.4014646	15.2644918
12		黄铁绢英岩化花岗质碎裂岩	3.5085423	−0.2532414	3.7617837	
13	地球化学条件	Au	3.0720999	−0.0179043	3.0900042	

　　从表 3.7 各证据因子权重值的计算结果中可以看出：

　　（1）断裂周边 200m 缓冲区的综合权重值在 4 以上，等间距控矿的综合权重值在 2.7 以上，断裂交点数和中心对称度综合权重值在 2 以上，与研究区金矿成矿关系密切，验证了本区构造控矿的成矿事实。

（2）黄铁绢英岩化花岗岩、黄铁绢英岩化碎裂岩、黄铁绢英岩化花岗质碎裂岩综合权重值都在3.5以上，与本区金矿类型为构造破碎带蚀变岩型的结论一致。

（3）Au元素异常的综合权重值在3以上，充分说明地球化学信息对找矿具有强烈的指示作用，在矿产资源预测和评价是比较重要的预测因子。

（4）岩体中玲珑序列综合权重值在1.0以上，说明玲珑序列与本区金矿的关系密切，同时也证明了岩浆作用是本区金矿床形成的必要条件。

根据计算得到的每个预测单元的后验概率值，按照后验概率值的大小，划分成不同的区间，统计各后验概率值区间所含已知矿块的比例，并赋予不同的颜色（图3.30），后验概率值所对应的已知矿块比例取值0.9，后验概率值≥0.9之后趋于收敛，经统计73.99%的已知矿体落入后验概率值≥0.9的立方块中，这些都证明了预测方法的准确性。图3.31证据权法后验概率结果可视化显示中可以看到大尹格庄、曹家洼、夏甸、姜家窑已知矿体都分布在后验概率值≥0.9的区域。

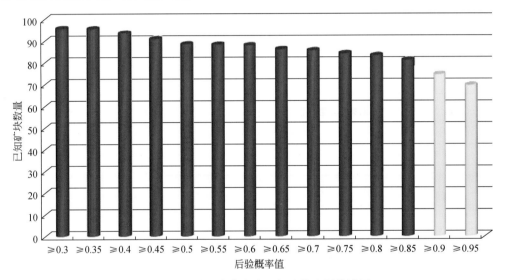

图3.30　后验概率值包含已知矿块比例统计图

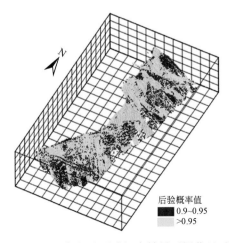

图3.31　证据权法后验概率结果可视化显示

3.5.2.2　找矿信息量法

在区域矿产预测中，找矿信息量法应用广泛，其实质是通过分析各类地质要素在研究区内的分布，研究各地质要素在找矿预测和评价中指示作用的大小，三维预测中立方体单元块内各地质要素信息量的总和表示这个单元块的找矿意义。

在立方块模型和隐伏矿体定位预测研究中将大尹格庄-夏甸金矿田各找矿标志进行二值化（0，1），建立属性数据库，利用软件中找矿信息量法计算各标志的找矿信息量，结果列于表 3.8。

表 3.8　大尹格庄-夏甸金矿田找矿标志信息量表

序号	控矿要素	证据因子	具有标志的含矿单元数	具有标志的单元数	信息量值	
1	岩体条件	玲珑序列	4946	1991867	0.0880923	
2		栖霞序列	1608	418942	0.2772306	0.3707635
3		谭格庄序列	415	202165	0.0054406	
4	构造条件	主干断裂	342	25473	0.8210445	
5		断裂周边 200m 缓冲区	5121	444345	0.754733	
6		断裂交点数异常	129	2616	1.3860505	4.412074
7		中心对称度异常	156	8105	0.9774701	
8		等间距控矿	4866	808155	0.4727759	
9	围岩蚀变条件	黄铁绢英岩化碎裂岩	1539	16695	1.6577507	
10		黄铁绢英岩化花岗岩	1369	19801	1.5328148	
11		绢英岩化花岗质碎裂岩	870	17691	1.3848654	6.072293
12		黄铁绢英岩化花岗质碎裂岩	1289	20253	1.4968621	
13	地球化学条件	Au	102	2482	1.3068969	

从表 3.8 的信息量计算结果可以看出：

（1）Au 品味的信息量值在 1 以上，说明地球化学条件对金矿的找寻具有重要指示意义。

（2）断裂周边 200m 缓冲区、主干断裂、中心对称度的信息量值都在 0.7 以上，证明了本区构造控矿的成矿规律。

（3）黄铁绢英岩化碎裂岩、黄铁绢英岩化花岗质碎裂岩、黄铁绢英岩化花岗岩、绢英岩化花岗质碎裂岩的信息量值在 1.3 以上，说明研究区金矿体的主体均产于蚀变岩带内。

（4）玲珑序列、栖霞序列的信息量值虽为正值，但是不高，说明该标志与金矿的形成有一定关系。

计算出各找矿标志的信息量后，要统计每个立方块的综合找矿信息量，通过对不同信息量值区间内已知矿体分布数目的统计（表 3.9、图 3.32），从信息量值在不同区间取值与已知矿块数的包含关系的变化趋势来看，确定找矿信息量的临界值为 3.65、4.05 和

4.25，并分别选取含有 63.5961%、50.91231%、44.69442% 已知矿体处的信息量值作为预测区分级的阈值，结合图 3.32 不同信息量值所含矿块比例、块数比例及其比值情况来看，块数比例在信息量值≥3.65 处趋于收敛，矿块比例在信息量值≥4.05 和信息量值≥4.25 处的曲线斜率也变化明显。由此信息量值可以分为三个级别，分别是 3.65≤信息量值<4.05、4.05≤信息量值<4.25 和信息量值≥4.25，信息量值越大，越有利于成矿。

表 3.9　不同信息量值中已知矿体的分布统计表

信息量值	信息量区间含矿块数	信息量区间含矿比例/%	信息量区间含矿块数的差值
≥1.65	5167	91.53233	563
≥2.65	4604	81.5589	1014
≥3.65	3590	63.5961	72
≥3.75	3518	62.32064	76
≥3.85	3442	60.97431	122
≥3.95	3320	58.81311	446
≥4.05	2874	50.91231	41
≥4.15	2833	50.18601	310
≥4.25	2523	44.69442	219
≥4.35	2304	40.81488	140
≥4.45	2164	38.33481	92
≥4.55	2072	36.70505	84
≥4.65	1988	35.21701	105
≥4.75	1883	33.35695	251
≥4.85	1632	28.91054	78

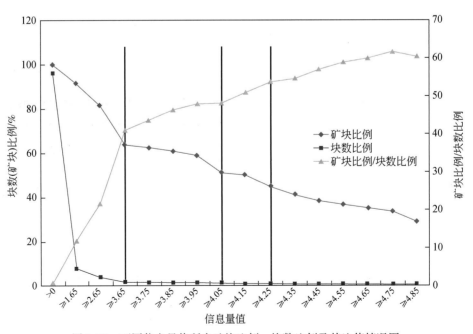

图 3.32　不同信息量值所含矿块比例、块数比例及其比值情况图

结合计算信息量≥3.65 且后验概率≥0.9 的有利成矿块数有 40879 块，占研究区总的立方块数 2786261 的 1.5%，说明研究结果具有很好的代表性。

结合信息量的区间和后验概率约束，得到三维找矿信息量结果可视化显示（图 3.33），可以看出信息量高值区都沿招平断裂带分布，符合该区断裂控矿的事实，对比可以看出，研究区北部的大尹格庄矿区和曹家洼矿区，研究区南部的夏甸、姜家窑矿区和山后矿区都对应着黄色的信息量块，即信息量值≥4.25 的区域，研究区的中部少有 4.05≤信息量值<4.25 和信息量值≥4.25 的信息量值块分布，符合研究区的南部和北部成矿，而中部没有已知矿床发现的找矿现状。

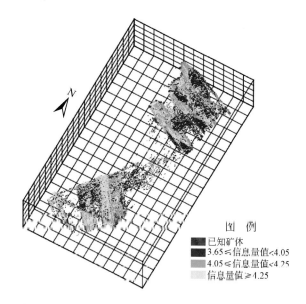

图 3.33　三维找矿信息量结果（叠加矿体）可视化显示

3.5.2.3　圈定找矿靶区

为了提高预测结果的准确程度，将证据权法和找矿信息量法的预测结果进行叠加分析，并根据矿产勘查学中靶区分类的原则即成矿地质条件有利程度和已知矿化信息的有利程度（赵鹏大等，2006），进行靶区圈定和优选。本节根据不同信息量值中已知矿体的分布情况，确定信息量值≥3.65 的立方块为远景区，结合空间位置分布圈定了 2 个找矿靶区，并详细统计了每个靶区内含有信息量高值的立方块数。需要说明的是，远景区中仍存在信息量高值且密集的地方，由于大量已知矿体分布于此，故没有作为靶区（图 3.34、图 3.35）。

1）靶区 A3-1（夏甸金矿深部）

位于姜家窑—山后金矿床深部，坐标 X 527623.055～532623.055m，Y 4105938.66～4116938.66m，面积 11.87km^2。

找矿靶区位于招平断裂南侧，严格受招平断裂控制，主要分布于招平断裂及其两侧，沿招平断裂延伸，产状基本与招平断裂一致，同时分布于栖霞序列片麻岩荆山群地层和玲

图 3.34　大尹格庄–夏甸金矿田找矿靶区平面分布图

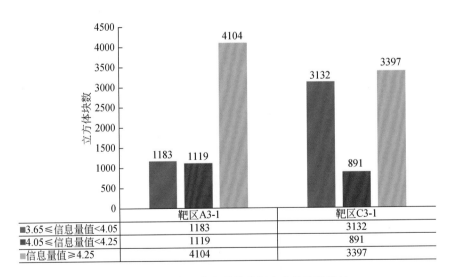

图 3.35　找矿靶区信息量值分级立方体块数统计

珑序列接触带中，主要由绢英岩化花岗质碎裂岩、黄铁绢英岩化碎裂岩、黄铁绢英岩化花岗质碎裂岩以及花岗质碎裂岩等组成。

　　找矿靶区包括预测含矿立方块 7420 块，在靶区浅部招平断裂分布有山后、夏甸、姜家窑、道北庄子等已知矿体。区内信息量值≥4.25 的高值区占区内总信息量高值区块数的

64%，区内有较大的找矿潜力（图 3.36、图 3.37）。

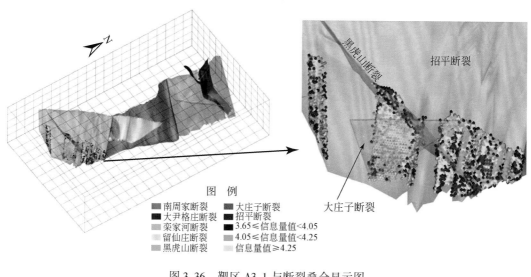

图 3.36 靶区 A3-1 与断裂叠合显示图

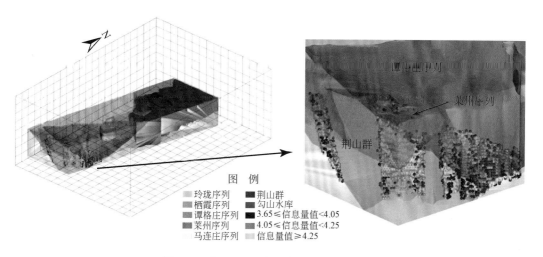

图 3.37 靶区 A3-1 与岩体地层叠合显示图

2）靶区 C3-1（勾山水库）

位于曹家洼–大尹格庄金矿深部、勾山水库以北，坐标 X 531423.055 ~ 535523.055m，Y 4117138.66 ~ 4121338.66m，面积 6.29km²。

靶区分布于南周家断裂以南、招平断裂北部与栾家河断裂相交部位，其主体分布于招平断裂之中，并沿招平断裂延伸，产状基本与招平断裂一致。同时靶区分布于栖霞序列与玲珑序列接触带中。由黄铁绢英岩化碎裂岩、绢英岩化花岗质碎裂岩、黄铁绢英岩化花岗质碎裂岩以及黄铁绢英岩化花岗岩等组成。

找矿靶区包括预测含矿立方块 6406 块，在预测靶区西侧分布有曹家洼、大尹格庄已知矿体。靶区中信息量值≥4.25 的块体占区内总信息量高值区块数的 45.8%，但该区面积大，区内信息量高值的块数多，找矿潜力较大（图 3.38、图 3.39）。

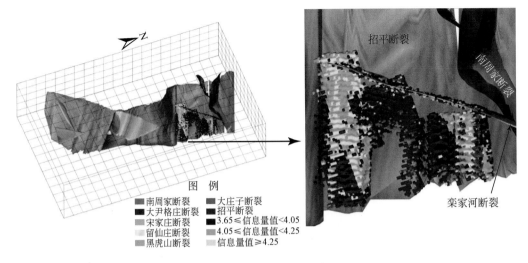

图 例

■ 南周家断裂	■ 大庄子断裂
■ 大尹格庄断裂	■ 招平断裂
■ 宋家庄断裂	■ 3.65≤信息量值<4.05
■ 留仙庄断裂	■ 4.05≤信息量值<4.25
■ 黑虎山断裂	■ 信息量值≥4.25

图 3.38　靶区 C3-1 与断裂叠合显示图

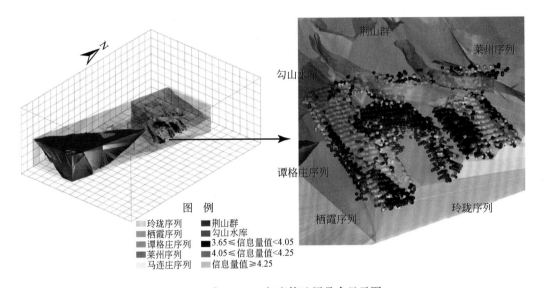

图 例

■ 玲珑序列	■ 荆山群
■ 栖霞序列	■ 勾山水库
■ 谭格庄序列	■ 3.65≤信息量值<4.05
■ 莱州序列	■ 4.05≤信息量值<4.25
■ 马连庄序列	■ 信息量值≥4.25

图 3.39　靶区 C3-1 与岩体地层叠合显示图

3.5.2.4　金属量估算

通过对研究区地质背景和成矿规律的分析不难看出，研究区的成矿特征都具有明显条带状或者板状特征，且钻孔集中在研究区的南部和北部，分布不均，与品位-吨位法的应用不符，所以本章金金属量的估算选取了体积估算法和找矿概率法，并做对比，选取合适的金金属量区间范围。

1）体积估算法

体积估算法要求研究区工作程度较高，且须收集研究区已知矿区的预测面积、预测深度、资源量等数据，根据胶西北金矿密集区预测金资源量的数据，发现找矿靶区 1（C3-1）位于大尹格庄预测区和曹家洼预测区沿招平断裂下方，因此找矿靶区 1 金金属量是用大尹格庄预测区和曹家洼预测区的预测资源量和预测深度进行计算取值；找矿靶区 2（A3-1）与夏甸预测区位置相近，因此其金金属量用夏甸预测区的数据进行计算。同时参考山东省地质调查院提供的各已知矿体储量详查报告中的曹家洼、大尹格庄、姜家窑、夏甸以及山后的金品位和含矿系数，其中曹家洼金矿金平均品位 $3.61g/t$，大尹格庄金矿金平均品位 $2.75g/t$，姜家窑金矿金平均品位 $4.18g/t$，夏甸金矿金平均品位 $3.91g/t$ 以及山后金矿金平均品位 $2.83g/t$。根据体积估算法计算得到，圈定的两个找矿靶区的金金属量为 240.08t（表 3.10）。

表 3.10　体积估算法计算各找矿靶区金金属量的结果

找矿靶区	X 坐标范围/m	Y 坐标范围/m	预测面积/m²	Z 坐标范围/m	各找矿靶区金金属量/t
1	529073~531122	4106738~4108488	17220000	−2275~−125	131.23
2	527623~532623	4105938~4116938	21500000	−2975~−1025	108.85
总计	—	—	—	—	240.08

2）找矿概率法和矿床规模相结合

大尹格庄-夏甸金矿田是构造破碎带蚀变岩型金矿床，金矿床基本都分布在构造控制的蚀变带内，成矿强度指数和成矿广度指数是评价一个地区成矿有利度的指标，成矿广度指矿化发育的广泛程度，成矿强度指矿化发育的强烈程度（吕鹏等，2006）。在成矿分析时，成矿广度用区域内产出的金金属量表示，成矿强度用某一成矿地质单元单位面积的金金属量表示。

大尹格庄-夏甸金矿田是构造破碎带蚀变岩型金矿床，金矿床均赋存于断裂带所控制的蚀变岩带内，在进行成矿分析时，有大量已知矿体分布的蚀变带类型就是该区重要的成矿蚀变带，成矿强度指数越大的蚀变带找到矿的概率就越大。

找矿概率法实质上是用来确定进一步勘查后，矿点或矿化点转化为矿床的可能性大小。在使用找矿概率法进行金金属量估算时要结合国内矿床规模划分的标准。根据 1973年美国原子能委员会的统计结果，找矿成功概率为 0.7%；1951 年加拿大勘探工作发现找矿成功概率为 1%，1969 年的勘探工作发现找矿成功概率下降到 0.1%；1968 年 Perry 统计找矿成功概率为 0.6%；1971 年 Griffis 统计的找矿成功概率是 0.7%。根据以上统计和分析，本节采用 0.61% 的找矿成功概率把研究区内的矿点转换为中型矿床。

在计算研究区蚀变带的成矿广度和成矿强度时，要考虑三维预测中蚀变带和已知矿体的信息都是通过统计块体数来定量表征的，所以成矿广度可以用统计区内已知矿体的块数来表示，成矿强度则由已知矿块和蚀变带体积的比值来计算。

对圈定的两个找矿靶区进行统计，分别得到每个找矿靶区各蚀变带的块数和各蚀变带内已知矿体的块数，把蚀变带所含矿块数作为成矿广度的指标；然后通过蚀变带所含块数计算蚀变带体积作为成矿强度指标，进行成矿广度指数和成矿强度指数的计算。下面分别计算两个找矿靶区各蚀变带的成矿广度和成矿强度（表 3.11）。对其数据进行分析，在两个成矿靶区内，黄铁绢英岩化碎裂岩蚀变带成矿广度最大，说明其分布最广泛；黄铁绢英岩化花岗质碎裂岩蚀变带成矿强度最大，成矿最强烈，在该蚀变带中找到矿床的可能性最大。

表 3.11　研究区各蚀变带的成矿强度和成矿广度

蚀变带	成矿强度	成矿广度
黄铁绢英岩化花岗岩	5781.13	908
黄铁绢英岩化碎裂岩	8454.96	1290
黄铁绢英岩化花岗质碎裂岩	9216.74	1195
绢英岩化花岗质碎裂岩	4642.75	607
花岗质碎裂岩	2876.19	461

大尹格庄-夏甸金矿田矿产资源十分丰富，以金矿为主，现已勘查探明并开发利用的有特大型金矿床 2 处（大尹格庄、夏甸）、大型金矿床 1 处（山后）、中型金矿床 3 处（姜家窑、小尹格庄、曹家洼）、小型金矿床 5 处、金矿点和金矿化点 20 处。结合找矿概率法的计算，成矿有利区的金金属量是 239.30t。

综上所述，通过体积估算法、找矿概率法两种完全不同的金金属量计算方法，并且通过查阅收集完全不同的数据来对找矿靶区的金金属量进行计算，得出找矿靶区的金金属量，体积估算法是 240.08t，找矿概率法计算得到 239.30t，不同方法计算结果相差不大，所以圈定的找矿靶区的金金属量在 240t 左右。

3.5.3　预测精度评价

目前，对于三维成矿预测来说，尚无明确的规范、标准来确定金金属量找矿概率的评价标准，本章研究区的预测风险主要从资料基础、工作程度、预测单元、搜索半径和找矿模型 5 个方面来评价。

（1）资料基础：本次工作总共收集到的资料包括研究区全区 1∶10000 地质图、勘查报告、研究区部分区域地质地形图、钻孔 125 个、工程布置图、勘探线剖面图 67 条且都分布在研究区南部和北部，它们较为细致、全面地揭示了研究区地质体形态和位置特征，对于研究区南部和北部三维模型的构建有着重要作用。同时，还包括地球物理 CSAMT 测深反演成果图 10 条和地球化学构造叠加晕图 26 条。这些资料对于地球物理、化学三维模型的构建有着重要的作用，且确定工程间距在多在 200~500，因此，对于资料基础精度赋值为 0.65。

（2）工作程度：研究区的工作程度主要为以往工作程度和地质图比例尺的问题。以往研究成果在本章建模中的应用是收集到的 73 条研究区地质勘探剖面，对于建模起到了至关重要的作用，研究区地质图比例尺是 1∶10000。大尹格庄-夏甸金矿田研究区以往工作程度较高，科研工作开展得多，综合考虑对工作程度赋值为 0.6。

（3）预测单元：基于分形理论和非线性检验，研究区矿块大小最佳尺寸取值区间为 40~80m，在此区间内取值将得到比较相似的计算结果。本章选择块体大小为 50m×50m×

50m，符合实际要求，对这一指标精度赋值为0.8。

（4）搜索半径：在对变量进行定量化的过程中，有时要用到数据插值的方法对预测变量进行赋值，插值的结果受不同搜索半径的影响，从而影响预测结果的精度。本章中对钻孔元素进行了两次插值，第一次为勘探线间距，第二次为勘探线间距的2倍，精度较高，对其赋值0.7。

（5）找矿模型：大尹格庄–夏甸金矿田工作程度较高，资料和研究成果积累多年，本章找矿模型是建立在充分认知研究地质背景和成矿条件的基础上，具有很高的可信度，根据研究区预测变量矿块数总比例，对找矿模型赋值为0.37。

具体评价因子赋值及权重值见表3.12，计算得出研究区预测结果的精度综合值为$V_i \times W_i$，因此预测结果的可靠程度为0.61，预测结果具有较高的可靠程度，发生风险的机会较低，风险相对较小。

表3.12　评价因子赋值及权重值表

评价因子	赋值（V_i）	权重（W_i）
资料基础	0.65	0.25
工作程度	0.6	0.2
预测单元	0.8	0.15
搜索半径	0.7	0.15
找矿模型	0.37	0.25

3.6　小　　结

本章对大尹格庄–夏甸金矿田进行了系统研究，总结了研究区的综合找矿模型，建立了大尹格庄–夏甸金矿田的三维地质体模型，应用"立方体预测模型"找矿方法进行成矿有利信息的定量化提取，运用证据权法和找矿信息量法分别计算了每个单元块的权重值和信息量值，圈定两个找矿靶区，并估算找矿靶区的Au金属量，对成矿预测进行了精度评价，取得了以下成果：

（1）查找、收集、整理研究区的地质资料，对大量数据资料进行了有用信息的再处理，利用目前主流的三维建模软件Surpac建立了大尹格庄–夏甸金矿田的地表三维实体模型、断裂三维实体模型、岩体三维实体模型、蚀变带三维实体模型、钻孔三维实体模型、地球物理三维实体模型、地球化学元素组合异常三维实体模型，并且形成了一套系统的三维实体模型建立的方法和流程。

（2）在对研究区的地质背景和成矿条件分析的基础上，总结出构造破碎蚀变岩型金矿床的找矿模型，在此基础上建立了本区的定量预测模型，并对找矿模型的成矿要素进行了细致的描述和总结，在各类构造定量化特征上实现了二维到三维的突破。

（3）应用"立方体预测模型"找矿方法完成了大尹格庄–夏甸金矿田的三维深部找矿研究，对各成矿要素进行定量化分析和赋值，综合考虑各控矿条件，应用证据权方法和找矿信息量法，圈定出两个找矿靶区。

（4）对圈定的两个找矿靶区，分别用体积估算法和找矿概率法进行金金属量估算，计算得到两个找矿靶区的金金属量在 240t 左右。

（5）利用成矿广度和成矿强度对找矿靶区各个蚀变带进行成矿潜力评价，分析出了各个找矿靶区的重要成矿蚀变带（成矿广度越大越重要）和在相似的找矿工作程度条件下找矿概率最大的蚀变带（成矿强度指数越大，找矿概率就越大），可以更为精确地进行下一步的矿产勘查工作。

（6）从资料基础、工作程度、预测单元、搜索半径和找矿模型 5 个方面对本次成矿预测的找矿概率进行了精度评价，预测结果的可靠程度为 0.61，预测结果具有较高的可靠程度，发生风险的机会较低，风险相对较小。

第 4 章　内蒙古额济纳旗红石山金矿深部三维预测评价

　　红石山金矿位于内蒙古自治区额济纳旗二龙包地区，该金矿北部为锑矿带，南部为金矿带，矿床成因类型为卡林型金矿，是内蒙古北山地区首次发现的卡林型金矿，该金矿的发现对本地区今后地质找矿工作具有重要的参考价值。

　　本章首先通过对内蒙古红石山金矿的区域地质背景、矿床成因和找矿模型等几个方面进行系统研究，建立了该矿床的找矿模型，并以地质剖面为数据基础结合钻探资料和地球物理勘探结果，建立了研究区的地层、构造、岩体和矿体等要素的三维实体模型。然后依据实体模型运用提取成矿有利信息的方法开展研究区的成矿有利信息提取，并以隐伏矿体定量预测系统软件为平台分别采用证据权法和找矿信息量法计算每个控矿要素的权重值和信息量值，开展隐伏矿体的三维预测评价工作。本次研究在红石山金矿区共圈定 3 个成矿有利区，预测金资源量 4.7t。最后系统地对研究区的预测工作进行了概率评价，得出找矿概率为精度评价值 66%，完成了红石山金矿的定位、定量、定概率的预测评价工作。

4.1　区域地质背景

　　红石山金矿位于阿木乌办-鹰嘴红山金、锑、铁、钨Ⅳ级成矿带中段南部，盘陀山-古硐井复式背斜的核部，出露地层为长城系古硐井群，侵入岩为二叠纪石英闪长岩、闪长岩，半岛山二长花岗岩体，区内韧脆性剪切带、脆性断裂发育。

　　矿区出露地层为中元古界长城系古硐井群下、中岩性组地层，南侧发育少量新近系苦泉组，沿沟谷发育第四系。古硐井群下岩性组主要出露于研究区北部，呈 NEE 向展布，岩性为浅灰色、灰色薄层粉砂岩、绢云粉砂岩、褐灰色绢云母千枚岩夹长石石英砂岩，以强变形、弱变质和劈理、片理、(密集)石英脉发育为特征；古硐井群中岩性组主要出露于研究区的中部和南部，岩性为灰-浅灰色夹褐灰色长石石英细砂岩夹少量浅灰色薄层状石英细砂岩等，变形强，变质弱，片理发育，区域上古硐井岩群走向延伸稳定，长约 80km，为含金矿化主矿源层；新近系苦泉组分布于研究区南部，分布零散，多呈残丘状，岩性为褐红色、黄褐色砾岩、砂砾岩、含砾砂岩和棕红色泥岩，与下伏地层呈沉积不整合接触，其上被第四系覆盖；第四系为各种成因类型的现代堆积物，分布于基岩区纵横交错的沟谷中。

　　研究区断裂构造较发育，有一条 NE 向发育的断裂贯穿全区，倾向 SE，倾角 60°~70°。此外，发育有近 EW 向韧性剪切带及片理化带，倾角 70°~73°，宽几十厘米至几十米。片理化带既控制了金矿的形成，为成矿热源提供运用通道，又控制了矿体的产出，是主要的容矿构造。

　　研究区主要出露二叠纪侵入岩体，分布半岛山一带，呈 NNW 向带状分布，宽 1~

1.5km，长几十千米。在区内呈岩枝状产出，岩石类型为浅灰绿色细粒闪长岩、石英闪长岩、灰色-深灰色闪长玢岩、浅灰色-灰白色块状细粒英云闪长岩，为成矿富集提供热源和动力。此外，研究区内脉岩较发育，岩石类型有浅灰绿色闪长岩脉、银灰色辉绿岩脉及石英脉等，闪长岩脉和辉绿岩脉与构造线方向一致，呈 NEE 向，宽数米，走向上延伸稳定，属拉张型早期脉体。

4.2　矿床成因与找矿模型

4.2.1　矿床成因

北山地区位于我国甘肃、新疆和内蒙古的交界处，在大地构造上处于哈萨克斯坦板块、西伯利亚板块和塔里木板块三大板块交接地带，是我国西部重要的金矿集中区之一。区内岩浆活动强烈，大面积出露花岗岩体，岩体形成时代广泛，从寒武纪至白垩纪均有出露，尤其是在海西期晚期二叠纪花岗岩体出露范围最为广泛。根据统计，全区规模较大的金矿床大多产于岩体内部或岩体接触带附近，以及与岩体相邻不超过2km的范围内。北山地区金矿的形成与花岗岩体的活动有直接关系，成因上明显受岩浆活动的控制。红石山金矿的成矿时代为二叠纪，是本地区岩浆活动最剧烈的时期。震旦纪较老古陆的物质在当时特定的物理化学背景下沉淀下来，形成了长城系古硐井岩群中金矿源层，在二叠纪时期本地区处于陆内裂谷阶段，岩浆热液活动频繁，在岩浆热源的驱动下，不断沿着岩石裂隙发生环流对地层中的 Au、Sb 等元素进行萃取，当挤压应力足够大，岩石破裂，热液流体向压力低的方向运移，其沿着研究区内的片理化带和韧性剪切带向上运移，在有利的构造部位富集成矿。经过研究表明，本地区金矿成矿温度为中低温热液成矿，温度一般在170～250℃。本地区的岩浆热液活动一方面为金矿的成矿过程提供了大量的成矿物质来源，萃取了长城系古硐井岩群中的成矿有利元素；另一方面也为成矿作用提供了充足的热源，促使热液在地下循环，萃取围岩中的成矿物质。因此，红石山金矿的形成与岩浆热液活动有着密切的内在联系。

4.2.2　找矿模型

通过对研究区内矿床的地质特征进行研究，结合已知矿区的矿床成因、矿体特征、控矿要素和找矿标志，作者总结出研究区内卡林型金矿的找矿模型用以指导进一步的找矿工作。首先，长城系古硐井岩群的中岩性组（ChG_2^1、ChG_2^2、ChG_2^3、ChG_2^4）和下岩性组（ChG_1）的片理化砂岩、粉砂岩、石英砂岩为主要的赋矿地层，该地层既是金矿体的围岩又为金矿的富集成矿提供了物质来源；其次，研究区南部广泛出露的闪长岩、石英闪长岩呈岩株状产出，其为金矿的形成提供了热源和物质来源；最后，研究区范围内多期次叠加的韧性剪切带和广泛分布的片理化带为金矿的形成提供了岩浆热液的运移通道，岩浆热液在萃取了长城系古硐井岩群地层中的有利成矿元素之后，沿着片理化带运移，在成矿有利的部位富集，形成金矿体。

　　综上所述，根据红石山金矿的地质特征、成矿规律和矿床成因等得到研究区的找矿模型，表述见表 4.1。

表 4.1　红石山金矿找矿模型

控矿要素	特征描述	变量特征	特征参数描述
围岩条件	赋矿地层分析	成矿有利地层	长城系古硐井岩群
构造条件	对成矿作用有利的构造特征	构造位置	靠近岩株的次级构造
		构造发育特征分析	主干断裂分析
		构造带特征	贯穿研究区的片理化带
		构造展布特征	方位异常度
岩浆条件	为成矿提供热源和物质来源	成矿有利岩体	闪长岩
地球化学异常	矿体异常的地球化学反应	Au 元素地球化学异常	土壤网测解剖圈定的 Au 元素异常区
地球物理异常	矿体特征在地球物理方面的反应	极化率异常	高极化率异常和高电阻率异常综合分析解释
		电阻率异常	

4.3　二维实体模型的建立

　　三维建模是以计算机技术、数学理论和地质理论为基础，运用三维建模软件和采用适当的数据结构建立矿床的地层、构造、矿体等地质要素的实体模型，来反映各要素之间的关系，进而表达特定地质体地球物理和地球化学等属性的空间分布特征，并研究地下矿床特征的数学模型，它可以为研究者对地质体进行定量化分析研究提供一个可靠的平台。

4.3.1　资料收集与整理

　　如果要建立比较精确的地质模型需先查明研究区的基本地质状况，前期需要投入大量的基础性地质工作，在进行这些工作的过程中一般会积累大量的基础地质数据，这些基础性地质数据为地质建模提供了数据支撑。

　　本次研究总共搜集到的资料包括区域地质矿产图、综合地质图、矿区实际材料图、地质剖面图、探槽、钻孔、极化率等值线图、电阻率等值线图等资料，详细相关资料见表 4.2。

表 4.2　资料基础

资料类别	实际资料	份数
地质	区域不同比例尺地质地形图	4
	探槽素描图	17
	研究区勘探线剖面图	9

续表

资料类别	实际资料	份数
钻孔	样品分析、开孔坐标、测斜、岩性分析	18
地球物理	研究区极化率等值线图	1
	研究区电阻率等值线图	1
化探	研究区化探综合异常图	1

4.3.2　研究区三维实体模型

本次建模工作使用的基础地质资料为 8 条地质勘探剖面，采用基于剖面数据的建模，这种方法首先要将二维地质剖面图通过移动和旋转调整至其实际空间位置，然后以地质剖面揭露的矿体、岩体和地层界线为依据，用闭合线圈圈定特定地质体的边界，最后把相邻的两个剖面中相同地质体边界线连成一个由三角形网格组成的闭合实体模型。研究区的三维实体模型主要包括研究区地表三维实体模型、地层三维实体模型、岩体三维实体模型、构造三维实体模型、矿体三维实体模型和钻孔三维实体模型。

1）研究区地表三维实体模型

研究区地表三维实体模型主要是利用区域内等高线数据建立的模型，它可以更加形象直观地反映研究区内地形的高低起伏等形态。本研究建立的地表三维实体模型的数据基础是收集到的地形地质图中等高线数据。研究区位于内蒙古自治区与甘肃省临近的北山地区，地形起伏较小，最大高差不足 20m，因此建立的地表三维实体模型起伏不明显（图 4.1）。在建模过程中将收集到的等高线线文件转换成 CAD 格式，然后配准坐标将其移动到实际位置之后直接导入 Surpac 软件中，应用 DTM 工具生成红石山地区地表形态的 DTM 模型。

图 4.1　红石山金矿地表三维实体模型

2）地层三维实体模型

研究区内出露的主要地层为中元古界长城系古硐井群下岩性组（ChG_1）和中岩性组（ChG_2^1、ChG_2^2、ChG_2^3、ChG_2^4）。

本次研究区范围内地层相对简单，构造破坏少，地层建模相对容易。根据收集到的 8 条地质剖面和 17 条探槽素描图推断出研究区内不同地层之间的界线，在 Surpac 软件中将地层界线连接成地层界面，用地层界面切割整个块体，得到不同地层的三维实体模型（图 4.2）。

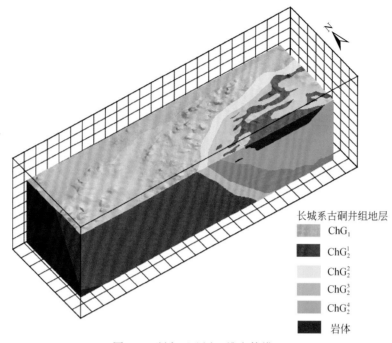

长城系古硐井组地层

ChG_1

ChG_2^1

ChG_2^2

ChG_2^3

ChG_2^4

岩体

图 4.2　研究区地层三维实体模型

3）岩体三维实体模型

研究区内岩体主要分布在东南部，呈岩枝状产出，岩石类型为浅灰绿色细粒闪长岩、石英闪长岩、灰色-深灰色闪长玢岩、浅灰色-灰白色块状细粒英云闪长岩，为成矿富集提供热源和动力。由于收集到的 8 条勘探线均未能完全控制住地下岩体的分布特征，在建模过程中根据已经揭露地区的岩体特征总结研究区内岩体的整体特征，推测东南部出露的闪长质中性岩体呈岩枝状产出但不是单独存在的，而是东南部大岩体的边缘部分。东南部岩体的侵入造成挤压使得古硐井群出现 NEE 向的裂隙，与此同时岩体的边缘部分沿着古硐井群内部产生的裂隙向上侵入形成研究区内普遍存在的岩株，为成矿作用提供热源和成矿物质来源。在建立岩体三维实体模型的时候根据以上推断认为工程揭露的岩株深部来源为东南方向（图 4.3）。

4）构造三维实体模型

研究区内断裂构造发育，主要为一条 NE 向的断裂构造贯穿全区，倾角 60°～70°（图 4.4）。另外，古硐井岩群中岩性组中发育有 NEE 向韧性剪切带及片理化带，片理化带控制了矿体的形成和产出，是主要的控矿构造，其宽度从几十厘米至十几米不等。另外由 1∶2000 的地质地形图可以看到研究区内还存在 4 条 NEE 走向的片理化带，倾角 60°左右，而金矿主矿体的产出主要是受 NEE 向片理化控制（图 4.5）。

5）矿体三维实体模型

红石山金矿由多条 NW 向发育石英脉组成，矿体倾向 151°～220°，倾角 45°～65°，平均厚度 1.5m，平均品位 3.845g/t。矿体一般呈脉状或透镜状，走向、倾向上尖灭再现，深部延伸变化大，钻孔控制较困难，其中沿走向金矿化带最长约 1100m，连续性较好。金

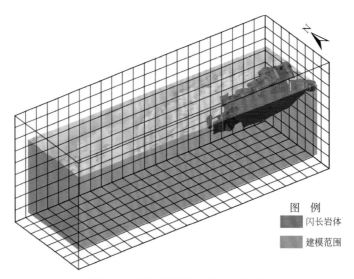

图 4.3　研究区岩体三维实体模型

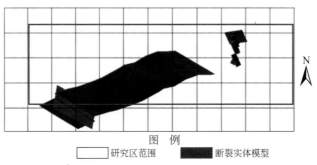

图 4.4　研究区断裂三维实体模型

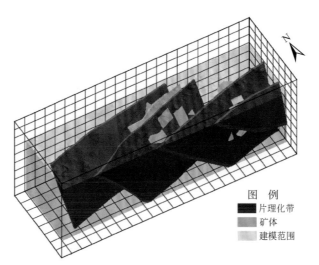

图 4.5　研究区片理化带三维实体模型

主要产于构造破碎带内强蚀变碎裂岩及石英细脉中，明显受构造破碎带控制，夹有细条带状石英脉，硅化、碎裂岩化明显，褐铁矿化强，表面呈褐红色。

本次研究中矿体三维实体模型是依据收集到的 9 条勘探线剖面图以及 18 个钻孔揭露的金矿体进行圈闭外推连成的三维实体模型（图 4.6）。

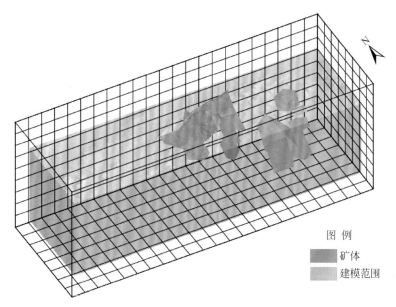

图 4.6 红石山金矿矿体三维实体模型

6）钻孔三维实体模型

本次研究收集到研究区 18 个钻孔的资料，包括开孔坐标表、测斜数据、岩性分析和样品分析，在工作中将这 18 个钻孔数据进行整理，导入 Surpac 数据库中，建立研究区的钻孔二维实体模型（图 4.7）。

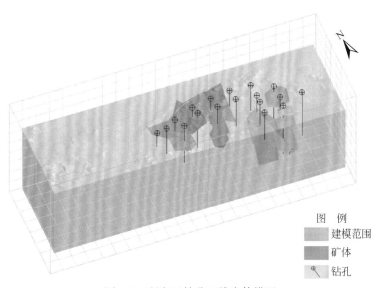

图 4.7 研究区钻孔三维实体模型

4.4 成矿有利信息定量分析与提取

4.4.1 立方体模型的建立

在矿产资源三维预测评价过程中需要具体分析各地质体与矿体之间的关系，在这个过程中需要利用块体模型来赋予各地质体属性值，用属性值来反映各地质体的地质特征，从而达到统计各地质体含矿规律的目的。块体模型是把前面建立的三维实体模型分割成三维立方网格，把一个实体分割成许多个大小相等的立方体单元，每个单元块体均视为均质体，这样就把原来形象的地质体转换为由一些抽象的具有空间坐标的地质体属性立方体单元来表示。立方体单元划分的标准在第 1 章已经详细介绍，这里不再赘述，依据立方体单元大小划分标准并结合本研究区的勘探工程间距选用行×列×层为 10m×10m×10m 的立方体单元开展红石山金矿的预测评价工作，立方体模型包括立方体单元共有 897024 个，包括总已知矿块数 9485 个。

4.4.2 成矿信息分析与提取

根据建立的立方体模型，以已经建立的地质体三维实体模型为约束，通过"立方体预测模型"找矿方法对区域内各地质要素进行定量化提取分析，包括地层、构造、岩体、地球物理、地球化学等。通过统计分析各地质要素的控矿关系，定量化区域找矿模型，为后期的深部预测及靶区圈定等工作提供基础和前提。

1. 有利地层信息提取

研究区内出露的主要地层为中元古界长城系古硐井群下岩性组（ChG_1）和中岩性组（ChG_2^1、ChG_2^2、ChG_2^3、ChG_2^4）的砂岩、石英砂岩地层。通过将地层三维实体模型和已知矿体三维实体模型对区域立方体模型分别进行约束，对约束结果进行统计分析，得到图 4.8。

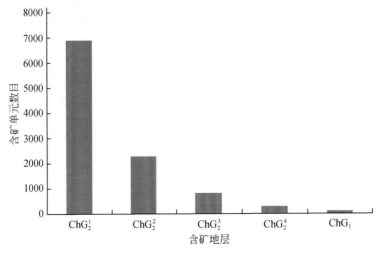

图 4.8　不同含砂地层中含矿单元数目比较图

　　根据统计的结果可以看出中元古界长城系古硐井群下岩性组（ChG_1）和中岩性组（ChG_2^1、ChG_2^2、ChG_2^3、ChG_2^4）5个岩性组中含矿单元数目分别为124个、6975个、2275个、849个、307个。由此可以看出红石山金矿矿体主要产在古硐井群岩性组的ChG_2^1、ChG_2^2之中，其中ChG_2^1中已知矿块的73%左右为主要含矿地层。

　　2. 构造信息提取

　　1）断裂信息提取

　　根据陕西省矿产地质调查中心提供的红石山锑金矿普查报告，主要有一条NE向的断裂贯穿研究区，倾角60°~70°，其展布方向和矿体展布方向一致。但是研究区勘探程度较低，该断裂未能完全控制，因此在获得进一步勘探资料之前暂不对此构造开展详细的统计分析研究。

　　2）片理化带提取

　　根据收集到的资料，研究区内有4条NEE走向的片理化带贯穿了全区。目前的研究表明，这4条片理化带控制了金矿体的形成和产出，是金矿形成过程中岩浆热液的运移通道，同时又为金矿的富集提供了场所，其宽度变化较大，从几十厘米到几十米不等。为了详细研究片理化带与金矿体的关系，根据已有的资料建立了平均厚度为15m的4条片理化带（图4.9），并在此基础上分别统计了以片理化带为中心50m、100m、150m范围内矿体的分布情况，其结果见表4.3。

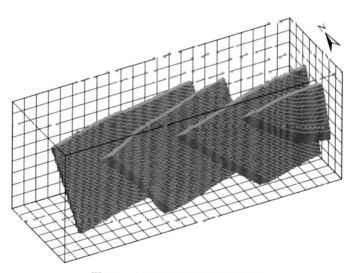

图4.9　红石山金矿片理化带提取

表4.3　片理化带及其缓冲区与矿体关系

片理化带宽度/m	包含矿块数	占总已知矿块数比例/%
15	1117	12
50	3040	32
100	5593	59
150	7979	84

从以上的统计结果可以看出，以片理化带为中心100m范围内包含了已知矿体的一半以上，而150m范围内已经包含了全部矿体的84%，因此可以认为片理化带控制了矿体的产出。另外，由图4.9中研究区片理化带实体模型可以看出在红石山金矿控制矿体产出的主要为4条片理化带中的中间两条，即分布在占硐井群中岩性组ChG_2^1岩性段中的两条片理化带。

3. 岩体信息提取

研究区内岩体主要分布在东南部，岩石类型为浅灰绿色细粒闪长岩、石英闪长岩、灰色-深灰色闪长玢岩、浅灰色-灰白色块状细粒英云闪长岩，呈岩枝状产出，为成矿富集提供热源和动力。对岩体和已知金矿体进行立方块划分之后，统计结果显示共有106块矿体落在岩体里面，仅占总矿体的1.1%。虽然南部出露的闪长岩体与金矿体在成因上有联系，但是经过统计分析可以看出岩体的主体产出部位与金矿体在空间分布上没有直接的接触关系，矿体主要分布在岩体外围区域（图4.10）。

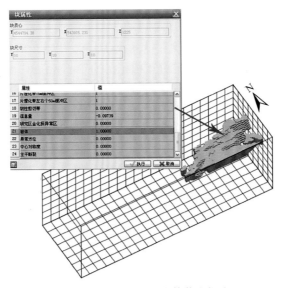

图4.10　红石山金矿岩体信息提取

4. 地球物理信息提取

本次研究定量化提取的地球物理信息资料基础为陕西省矿产地质调查中心完成的1：10000激电中梯测量极化率数据和电阻率数据，在研究中选取电阻率值>140Ω·m为电阻率高值异常区，选取极化率值>2%为极化率高值异常区。分别统计不同极化率和电阻率范围的已知矿块数，其结果见表4.4。

表4.4　激电中梯测量结果与矿体关系表

分区	总立方块数	包含矿块数	含矿比例/%	占总已知矿块数比例/%
极化率高值区	428214	3313	0.77	34.9
极化率低值区	431001	6172	1.43	65.1

续表

分区	总立方块数	包含矿块数	含矿比例/%	占总已知矿块数比例/%
电阻率高值区	258036	237	0.09	2.5
电阻率低值区	601179	9248	1.54	97.5

统计结果显示极化率值>2%的极化率高值区总立方块 428214 个，其中包含金矿体的块数为 3313 个，占已知矿块 34.9%；极化率值≤2%的极化率低值区总立方块 431001 个，其中包含金矿体的块数为 6172 个，占已知矿块 65.1%；电阻率值>140Ω·m 的高值异常区立方块数为 258036 个，其中包含金矿体块数为 237 个，占已知矿块 2.5%；电阻率值≤140Ω·m 的低值异常区总立方块数为 601179 个，其中包含金矿体的块数为 9248 个，占已知矿块 97.5%。

从统计结果来看电阻率值≤140Ω·m 的低值异常区包含了已知矿体的 97.5%，是重要的找矿要素，但是由于地球物理实际情况比较复杂，极化率异常和电阻率异常重叠或正好相反的情况都有，同时电阻率值≤140Ω·m 的低值异常区包含立方块数较多，含矿比例仅为 1.54%。因此不能单纯地依靠统计结果判断地球物理数据与矿体的直接关系。

5. 地球化学信息提取

本次研究中，地球化学信息提取的数据基础是陕西省地质调查院编制的 1∶10000 内蒙古自治区额济纳旗红石山金矿普查土壤测量综合异常图，共圈定 Au、As、Sb、Cu、Ag、Hg 综合异常 12 个，其中位于研究区内的金异常有 4 个，分别是 HT8、HT9、HT10、HT11，如图 4.11 所示。

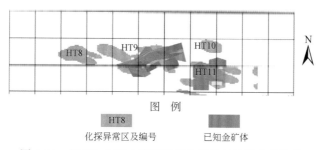

图 4.11　红石山金矿土壤测量综合异常与已知矿体关系

通过对化探异常区进行立方块处理，统计了 4 个化探异常区与已知矿体的分布情况，结果表明化探异常区包含金块数为 4462 个，包含了已知矿块的 47%，通过叠加分析可以看出 HT9、HT11 异常与金矿体叠加效果较好。

4.5　三维预测与评价

三维预测与评价是在三维建模、成矿有利信息提取的基础上以及在找矿模型的指导下，采用适当的预测评价方法，开展研究区的三维隐伏矿预测评价工作。本章以中国地质大学（北京）陈建平团队自主研发的隐伏矿体定量预测系统（3DMP）为软件平台，分别采用证据权法和找矿信息量法开展研究区的三维预测与评价。

4.5.1 定量化预测模型

根据已经建立的研究区找矿模型，结合相对应的成矿有利信息定量化提取，可以得到红石山金矿的定量化预测模型（表 4.5）。在该研究区内，构造及地层的控矿作用明显，从地层、构造、岩体及物化探异常等部分的成矿有利信息提取可以确定区域定量化预测模型的有效及唯一性。

表 4.5　红石山金矿定量预测模型

控矿要素	成矿预测因子	特征变量	特征值
地层	有利地层信息	成矿有利地层	古碉井群中岩性组的 ChG_2^1、ChG_2^2
岩性	成矿有利岩性	成矿有利岩性	砂岩、石英砂岩
构造	片理化带	容矿构造	NEE 走向的片理化带
	片理化带特征	片理化带控制区域	周边 150m 左右缓冲区
	断裂	成矿有关断裂	NEE 向区域断裂
		方位异常度	（0，0.04975）
岩体	有利岩体信息	成矿有利岩体	闪长岩
物探异常	激电异常信息	极化率高值区	>2%
		极化率低值区	≤2%
		电阻率低值区	<140Ω·m
化探异常	化探异常信息	$1.5×10^{-10}$ 为异常下限	HT8、HT9、HT10、HT11

根据建立的定量化预测模型选取地层（古碉井群中岩性组的 ChG_2^1、ChG_2^2 岩性段砂岩、石英砂岩）、片理化带（片理化带缓冲区）、断裂（方位异常度）、极化率高值区、极化率低值区、电阻率低值区和化探异常区等 7 个标志。然后根据定量化分析进行二值化，统计得出各标志的单元块体分布信息，统计结果见表 4.6。

表 4.6　已知矿体（块）立方体预测变量统计表

控矿要素	找矿标志	标志所占立方体数	标志内已知矿体立方体数	含矿比例/%	占已知矿块比例/%
地层	ChG_2^1 岩性段	331882	6975	2.1	73.5
	ChG_2^2 岩性段	51172	2275	4.4	24.0
构造	片理化带	72619	1117	1.5	11.8
	150m 片理化带缓冲区	461798	7979	1.7	84.1
	断裂	14340	727	5.1	7.7
	方位异常度	60705	1859	3.1	19.6
岩体	闪长岩	17052	106	0.6	1.1

续表

控矿要素	找矿标志	标志所占立方体数	标志内已知矿体立方体数	含矿比例/%	占已知矿块比例/%
物探	极化率高值区	428214	3313	0.8	34.9
	极化率低值区	431001	6172	1.4	65.1
	电阻率低值区	601179	9248	1.5	97.5
化探	4 个化探异常区	160333	4462	2.8	47.0

4.5.2　三维成矿预测

1）证据权法

本次研究采用的第一种方法是证据权法。证据权法共包括三个部分，即先验概率的计算、证据权重的计算和确定后验概率。应用证据权法对红石山金矿的各要素权重值进行计算，得到各要素的权重值见表 4.7。

表 4.7　红石山金矿各成矿要素权重值

证据项	正权重值（W^+）	负权重值（W^-）	综合权重值（C）
电阻率低值区	0.379763	−2.58978	2.969541
ChG_2^2 地层	1.471026	−0.21757	1.688593
断裂	1.608952	0.06428	1.673234
ChG_2^1 地层	0.697541	−0.87358	1.571124
化探异常区	0.98532	−0.44255	1.427869
方位异常度	1.083882	−0.14954	1.233421
中心对称度	1.100935	−0.01965	1.120588
极化率低值区	0.307085	−0.40049	0.707576
片理化带	0.379706	0.0413	0.421004
ChG_2^3 地层	0.367751	−0.02979	0.397544

由各证据因子的权重值计算各预测单元的后验概率值，并根据其值的大小划分区间分别赋予颜色予以显示。图 4.12 为研究区的后验概率结果图。

2）找矿信息量法

本研究区的深部矿产预测采用的第二种方法是找矿信息量法。关于找矿信息量法的原理在第 1 章已经介绍得比较详细，这里不再赘述，本次研究将结合找矿信息量法与证据权法开展红石山金矿的矿产资源预测评价，以提高预测评价效果的可靠性。找矿信息量作为衡量各地质要素对矿产预测影响程度的变量，由各地质要素在某块体单元中的信息总和来表明该块体单元的相对找矿意义。

本次研究利用找矿信息量法对研究区各成矿要素进行计算分析，得到各成矿要素的信

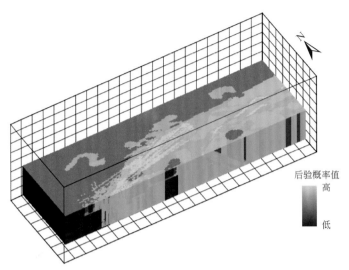

图 4.12 后验概率结果图

息量值，见表 4.8。

表 4.8 红石山金矿各成矿要素信息量值

信息层名	含标志单元数	信息层单元数	信息量值
断裂	664	13312	0.6776267
ChG_2^2 地层	2108	46477	0.6363344
中心对称度	258	8262	0.4742364
方位异常度	1761	57322	0.4671399
化探异常区	4193	148739	0.4298019
ChG_2^1 地层	6444	303875	0.3061625
片理化带	1048	67152	0.1730043
ChG_2^3 地层	778	50452	0.1678031
电阻率低值区	8476	551850	0.1660718
极化率低值区	5753	400403	0.137099

3）预测结果分析

将计算的每个单元块的后验概率值和信息量值赋值于研究区的立方体模型，信息量值和后验概率值越高的立方体单元存在矿体的概率也就越高。已知矿体作为检验研究区矿产预测是否为准确可靠信息，可以通过统计已知矿体与信息量值和后验概率值的关系确定预测结果中信息量值和后验概率值的下限，红石山金矿已知矿块与后验概率值的关系如图 4.13 所示。

从图 4.13 中可以看出，当后验概率值>0.75 的时候，含已知矿块的个数出现陡变，因此选取后验概率值 0.75 作为本次预测的最低后验概率值。

信息量值的大小同样能反映立方体单元成矿概率的高低，在后验概率值>0.75 的基础

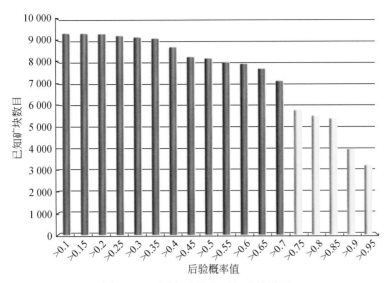

图 4.13　后验概率值与已知矿块关系

上统计红石山金矿已知矿体与信息量值的关系如图 4.14 所示，从统计结果可以看出后验概率值>0.75 的立方体单元已经包含大多数已知矿体，在此基础上根据信息量值将后验概率值>0.75 的立方体单元划分为三个级别，分别是信息量值<1，1≤信息量值<1.6，信息量值≥1.6，如图 4.14 所示。

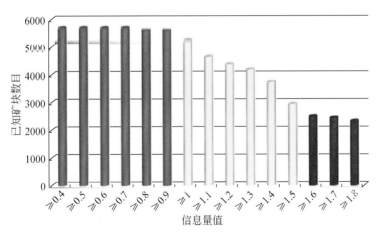

图 4.14　信息量不同取值范围与已知矿块关系

根据已知矿体作为参考标准确定信息量值取值范围和后验概率条件，筛选出符合条件的立方体如图 4.15 所示。经统计，符合后验概率值≥0.75，并且信息量值≥1.6 的有利成矿块数有 35448 个，占研究区总立方块数 897024 的 3.95%，说明能很好地圈定成矿有利范围（图 4.16）。

4）靶区圈定

成矿有利区间选定后，可以结合实际地质情况圈定成矿有利区。在系统梳理研究区已

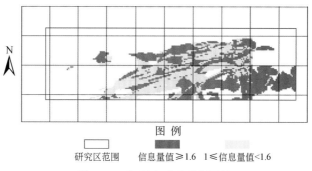

图 4.15　红石山成矿有利区块

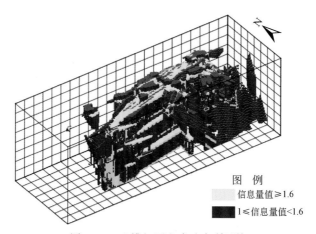

图 4.16　三维红石山成矿有利区块

有地质资料的基础上确定已有的勘探工程范围，剔除已知矿体部分，结合地质、地球物理、地球化学以及提取的后验概率和信息量高值区综合分析确定成矿有利区，在本次工作中共圈定出三个成矿有利区，如图 4.17 所示。

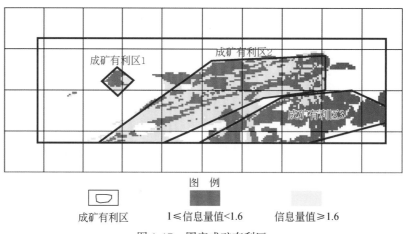

图 4.17　圈定成矿有利区

　　首先，确定出研究区已有工程范围；其次，结合地质、信息量区间以及物化探信息等圈定出找矿信息量高值区（信息量值≥1.6），即成矿有利区。

　　对圈定的三个成矿有利区包含信息量高值立方块个数进行统计分析，其结果见表4.9。

表4.9　各成矿有利区立方块统计

成矿有利区	信息量值≥1.6		1≤信息量值<1.6	
	立方块数	占全部比例/%	立方块数	占全部比例/%
1	206	0.6	899	1.2
2	29884	84.3	41245	55.7
3	4069	11.5	25785	34.8

　　（1）成矿有利区1位于研究区的西北部，异常特征值高，长200m，南北宽约170m，深1100~1300m，埋藏较浅。出露地层主要为古硐井群中岩性组ChG_2^1岩性段的石英细砂岩，包含信息量值≥1.6的立方块数206个，1≤信息量值<1.6的立方块数899个，范围较小，区内没有已知矿体，其位置如图4.18所示。

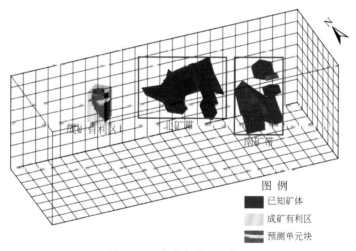

图例
■ 已知矿体
▨ 成矿有利区
▤ 预测单元块

图4.18　成矿有利区1位置

　　（2）成矿有利区2位于研究区的中部，NE向展布，长1500m左右，宽约380m，深700~1300m。出露地层主要为古硐井群中岩性组ChG_2^1、ChG_2^2和ChG_2^3岩性段，岩性为石英细砂岩。该区包含信息量值≥1.6的立方块数29884个，1≤信息量值<1.6的立方块数41245个。该有利区包含已知矿体6014个，占已知矿体总数的63.4%，如图4.19所示。

　　（3）成矿有利区3位于研究区的东南部，EW向展布，长约1180m，南北宽约320m，深700~1300m。出露地层为古硐井群中岩性组ChG_2^3和ChG_2^4两个岩性段，岩性主要为石英砂岩，同时该区内出露大量岩体，岩性为闪长玢岩、中细粒石英闪长岩和细粒英云闪长岩，有利区处于岩体和地层的接触部位，如图4.20所示。该区包含信息量值≥1.6的立方块数为4069个，1≤信息量值<1.6的立方块数为25785个，包含已知矿体3268个，占已

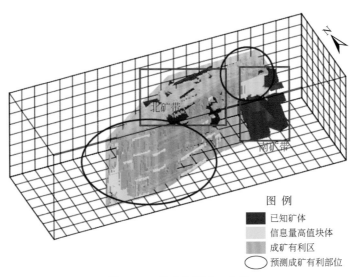

图 4.19 成矿有利区 2 位置

知矿体总数的 34.5%。

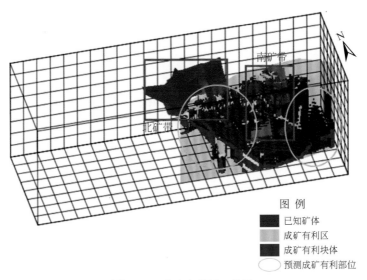

图 4.20 成矿有利区 3 位置

　　从预测结果可以看出成矿有利区 2 和成矿有利区 3 是找矿的重点区域,两者信息量值 ≥1.6 的立方块数占全部高值块数的 95.8%,其中成矿有利区 2 占 84.3%,成矿有利区 3 占 11.5%,可见矿体的主体部分应该位于成矿有利区 2,同时成矿有利区 2 也是目前勘探工作最集中的地区,成矿有利区 2 和成矿有利区 3 包含了近 98% 的已知矿块。

　　从预测结果来看成矿有利区 2 为北矿带的主体部分,其侧伏方向 248°,侧伏角 27°; 倾向南,倾角 62°,随着向 SW 方向深度越深成矿有利性越好。已知矿体主要集中在圈定区域的东北部,预测矿体有利部位可以分为两部分,一部分向东部继续延伸至南矿带的北部,但是埋藏深度较浅,大约在 1100~1300m;另一部分沿目前已知矿体分布区域向 SW 方向延伸,且向深部连续延伸,为本区域预测矿体主体部位,如图 4.14 所示。

成矿有利区 3 为已知矿带南矿带的主体部分,侧伏方向 116°,侧伏角 27°左右;倾向南,倾角 50°,向 SE 向深度不断加深,预测矿体有利部位位于已知矿体向东西两个方向延伸的外围部位,根据预测结果来看向西延伸部分深度变浅,向东深度加深,如图 4.15 所示。

5) 预测资源量估算

在完成研究区的成矿有利区圈定之后,需要对圈定的成矿有利区开展资源量估算来完成对研究区的定量评价。本次资源量估算采用的方法为

$$C = \sum \rho \times V \times g \times m \times N \tag{4.1}$$

式中,C 为研究区内特定矿种的预测资源量;V 为单个单元块的体积,本次研究为 10m× 10m×10m = 1000m³;ρ 为研究区内岩石的平均体重 2.55t/m³;g 为研究区金矿石的平均品位 3.845g/t;m 为含矿率,表示预测单元块的含矿性,$m = L/S$,采用研究区内收集的全部钻孔中含矿样品长度的总和 L 与总钻孔长度 S 的比值 m 作为参数来表征单元块的含矿性,通过对研究区 18 个钻孔 1167 条采样信息的统计计算得 $m = 0.01396$;N 为高值区立方块数目。

通过以上方法计算信息量值≥1.6 的高值区域立方块包含的矿体作为预测资源量,其结果见表 4.10。从预测资源量的结果来看,矿体主体部分位于成矿有利区 2,预测资源量为 4090.352kg,占全部预测资源量的 87.5%,应为勘查的重点部位;成矿有利区 3 预测资源量为 556.9416kg,占全部预测资源量的 11.9%,由于勘查程度较低,资料基础较差,成矿有利区 1 的预测资源量仅为 28.19611kg,但是作为全新的勘查远景区具有一定的勘探潜力。

表 4.10 预测资源量结果

成矿有利区	立方块数	平均品位/(g/t)	平均体重/(t/m³)	含矿率	预测资源量/kg
1	206	3.845	2.55	0.01396	28.19611
2	29884	3.845	2.55	0.01396	4090.352
3	4069	3.845	2.55	0.01396	556.9416
合计	—	—	—	—	4675.48971

4.5.3 预测精度评价

在实现了研究区的定量预测之后,还需要开展矿产资源预测的评价工作,将预测中的不确定性降到最低。对预测区进行找矿概率分析和勘查风险评价是降低预测过程的不确定性的主要方法。

研究区的预测风险评价主要从资料基础、工作程度、预测单元、搜索半径和找矿模型

5 个方面来评价。

（1）资料基础：本次研究总共收集到的资料包括区域地质矿产图、综合地质图、矿区实际材料图、地质剖面图、探槽以及物化探资料，总体来说资料基础比较全面，包含了矿产勘查的各种技术方法和数据。但是本研究区勘查程度较低，红石山卡林型金矿又属于本地区首次发现的矿床类型，前人研究较少，因此综合考虑对于资料基础精度赋值为 0.7。

（2）工作程度：本次研究建模采用的数据基础是 8 条 1：1000 的勘探线剖面图，可靠程度较高。但是采用的物化探数据多为区域矿产普查资料，可靠程度相对较低。红石山金矿是近年新发现的矿床，研究程度较低，目前只有陕西省矿产地质调查中心在开展工作，综合考虑对工作程度赋值为 0.6。

（3）预测单元：选择适当大小的立方块，既要保证预测的精度又要确保不会由于划分的立方块过小导致块数太多从而使计算效率降低。本次研究选择的块体大小为 10m×10m×10m，预测精度较高，对预测单元赋值为 0.9。

（4）搜索半径：本次研究中对钻孔元素进行了两次插值，第一次为勘探线间距，第二次为勘探线间距的 2 倍，精度较高，对其赋值 0.7。

（5）找矿模型：本次找矿模型是在陕西省矿产地质调查中心开展普查工作基础上，根据研究区地质实际情况总结概括出来的，以往该地区未发现同类型的金矿床，参考资料较少，精度相对较低，因此对找矿模型赋值为 0.5。

具体评价因子赋值及权重值见表 4.11，通过计算，本次研究的找矿概率精度评价值为 66%，预测精度中等，勘查具有一定的风险度。

表 4.11　评价因子赋值及权重值表

评价因子	赋值（V_i）	权重（W_i）
资料基础	0.7	0.25
工作程度	0.6	0.2
预测单元	0.9	0.15
搜索半径	0.7	0.15
找矿模型	0.5	0.25

4.6　小　　结

对内蒙古自治区额济纳旗红石山金矿进行了系统研究，总结出了红石山金矿对应的找矿模型，并在找矿模型的指导下运用证据权法和找矿信息量法开展了研究区的三维预测评价工作，圈定了 3 个成矿有利区。

通过本次研究，取得了以下几点成果：

（1）通过系统收集研究区相关的地质资料，建立了研究区的地表、地层、岩体、断裂、片理化带以及地球物理、地球化学三维实体模型，完成了研究区三维实体模型构建工作。

（2）收集整理了红石山金矿相关的研究报告，总结出研究区的找矿模型，统计分析了各成矿要素与已知矿体之间的关系，定量化各成矿要素，得到研究区的定量化预测模型。

（3）运用隐伏矿体定量预测系统对研究区开展三维预测，圈定出 3 个成矿有利区，并初步估算研究区的资源量约为 4.7t。系统地对研究区的预测工作进行了概率评价，得出本次预测工作的找矿概率精度评价值为 66%。

（4）在此基础上对提出的 3 个成矿有利区进行系统评价，研究其与已知矿体的关系，并对各有利区的找矿潜力进行评价，最终结合已有的勘探工程布置情况提出下一步勘查建议，为实际找矿工作提供理论指导。

第5章 甘肃大水金矿隐伏矿三维预测评价

大水金矿位于陕甘宁"金三角"边缘地区，在大地构造上位于西秦岭南亚带，研究区位于秦祁昆造山带，东昆仑-南秦岭褶皱带，南与甘孜-松潘褶皱带相接，以略阳-玛曲断裂为界，是我国重要的金多金属成矿区之一。

本章以甘肃大水金矿为例，通过系统梳理研究区的成矿地质背景与矿床地质特征，基于大数据分析方法，建立找矿概念模型库，以目标勘查区的数据为基础，通过机器学习将现有的国内外找矿模型及控矿要素与研究区数据资料进行分析归纳，通过贝叶斯概率计算得出目标矿床的矿化模型，结合研究区实践基础，提炼简化，从而构建适合指导本区三维建模和定量预测的找矿模型，进而为开展深部三维成矿预测提供地质理论支撑。在找矿模型的指导下，通过三维建模软件构建了研究区的三维实体模型，并对有利控矿要素进行分析提取。最后采用证据权法与找矿信息量法对研究区进行矿产资源定量预测，圈定了5个找矿靶区，指导该区进一步的找矿工作部署。

5.1 区域地质背景

研究区在大地构造上属于西秦岭造山带的南亚带，南以玛曲-略阳深大断裂与甘孜-松潘造山带的若尔盖地块相邻。该区地壳演化在早震旦世末晋宁运动形成的古中国大陆基础上，经历了多次拉张裂陷-闭合造山过程：①古生代早期形成 EW 向白龙江裂陷槽，接受了寒武系—志留系海相复理石碎屑沉积。加里东运动使裂陷槽闭合并转入相对稳定的浅海台地相环境，形成泥盆系—下三叠统浅海碎屑岩和碳酸盐岩建造。②中三叠世晚期再度裂陷形成区域广泛分布的中、上三叠统巨厚深海-半深海浊流复理石建造。③印支运动使该区全面褶皱造山并形成多地体拼贴的大地构造格架。④燕山期—喜马拉雅期，受古亚洲、特提斯和滨西太平洋三大构造域的共同作用，区内构造运动表现为大规模陆内推覆、走滑剪切和地体不均衡隆拗。岩浆活动强烈，形成众多规模不一的中酸性小岩株或岩脉，如大水、忠曲和忠格扎拉等。在断陷盆地内则形成侏罗纪—白垩纪的玄武、安山、流纹质火山岩，如郎木寺一带。⑤挽近期全面抬升并遭受剥蚀。

5.1.1 地层

矿区出露地层为二叠系、三叠系、侏罗系、白垩系和第四系，主要赋矿地层为中三叠统马热松多组（T_2m）和下侏罗统龙家沟组（J_1l）。其中中三叠统马热松多组（T_2m），是大水金矿格尔珂矿区的主要含金层位，岩性为一套灰白色块状-中厚层状灰岩、浅灰色-灰白色中厚层状微晶白云岩、浅灰色薄层状泥晶白云岩。

5.1.2　构造

西秦岭造山带经历了加里东期造山作用、晚古生代板片俯冲、三叠纪陆陆碰撞造山及后续的白垩纪再活化等长期、复杂的演化历程（杜子图和吴淦国，1998）。大水金矿床的区域成矿地质背景可概括为印支期的碰撞造山运动结束了西秦岭地区长期拉张裂陷的复杂构造地质演化过程，使该区全面褶皱造山，并形成了多地块相互拼贴的大地构造格局。燕山期—喜马拉雅期，在古亚洲、特提斯和滨西太平洋三大构造板块的共同影响作用下，区域构造活动频繁而且强烈，深部中酸性岩浆大规模地上侵。深部成矿物质沿构造带侵位上升并在有利的位置富集成矿，从而形成我国重要的西秦岭金矿集中区（王平安和陈毓川，1997）。

矿区位于大水-忠曲断裂带的南缘，断裂发育，以北西向构造贯穿整个矿区，它起着导矿、控矿作用（贾慧敏，2011）。矿区与成矿关系密切的有 NW 向断裂和近 SN 向断裂。区域性 NWW—EW 向断裂带为导矿、配矿构造，表现为矿带、矿体的分布受导矿构造的夹持或限制呈串珠状、雁列状成群出现，而其伴、派生低序次断裂、裂隙则为容矿构造，为成矿提供了直接的容矿空间（图 5.1）（闫升好，1998；代文军等，2009；刘玉翠等，2011；卿成实，2012）。

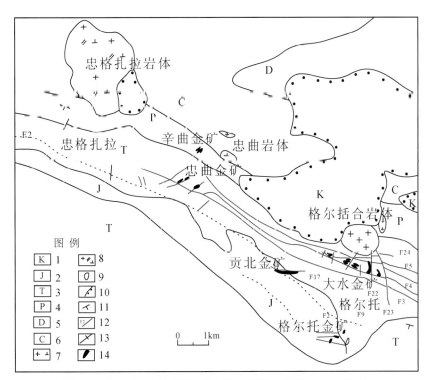

图 5.1　大水金矿区区域地质略图（据代文军等，2009 修改）

1. 白垩系；2. 侏罗系；3. 三叠系；4. 二叠系；5. 石炭系；6. 泥盆系；7. 石英闪长岩；8. 二长斑岩；9. 闪长岩脉；10. 地质界线及不整合线；11. 地层产状；12. 断裂及编号；13. 向斜；14. 金矿床

1）褶皱构造

大水金矿床褶皱构造不发育，主要为一个 SW 向倾斜的单斜构造。褶皱构造的发育程度与主干断裂的关系密切，离主干断裂较近的褶皱构造比较发育。褶皱构造可能是在主干断裂所产生的局部应力场影响下派生的。

2）NWW 向、近 EW 向断裂构造

该断裂构造与区域性构造的走向一致，规模较大，延展很远。主要断裂带的产状为倾向 175°～220°，倾角 65°～85°。区域 NWW 向断裂构造控制了大水金矿床内忠格扎拉岩体、忠曲岩体、格尔括合岩体的空间展布。同时，格尔托、贡北、忠曲、大水（格尔珂）、恰若和辛曲等金矿体也沿区域 NWW 断裂构造展布，在空间分布上同岩体的展布一一对应。金矿体、岩体的空间展布特征显示了区域 NWW 向断裂构造对大水金矿床起着极其重要的控制作用。

3）NNE—NE 向断裂构造

NNE—NE 向断裂构造主要发育在大水金矿床西部，其断层规模不大，长 500～1500m，倾向 SE，倾角 60°～75°，总体方向为 0°～30°，该组断裂切割近 EW 向断裂。

4）SN 向断裂构造

SN 向断裂构造在大水金矿床局部地段较发育，总体呈 10°～180°方向展布，延展 200～1300m，其断层规模总体不大。在该断裂的旁侧，发育一组与 SN 向断裂构造呈锐角相交的羽状裂隙。SN 向断裂构造与羽状裂隙的交汇部位，往往是矿体最集中、最富集部位。因此，SN 向断裂构造对金矿体的分布和产出有控制作用。

5）NW—NWW 向断裂构造

大水金矿区 NW 向断裂构造在局部地段发育，规模较小，延伸约十米至百余米，在局部呈近 NNW 向。主要断裂带的产状为倾向 310°～350°，倾角 60°～75°。断裂带内透镜体比较发育。沿断裂有梳状方解石脉充填，断面有斜向擦线。该断裂带内矿化蚀变强烈。

6）节理

大水金矿床格尔括合岩体节理十分发育，倾角普遍较陡，多表现为张-张扭性质，是确定应力作用方向良好的测试对象。节理走向主要集中在 30°～50°，其次在 290°～320°，格尔括合岩体节理优势产状为 123°∠70°和 205°∠83°。综合野外观察、前人资料及室内研究，可知格尔括合岩体主要应力优势方向为 NWW 和 NNE。以节理的集中优势方位和节理法线的点极密发育情况为依据，推测大水金矿区域上主压应力有两个方向：NNE30°～50°方向的主压应力和 NWW290°～320°方向的主压应力（刘慧蓝，2017）。

5.1.3　岩浆岩

格尔括合岩体产于矿区北缘，侵入中三叠统灰岩地层，出露面积 1.76km²，岩株状侵入，依据岩石矿物特征和岩石化学特征，可划分为两个岩性带，早期为黑云母闪长玢岩，晚期为花岗闪长斑岩。两者为脉动式接触，接触边界往往发育宽约 10cm 的细粒石英闪长岩脉。

矿区各类岩脉发育，主要有闪长玢岩、花岗闪长岩脉等，沿破碎带侵入，多以 NWW

向和近 SN 向展布，受控于断裂或节理，脉体呈 290°～310°、0°～10°方向展布，与金矿带展布方向大体吻合（张涛，2017）。

5.1.4　变质作用

矿区变质作用类型以接触变质作用为主，动力变质作用为辅。接触变质作用主要发生在花岗闪长斑岩岩体和花岗闪长岩脉与围岩的接触带上，在岩体内接触带有轻微混染作用及碳酸盐化，在外接触带具有大理岩化，局部灰岩重结晶作用明显，形成晶体粗大的方解石（彭秀红和张江苏，2011）。

动力变质作用主要发生在挤压构造和扭动构造发育地段，片理化、构造透镜体化、碎裂岩化、角砾岩化和糜棱岩化很发育，局部碾磨成断层泥（闫升好，1998）。

5.1.5　围岩蚀变

围岩蚀变严格受断裂破碎带控制，以中低温蚀变为特征，蚀变具有多阶段性。蚀变类型主要有硅化、赤铁矿化、褐铁矿化、方解石化，次为高岭土化、绿泥石化、绢云母化和黄钾铁矾化。其中前者与金矿化关系最为密切。

5.2　矿产特征与找矿模型

大水金矿床中格尔珂矿区的 Au 品位最富，矿体规模最大，矿体主要赋存于三叠系马热松多组碳酸盐岩地层与岩脉的接触带内。金矿体的产出明显受断裂构造、中酸性岩脉及古岩溶构造的控制。矿区内岩浆岩比较发育，出露的格尔括合岩体规模较小，侵入岩很发育，多呈小岩株或岩脉产出，有的岩脉矿化蚀变成为矿体。

5.2.1　矿产特征

大水金矿区目前已发现的金矿主要有格尔珂、贡北、格尔托、忠曲、辛曲和恰若等，这些矿床呈串珠状断续分布于 NWW 向的大水-忠曲构造断裂带内，其中格尔珂为特大型，其余为小型矿床。

大水金矿格尔珂矿区在长 2km、宽约 600m 的矿带内，目前共圈出金矿体 112 个，其中 Au2、Au7、Au8、Au20-1、Au20-2、Au35、Au37、Au111 等是矿山开采的主要矿体。矿体主要分布在 62～110 勘探线长 1000m 的地段内，有分段集中的特点。矿体由西向东主要集中分布在 68～86、98～110 勘探线，组成两个矿体群，矿体出露标高 3600～3840m，西高东低。矿体走向由地表的 NW 向，至深部呈现近 EW 向、NW 向到近 SN 向的规律变化，矿体倾角中等-陡倾斜，倾角 45°～80°。矿体形态复杂，呈不规则枝杈状（追踪几组断裂形成）、透镜状、囊状、筒状和脉状等，并具有膨大、缩小、分支、复合及尖灭再现等特征，矿体严格受断裂构造控制。矿体长 20～320m，厚度 0.84～29.36m。分布标高

3300～3850m，控制延深 20～500m。金品位一般为 1.0～29.4g/t，平均品位 8.52g/t（李向东和王晓伟，2006；彭秀红和张江苏，2011）。

大水金矿矿石结构主要有自形-半自形-他形结构，次为胶状结构、碎裂-角砾状结构。构造主要有稀疏浸染状构造、细脉-网脉状构造，次为角砾状构造、块状构造。

矿石中金属矿物成分主要为赤铁矿、褐铁矿等，其他硫化物之和不超过矿物总量的1%，有黄铁矿、辰砂、辉锑矿、雄黄、雌黄等。非金属矿物主要有方解石、石英、长石等，其他如白云石、绢云母、高岭土、黑云母、角闪石等，含量少或很少。

根据矿石结构构造和矿物共生组合特征，将金的成矿期分为热液期和表生期。根据矿物形成时代、脉体互相穿插关系、蚀变特征等，将热液期进一步划分为三个阶段，由早到晚分别为金-玉髓状石英-赤铁矿阶段，金-石英-方解石阶段和方解石阶段。金成矿主要在前两个阶段，表生期对金有活化再富积作用。

矿石自然类型可分为赤铁矿化硅化碳酸盐岩型金矿石，交代似碧玉岩型金矿石，赤铁矿化硅化花岗闪长岩型金矿石，纹层状、条带状硅质岩型金矿石，角砾岩型金矿石。

5.2.2 找矿模型

大水金矿区经历了加里东运动、印支期晚期和燕山期构造运动及岩浆作用的影响，形成了深大断裂构造和导矿构造，为含矿热液自深部向上运移提供了良好的通道，可以认为燕山期为主要的成矿期。

不同的矿化类型具有不同的找矿标志、成矿条件和控矿要素，在实际研究区中，同样的成矿系列也会有不同的矿化类型。通过研究国内外多研究区相似成矿背景下产生的不同矿化类型，可以为找矿模型分析建立提供理论基础。

研究区矿体近矿围岩蚀变严格受断裂破碎带控制，以中低温蚀变为特征。蚀变类型简单，主要有方解石化、赤铁矿化、褐铁矿化、硅化、绿泥石化、绢云母化、碳酸盐化以及黄钾铁矾化，其中与金矿化密切相关的是硅化、赤铁矿化和方解石化（胡媛，2013）。大水金矿金的存在形式多为自然金，以不规则粒状为主，粒度细小。主要载金矿物为石英、褐铁矿、赤铁矿等。

（1）硅化是大水金矿分布广泛且对成矿贡献最大的一种重要蚀变类型，它贯穿于成矿作用的全过程，早期为面状、带状蚀变，蚀变范围广、强度大，主要表现为灰岩被交代成硅化灰岩，晚期转化为线型蚀变，以方解石脉形式充填在蚀变矿体的构造裂隙中（闫升好，1998）。

（2）赤（褐）铁矿化是与大水金矿成矿有关的一种特有的蚀变类型，主要以尘状或质点状弥散分布于石英颗粒中，与硅化作用密切伴生，沿构造裂隙分布。

（3）方解石化在矿区分布最为广泛，可分为3期。早期是远离矿体破碎带的粗晶方解石脉，方解石为中粗粒的环状、马蹄状；中期为近矿体的细脉、网脉状方解石，并胶结角砾岩；晚期为近矿体的巨晶方解石。多期碳酸盐化作用是多期热事件的具体表现，对金矿化体的寻找有一定指示意义。

通过对研究区成矿地质背景、主成矿期次、成因类型以及矿化类型的研究，基本可以确定研究区矿床的成矿地质条件、找矿标志和控矿要素。但矿床是形成于一个非常复杂的地质系统中，想要彻底摸清研究区的成矿地质背景、成矿期次、成因类型以及矿化类型需要很长的时间进行探索研究。因此，作者引入大数据深度学习的理论与方法，探索一套适用于区域矿化模型构建的定量–定性分析相结合的新方法。

该方法基于大数据分析方法，总结归纳了找矿概念模型库，以目标勘查区的数据为基础，通过机器学习算法将找矿模型及控矿要素与研究区数据资料进行分析归纳，通过贝叶斯概率计算得出目标矿床的矿化模型，结合研究区找矿实践基础，提炼简化，从而构建适合指导本区三维建模和定量预测的找矿模型，进而为开展深部三维成矿预测提供地质理论支撑。

北京市重点实验室——北京市国土资源信息开发研究实验室已建立国内外 200 余个典型矿床的矿床模型库，并基于此建立了足够信息量的找矿概念模型库，且在不断完善中（图 5.2、图 5.3）。

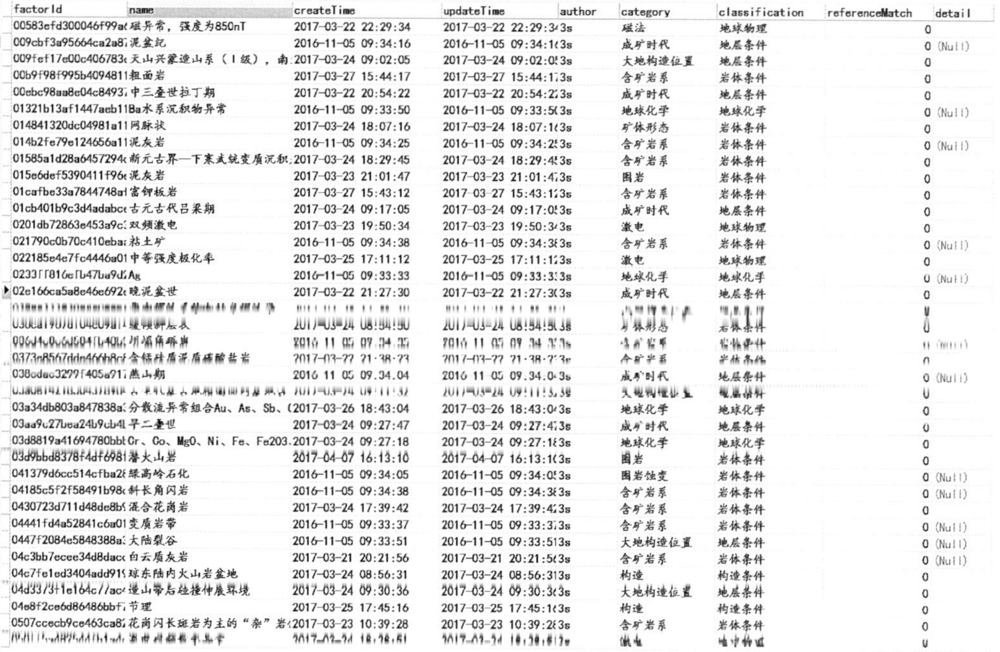

图 5.2　找矿概念模型

图 5.3　研究区找矿模型建立流程图

矿化模型构建主要是模型分类、模型匹配和模型计算。

模型分类是通过朴素贝叶斯文本分类方法将找矿概念模型库中现有数据作为训练样本，以研究区的控矿要素作为待处理数据，对找矿概念模型库进行分类，计算对研究区控矿要素的条件概率，判断其属于模型库中每个模型的概率。根据研究区已有资料基础，选取研究矿区关键词为"金矿""热液""低温"；通过文献分析研究大水金矿的地质特征及控矿要素，初步确定研究区的地质找矿信息的控矿要素（表 5.1）。

表 5.1 研究区已有控矿要素选取

成矿地质背景	秦祁昆造山带，东昆仑至南秦岭褶皱带，南与甘孜-松潘褶皱带相接，以略阳-玛曲断裂为界
	甘肃省南部的南秦岭晚古生代—中生代多金属成矿带
	金矿赋存于三叠系马热松多组的一套灰岩和白云质灰岩中
成矿期	燕山期
	三叠系与成矿密切相关
	构造多期次
	多期次构造活动叠加和改造
含矿地层与岩系	三叠系马热松多组
	白云质灰岩
	灰岩
	闪长玢岩
	花岗闪长岩
成因类型	EW—NWW 向断裂带为配矿构造及导矿构造
	构造运动控矿
	岩浆热液、晚期大气降水混入
	深大断裂构造及次级断裂
	低温、中低盐度
矿化类型	中低温热液蚀变
	方解石化
	硅化
	赤铁矿化
构造条件	深大断裂
	深大断裂带次级断裂
	断裂破碎带

作者对提取的控矿要素进行精炼简化并在系统中筛选，再通过相关计算得到各个控矿要素概率。

模型匹配分为两步，第一步为关键词匹配，关键词由中文分词结果中选取或手动添加，多个关键词与模型名称进行匹配；第二步为研究区控矿要素与上一步模型匹配结果中的控矿要素进行匹配，筛选出 m 个找矿概念模型（图 5.4、图 5.5）。

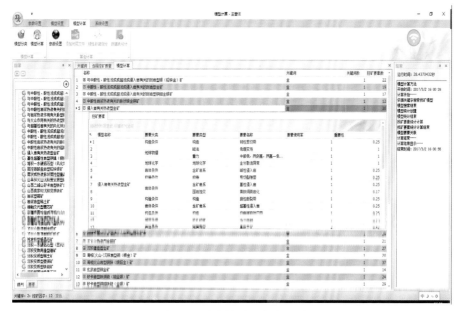

图 5.4　选取控矿要素流程图

根据筛选出来的 m 个找矿概念模型 M_1，M_2，M_3，…，M_m，每个模型对应的控矿要素分别为 F_1，F_2，F_3，…，F_m，对于第 i 个模型，在控矿要素数据清洗过程中，按控矿地质条件类别分为不同的 c_i 类，每类对应的控矿要素个数分别为 Num_{i1}，Num_{i2}，…，Num_{ic_i}，则在第 i 个模型的第 j 类中，对应控矿要素的要素先验概率 P_{ij} 为

$$P_{ij} = \frac{1}{Num_{ij}} \qquad (5.1)$$

由于一个控矿要素可能出现在多个模型中，所以对于研究区中任意一个控矿要素，将其在每个模型中的重要性进行叠加即可得到这个控矿要素的最终要素

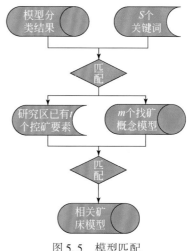

图 5.5　模型匹配

先验概率:

$$P = \sum P_{ij} \tag{5.2}$$

最终得到研究区综合矿化模型（表5.2）及根据实际情况建立的研究区找矿模型（表5.3）。

表5.2　研究区综合矿化模型

要素大类	控矿要素	内容	要素先验概率
地层条件	大地构造位置	秦祁昆造山系	文献提取
	成矿时代	燕山期	文献提取
		三叠纪	文献提取
岩体条件	含矿岩系	花岗闪长岩	文献提取
		灰岩	文献提取
	围岩蚀变	方解石化	文献提取
		硅化	文献提取
	围岩	碳酸盐岩	1.67
		碎屑岩夹碳酸盐岩建造	1
	矿体形态	脉状	9.28
		似层状	5.62
		透镜状	5.45
		层状	2.53
		扁豆状	1.33
构造条件	构造	深大断裂	文献提取

表5.3　研究区找矿模型

要素大类	控矿要素	特征变量
地层条件	大地构造位置	秦祁昆造山带
	成矿时代	燕山期
		三叠纪
岩体条件	成矿有利岩体	花岗闪长岩
		闪长玢岩
	围岩蚀变	矿化蚀变带
	岩体缓冲区	方解石脉缓冲区
		花岗闪长玢岩缓冲区
		闪长玢岩缓冲区
构造条件	断裂缓冲区	断裂缓冲区
	构造展布特征	断裂等密度
		断裂频数
		断裂异常方位
		断裂方位异常度

5.3　三维实体模型的建立

三维实体建模就是借助三维可视化平台，将所谓的与地学信息有关的地表模型、岩体模型、构造模型、矿体模型、蚀变带模型等以三维真实坐标表达出来。根据野外踏勘调查或实地考察收集到的地质、物探、化探、遥感等数据资料，通过数据处理操作，转换为三维空间统一坐标系下可以使用的数据，然后提取相关的成矿有利信息及地质体解译推断信息，构建地层、岩体、构造、矿体、蚀变带等三维实体模型，实现三维实体建模及多元信息的综合分析，有助于更加准确地认识研究区的地质结构，这也是当前进行深部找矿预测的重要过程。

5.3.1　资料收集与整理

本次三维成矿预测研究及资源储量估算主要依据矿区的原始勘探数据及各种图件和报告等资料，收集的资料包括矿区的勘探线剖面图、中段地质平面图、等高线地形图、钻孔数据、文字报告等。

1）勘探线剖面图

本次研究收集整理到的勘探线剖面主要共 60 个。它们较为细致、全面地揭示了研究区地质体形态和位置特征，可以用于提取研究区断裂、岩体及矿体等信息。通过相关软件对剖面图进行处理再导入三维建模软件中。

2）中段地质平面图

中段地质平面图简称中段地质图，是根据同一中段标高上的水平坑道及其他工程揭露的地质和矿产现象，通过综合整理编成的一种水平断面图。本次工作共收集到了 22 个中段标高的中段地质图，与勘探线剖面图相结合获取研究区的断裂、岩体及矿体等信息。

3）等高线地形图

本次应用 Aster 30m 分辨率的 DEM，为了生成地表形态光滑细腻，根据需要提取 30m 间距的等高线，将数据导入 GIS 软件中进行处理并检查校正，将确定无误的线文件转化成 CAD 的 dxf 文件，直接导入建模软件 Surpac 中，应用 DTM 工具直接生成大水金矿地表形态的 DTM 模型。

4）钻孔数据

本次收集到研究区钻孔 125 个，钻孔编录数据主要为 Excel 及 Acess 格式，包括孔口坐标表、测斜数据表、样品分析表和岩性分析表。为了处理方便，统一转换成 Excel 格式，进行格式修改后另存为文本文件（.csv），使之能够顺利导入 Surpac 中，建立钻孔数据库，并建立钻孔三维实体模型。

5）文字报告

收集研究区的相关研究报告及文献资料，这些资料为完善研究区地质体建模起到了关键作用，对成矿地质模型的总结起到了补充完善作用。除了帮助建立三维实体模型外，这些资料也为研究者认识研究区的地质背景和成矿规律提供了良好的支撑，为后面建立找矿模型和进行成矿预测打下基础。

5.3.2　三维实体模型构建

三维实体模型主要用于反映不同地质实体的空间分布特征、相互接触特征与各自产状特征及交叉特征等，本次建立的三维实体模型包括地表三维实体模型、岩体三维实体模型、构造三维实体模型、矿体三维实体模型以及蚀变带三维实体模型。

1）地表三维实体模型

研究区地表模型主要是利用区域内的等高线数据建立的三维实体模型，它可以更加形象直观地反映研究区内地形的高低起伏等形态。根据研究区内收集到的地形图，在 MapGIS 中进行预处理，进行等高线的检查校正，清除与地形无关的线性要素（如陡坎线等），将检查无误的等高线进行格式转换后导入三维地质建模软件 Surpac 中，利用 Surpac 软件中的 DTM 模型生成工具生成研究区的 DTM 模型，如图 5.6 所示。

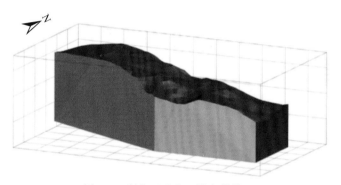

图 5.6　研究区地表三维实体模型

2）岩体三维实体模型

研究区主要分布有花岗闪长岩、闪长玢岩和方解石脉，本次建模采用中段地质平面图和勘探线剖面图，在建模过程中，发现单一用一种数据无法完全反映地质体的分布，因此分别根据勘探线剖面图和中段地质平面图建立了岩体三维实体模型（图 5.7、图 5.8）。

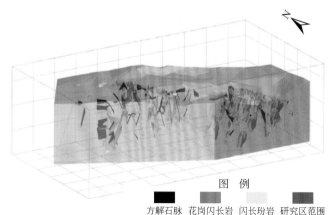

图　例

方解石脉　花岗闪长岩　闪长玢岩　研究区范围

图 5.7　岩体三维实体模型（基于勘探线剖面图）

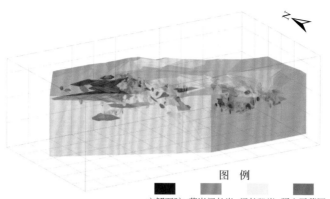

图 例

方解石脉　花岗闪长岩　闪长玢岩　研究区范围

图 5.8　岩体三维实体模型（基于中段地质平面图）

3）构造三维实体模型

本次收集到的图件资料对构造的解析主要为断裂破碎带，本次建立的构造三维实体模型为断裂破碎带三维实体模型，同样根据勘探线剖面图和中段地质平面图建立了不同的模型（图 5.9、图 5.10）。

图 例

断裂破碎带　研究区范围

图 5.9　断裂破碎带三维实体模型（基于勘探线剖面图）

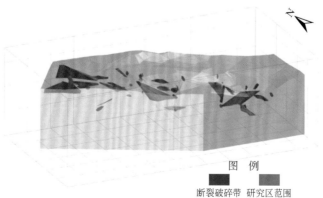

图 例

断裂破碎带　研究区范围

图 5.10　断裂破碎带三维实体模型（基于中段地质平面图）

4）矿体三维实体模型

全区矿体形态呈透镜状、条带状或脉状，根据勘探线剖面图和中段地质平面图建立了矿体三维实体模型（图 5.11、图 5.12）。

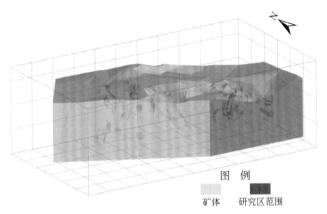

图 5.11　矿体三维实体模型（基于勘探线剖面图）

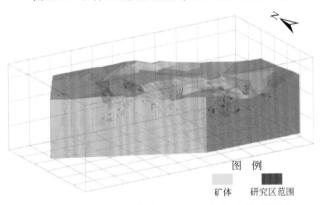

图 5.12　矿体三维实体模型（基于中段地质平面图）

5）蚀变带三维实体模型

根据中段地质平面图，建立了研究区的蚀变带三维实体模型，对研究区成矿有很好的指示作用（图 5.13）。

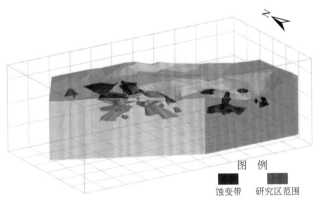

图 5.13　蚀变带三维实体模型

5.4　成矿有利信息定量分析与提取

5.4.1　立方体模型的建立

根据现有地质资料对矿体的揭示，特别是勘探线的分布，结合矿体的形态、走向、倾向和空间分布特征确定了建模的范围和基本参数。模型区形态实际值坐标范围为南北1351m，东西2530m，高程800m，单元块行×列×层为20m×20m×10m，模型包括块体总共有690880个单元块。

在建立立立方体模型后，首先要根据甘肃大水找矿模型进行控矿要素的提取与统计分析，由此确定大水金矿研究区预测模型，并将所确定的预测参数作为属性赋给每一个单元块。

5.4.2　成矿信息分析与提取

将前述总结的甘肃大水金矿找矿模型中的控矿要素信息赋值到立方块体模型中，结合该区已知矿体信息，分析控矿要素的有利特征值范围，如通过统计分析具有某种控矿要素信息的块体单元与含矿块体之间的空间关系，提取出相关性较高的有利特征值作为综合分析预测的特征变量，为三维定量预测提供基础。

5.4.2.1　赋矿岩体信息提取

对研究区内岩体三维实体模型进行块体划分后，与已知矿体进行叠加分析，其中花岗闪长岩是成矿有利岩体，已知矿体有41.23%在花岗闪长岩内。

从研究区内产出的已知金矿体看，金矿体多分布于岩体的边部或者距离岩体一定范围的空间里，因此计算不同尺度下的岩体缓冲区范围与已知金矿体单元的关系，从而分析出研究区内有利于成矿的最佳岩体的缓冲区范围。由不同岩体缓冲区范围下的含矿块数特征分析可知，花岗闪长岩40m的缓冲区是花岗闪长岩最佳成矿的有利范围，方解石脉的80m缓冲区范围是方解石脉的最佳成矿有利范围，闪长玢岩80m的缓冲区范围是闪长玢岩的最佳成矿有利范围（图5.14~图5.16）。

5.4.2.2　蚀变带信息提取

矿化蚀变带对指示矿床具有重要的作用，通过统计分析发现共有29.03%的矿体在矿化蚀变带中，将矿化蚀变带作为成矿有利信息进行成矿预测（图5.17）。

5.4.2.3　构造信息提取

1）构造带特征

在主干断裂的旁侧构造发育相对较强区是矿体就位的有利区，强烈构造活动区域是成

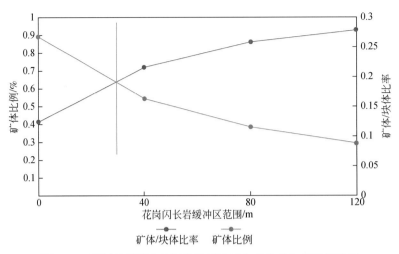

图 5.14　不同尺度下花岗闪长岩缓冲区与矿体叠加统计折线图

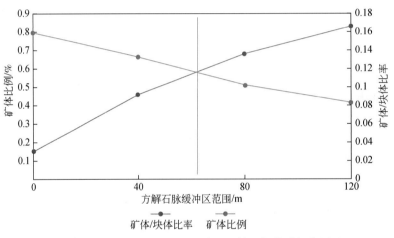

图 5.15　不同尺度下方解石脉与矿体叠加统计折线图

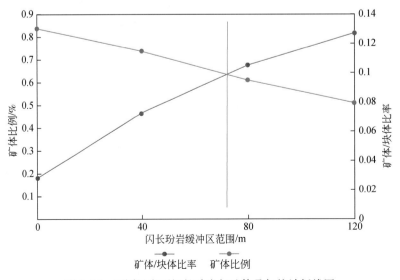

图 5.16　不同尺度下闪长玢岩与矿体叠加统计折线图

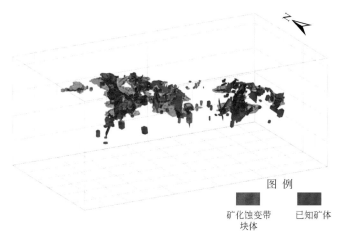

图 5.17　矿化蚀变带块体与已知矿体叠加图

矿流体运移的通道，而矿质沉积需要一个相对平静的环境，因此构造活动相对弱一点的部位是矿体就位的相对有利区，为此作者对断裂不同尺度下的缓冲区含矿性进行分析（图 5.18）。

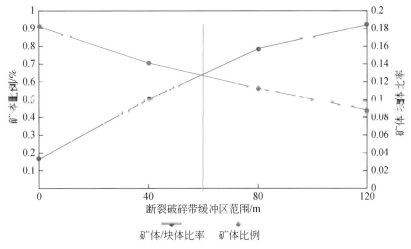

图 5.18　不同尺度下断裂破碎带缓冲区与矿体叠加统计折线图

2）构造展布带特征

构造等密度值越高的区域即构造发育越强烈的地方，也是矿化特征相对集中的部位。但成矿后的强烈的构造活动往往不利于矿床的保存，甚至会起到破坏作用，因此，等密度最高的区域往往并非成矿有利区。为此需探寻等密度的最优分布区间（图 5.19）。

根据统计结果，区间（0.07053234，0.45731194）范围内总矿体数约占总矿体数的 61.53%，将其作为成矿有利信息。

构造频数即截面网格中断裂构造产出的条数，直接反映了区域构造的复杂程度，体现了区域构造格架的主体特征（图 5.20）。

根据统计结果，区间（1.36575129，5.15937398）范围内总矿体数约占总矿体数

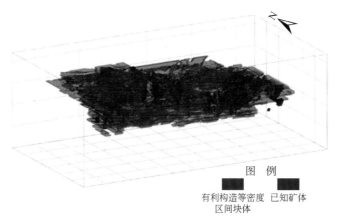

图 5.19　有利构造等密度区间块体与已知矿体叠加图

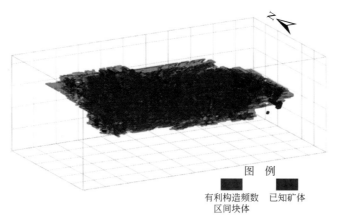

图 5.20　有利构造频数区间块体与已知矿体叠加图

62.91%，将其作为成矿有利信息。

　　方位异常度是统计区域构造的空间方位展布特征，区域性主干构造通常控制着研究区主要构造方位，而相对零散且稀少的方位即可以体现局部构造的方位特征，显示出主干构造与次级构造的分布关系（图 5.21）。

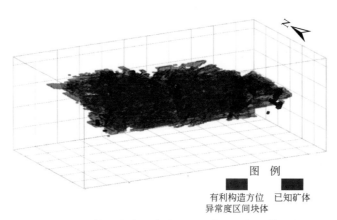

图 5.21　有利构造方位异常度区间块体与已知矿体叠加图

5.5　三维预测与评价

三维预测研究的最终目的是划定研究区的找矿靶区，进行隐伏矿体的找矿勘探，主要包含了定位、定量和定概率以及预测评价等相关部分内容。

5.5.1　定量预测模型

基于建立的找矿模型，结合对地层、岩体、构造等控矿条件的提取与分析，选取断裂破碎带、断裂破碎带 40m 缓冲区、断裂等密度、断裂异常方位、断裂频数、断裂方位异常度、花岗闪长岩以及相应的岩体缓冲区、矿化蚀变带 9 个变量作为成矿有利因子来建立大水金矿区找矿预测模型，见表 5.4。

表 5.4　研究区找矿预测模型

控矿要素	预测因子	特征变量
构造	有利构造	断裂破碎带
	断裂缓冲区	断裂破碎带 40m 缓冲区
	构造展布特征	断裂等密度（0.07053234，0.45731194）
		断裂频数（1.36575129，5.15937398）
		断裂异常方位（0，0.28000242）
		断裂方位异常度（0，0.30000073）
岩浆岩	成矿有利岩体	化岗闪长岩
	岩体缓冲区	方解石脉 80m 缓冲区
		花岗闪长岩 40m 缓冲区
		闪长玢岩 80m 缓冲区
矿化蚀变	矿化蚀变带	矿化蚀变带

5.5.2　三维成矿预测

5.5.2.1　证据权法预测

本章通过进行后验概率的计算得到大水金矿各个找矿标志的权重值，再计算每个单元块体中的后验概率值，其大小反映了该单元块体相对的找矿意义，用以进行找矿远景区预测评价。

1）计算证据权重值

根据前面分析，研究区成矿元素的富集是由多种有利的地质因素优化配置组合所造成的。所以，在相似类比地质找矿理论的指导下，可以借助成矿概率来定量计算各种成矿有利因素与矿床关系的密切程度。通过软件中的证据权模块计算出来的各预测要素的证据权重见表5.5。

表5.5　研究区各预测要素的证据权重

控矿要素	预测因子	特征变量	权重值
构造	有利构造	断裂破碎带	3.05324
	断裂缓冲区	断裂破碎带40m缓冲区	3.26248
	构造展布特征	断裂等密度（0.07053234, 0.45731194）	2.16531
		断裂频数（1.36575129, 5.15937398）	2.34990
		断裂异常方位（0, 0.28000242）	2.41504
		断裂方位异常度（0, 0.30000073）	2.41504
岩浆岩	成矿有利岩体	花岗闪长岩	3.90166
	岩体缓冲区	方解石脉80m缓冲区	3.29843
		花岗闪长岩40m缓冲区	3.98948
		闪长玢岩80m缓冲区	3.18426
矿化蚀变	矿化蚀变带	矿化蚀变带	4.59854

2）计算后验概率

每个立方体小块中的后验概率代表了单元内找矿的有利度。图5.22为各立方体小块后验概率值包含已知矿块比例，从图可以看出，在后验概率值=0.9时出现了陡变，因此选取0.9作为本次预测中后验概率值最低限制条件。统计发现，当后验概率≥0.9时，包含已知矿块占总矿块的78.26%以上，从侧面也表明了该预测结果的可靠性，几乎覆盖大多数的已知矿块。

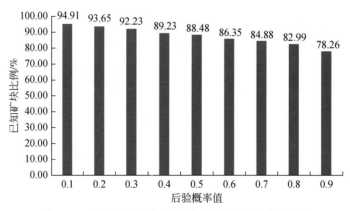

图5.22　各立方体小块后验概率值包含已知矿块比例

5.5.2.2　找矿信息量预测

根据信息量的计算结果对信息量进行进一步的统计分析，从而确定对信息量进行分级的临界值，主要分析方法包括主观的选择、统计以及作图指导等，最终得到成矿有利的块体单元进行找矿靶区圈定。对不同控矿要素进行计算的信息量值见表 5.6。

表 5.6　成矿有利要素信息量

信息层名	含标志单元数	信息层单元数	信息量值
断裂破碎带	1385	7601	0.57090
断裂破碎带 40m 缓冲区	4273	30169	0.46149
断裂等密度	5201	89990	0.62414
断裂频数	5318	79176	0.68622
断裂异常方位	5621	36721	0.83635
断裂方位异常度	5102	67356	0.73099
花岗闪长岩	3485	13060	0.33658
方解石脉 80m 缓冲区	5718	55356	0.92440
花岗闪长岩 40m 缓冲区	6029	36505	0.12821
闪长玢岩 80m 缓冲区	5684	59839	0.88799
矿化蚀变带	2454	5267	0.57863

　　将计算的信息量值导入立方体模型中作为研究区内三维实体模型的一个属性。隐伏矿体的定位预测在于圈定找矿靶区，而找矿靶区的圈定是依据研究区内计算出的信息量值。根据计算的信息量值，采用统计的方法对研究区的信息量进行分析，将其均等划分为若干个信息量区间，统计每个区间内所含模型块数、含矿单元块数，进而分别计算出块体比例和矿体比例、矿体比例/块体比例（含矿比率）（表 5.7），并绘制折线图（图 5.23）。

　　根据图 5.23 块体比例折线、矿体比例折线和矿体比例/块体比例（含矿比率）折线的分析显示，选取信息量值>6.4 和信息量值>7.2 分别作为 2 级信息量区间和 1 级信息量区间（图 5.24、图 5.25）。

表 5.7　信息量分区间统计分析

信息量值	块体数目	矿体数目	块体比例	矿体比例	含矿比率
>0	153615	8386	0.2223468620	0.992073820	4.46183
>0.4	153615	8386	0.2223468620	0.992073820	4.46183
>0.8	144465	8372	0.2091028833	0.990417603	4.736509
>1.2	119290	8065	0.1726638490	0.954099136	5.525761
>1.6	98182	7999	0.1421115100	0.946291258	6.658794
>2	92367	7860	0.1336947082	0.929847391	6.955005
>2.4	62025	7416	0.0897768064	0.877321661	9.772253
>2.8	57353	7102	0.0830144164	0.840175086	10.12083
>3.2	41076	6623	0.0594546086	0.783508813	13.17827
>3.6	34589	6131	0.0500651343	0.725304626	14.48722
>4	29014	5757	0.0419957156	0.681059979	16.21737

信息量值	块体数目	矿体数目	块体比例	矿体比例	含矿比率
>4.4	21164	4861	0.0306333951	0.575062108	18.77239
>4.8	17519	4182	0.0253575151	0.494735597	19.51041
>5.2	11592	3238	0.0167786012	0.383059269	22.83023
>5.6	8702	2591	0.0125955303	0.306518396	24.33549
>6	6318	2027	0.0091448587	0.239796522	26.222
>6.4	4105	1501	0.0059416975	0.177570093	29.88541
>6.8	2622	953	0.0037951598	0.112741039	29.70653
>7.2	1696	693	0.0024548402	0.081982728	33.39636
>7.6	948	428	0.0013721630	0.050632911	36.90007
>8	543	231	0.0007859541	0.027327576	34.76994

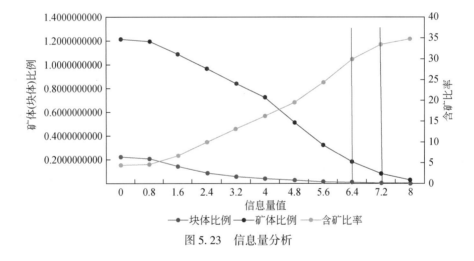

图 5.23　信息量分析

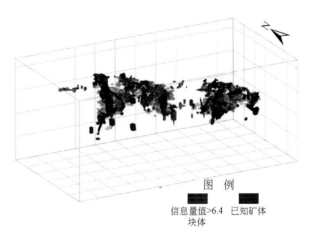

图 5.24　信息量值>6.4 块体与已知矿体叠加统计

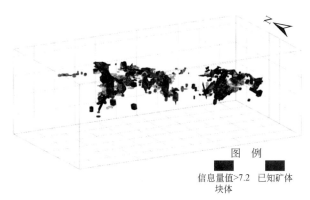

图 5.25　信息量值>7.2 块体与已知矿体叠加统计

5.5.3　找矿靶区圈定

结合地质、已有见矿工程分布以及信息量高值区等因素圈定了 5 个找矿靶区作为优先开展工作区，并根据靶区内的信息量和预测变量对其分级（图 5.26、图 5.27）。

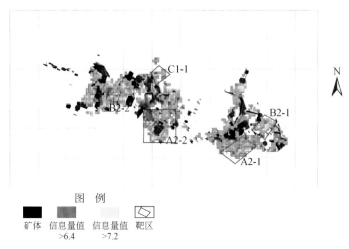

图 5.26　大水金矿靶区平面图

靶区描述：

（1）A2-1 靶区共 2348 个块体，其中信息量值>6.4 的块体有 558 个，信息量值>7.2 的块体有 330 个（图 5.28）。

（2）A2-2 靶区共 6304 个块体，其中信息量值>6.4 的块体有 451 个，信息量值>7.2 的块体有 148 个（图 5.29）。

（3）B2-1 靶区共 1521 个块体，其中信息量值>6.4 的块体有 222 个，信息量值>7.2 的块体有 95 个（图 5.30）。

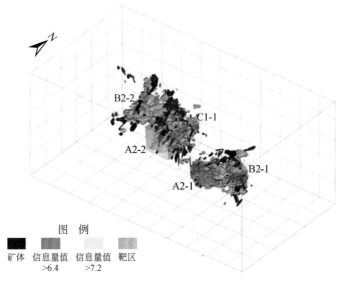

图 5.27　大水金矿靶区立体图

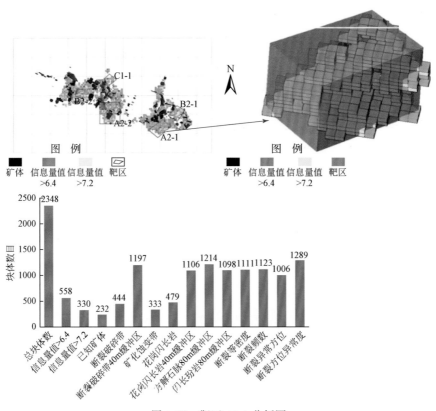

图 5.28　靶区 A2-1 分析图

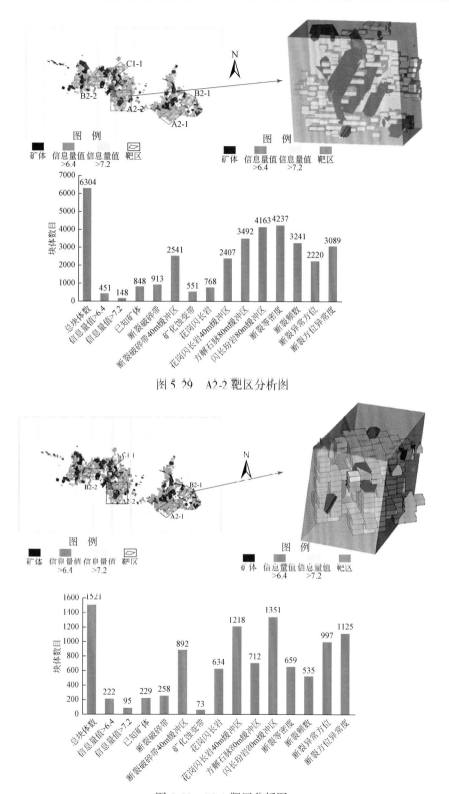

图 5.29 A2-2 靶区分析图

图 5.30 B2-1 靶区分析图

（4）B2-2 靶区共 569 个块体，其中信息量值>6.4 的块体有 224 个，信息量值>7.2 的块体有 90 个（图 5.31）。

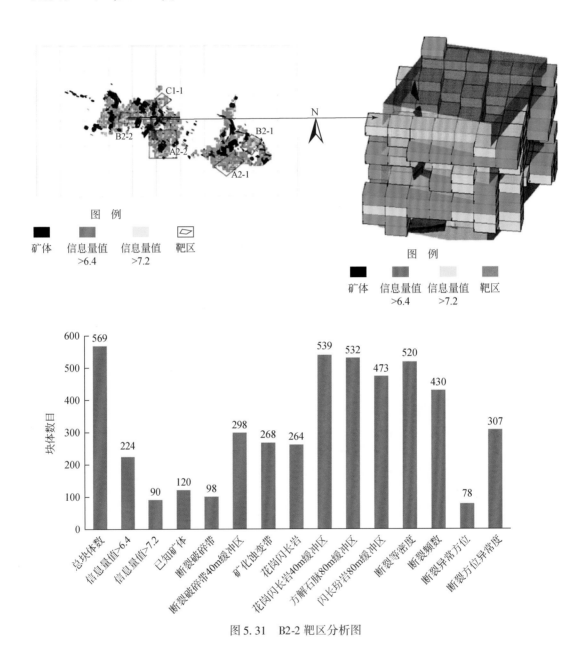

图 5.31　B2-2 靶区分析图

（5）C1-1 靶区共 604 个块体，其中信息量值>6.4 的块体有 71 个，信息量值>7.2 的块体有 19 个（图 5.32）。

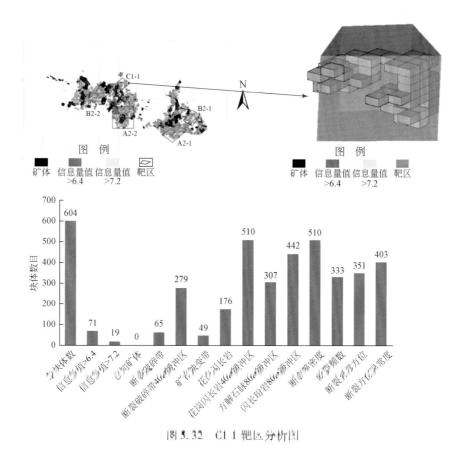

图 5.32 C1-1 靶区分析图

5.6 小 结

本章以甘肃大水金矿为例，通过系统梳理研究区的成矿地质背景与矿床地质特征，初步理清甘肃大水金矿的控矿要素。本研究采用机器学习算法构建找矿模型法，该方法基于大数据分析方法，建立找矿概念模型库，以目标勘查区的数据为基础，通过机器学习将现有的国内外找矿模型及控矿要素与研究区数据资料进行分析归纳，通过贝叶斯概率计算得出目标矿床的矿化模型，结合研究区实践基础，提炼简化，从而构建适合指导本区三维建模和定量预测的找矿模型，进而为开展深部三维成矿预测提供地质理论支撑。在找矿模型的指导下，通过三维建模软件 Surpac 构建了研究区的三维实体模型，主要包括地表三维实体模型、岩体三维实体模型、构造三维实体模型、矿体三维实体模型、蚀变带三维实体模型。将实体模型剖分建立方体模型，并对有利控矿要素进行分析提取。最后采用证据权法与找矿信息量法对研究区进行矿产资源定量预测，圈定了 5 个找矿靶区，指导该区进一步的找矿工作部署。

第6章 陕西潼关小秦岭金矿 Q8 号脉三维预测评价

小秦岭位于豫、陕交界的灵宝–潼关一带，东西长约 70km，南北宽约 15km。大地构造上地处中朝准地台豫西断隆（华熊台隆）南缘小秦岭隆起，南与北秦岭带北缘（秦岭 EW 向构造带北亚带）毗连，北止黄河、渭河拗陷，呈近 EW 向带状分布，是中国西部重要的构造成矿带。Q8 号脉位于小秦岭金矿西部、陕西东部边缘，是小秦岭重点成矿带陕西段重要典型矿床。

本章通过系统梳理分析陕西潼关小秦岭金矿 Q8 号脉成矿地质背景、矿产特征，构建了该典型矿床的找矿模型。并用三维建模软件平台 Surpac 构建了矿床中地表、地层、石英脉、岩体、含金构造带、矿体、钻孔和 Au 元素异常等三维实体模型。在找矿模型指导下，对矿床成矿有利信息进行定量分析与提取，基于"隐伏矿体三维预测系统"，采用证据权法与找矿信息量法对研究区进行矿产资源定量预测，圈定了 6 个成矿有利区，估算资源量 29.9t；系统地对研究区的预测工作进行了概率评价，得出找矿概率精度评价值为 75%，完成了小秦岭金矿 Q8 号脉的定位、定量、定概率的预测评价工作。

6.1 区域地质背景

本次研究的 Q8 号脉位于小秦岭金矿西部、陕西东部边缘，行政区划隶属于陕西省潼关县李家乡。矿区范围东西长 1800m，南北宽 800～1200m，面积 1.64km²。

Q8 号脉是陕西小秦岭金矿中规模最大的矿床，而且以矿体分布集中、盲矿为主、矿石品位富、可综合利用为最大特征。矿区位于小秦岭金矿大月坪–金罗斑复式背斜核部，区内出露地层为太古宇太华群大月坪组，岩性主要为黑云（角闪）斜长片麻岩，赋矿层位为大月坪组，矿体分布于 Q8 控（脉）矿断裂构造带中。

Q8 号脉主要受太华群大月坪组矿源层、NE 向构造与纬向是近 EW 向构造的复合构造以及含金石英脉密集区的控制；燕山期花岗岩分布的控制等形成成矿物质基础、热源和容矿空间联合控制的规律（白和，2003；栾世伟等，1991）。

6.2 矿产特征与找矿模型

6.2.1 矿产特征

1）矿体体征

构造带中矿体主要分布于石英脉中，但并不意味石英脉就是矿体，一般情况下，矿体长度、厚度均小于石英脉厚度，在含矿构造带内，金矿体走向和倾向上具有膨胀、收缩、尖灭再现和矿化中心有等距分布特点。

在 Q8 号脉的西段，通过详查和勘探，陕西省地质矿产勘查开发局第六地质队在长 1686m（Ⅲ～ⅩⅩⅪ勘探线），水平宽 206～652m，垂高 674.20m（高程 775.76～1440.96m）的空间范围内共圈出 11 个金矿体，其中，Q8 号主构造带内有 7 个矿体，其上盘有与主矿体平行的、不同高度的金矿体 4 个（矿体编号⑧～⑪）。①、②号主矿体构成矿脉西段的主矿体，其余呈卫星矿体分布于二者两侧及顶板。除①号矿体右上角露出地表外，其余全为隐伏矿体，矿体的产出与石英脉的关系密切，矿体基本上均产于石英脉中。其厚度一般大于等于石英脉，少数小于石英脉的厚度，矿体长度一般小于等于石英脉的长度。各矿体的产状见表 6.1。

表 6.1　各矿体产状统计表

矿体编号	走向/(°)		倾向/(°)	倾角/(°)	
	一般	总体		一般	平均
①	290	290	200	36～41	39
②	260～290	269	170	34～45	36
③	260	260	170	34	—
④	270～290	270	180	40	—
⑤	290	290	200	42	—
⑥	270～290	270	180	37	—
⑦	260～310	260	170	43	—
⑧		290	200	34	—
⑨	—	260	170	33	—
⑩	—	260	170	47	—
⑪	—	310	220	37	—

注：数据来源于陕西省地质矿产勘查开发局第六地质队 1986 年编写的《陕西省潼关县桐峪金矿区 Q8 号矿脉西段详细勘探地质报告》。

2）成矿规律

Q8 号脉主要控制条件是太华群大月坪组矿源层、NE 向构造与纬向是近 EW 向构造的复合构造以及含金石英脉密集区的控制；燕山期花岗岩分布的控制等形成成矿物质基础、热源和容矿空间的联合控制的规律。总结归纳本区的找矿标志如下：①近 EW 向的含金石英脉、金矿床数量多、规模大。②金矿床多沿地层或矿源层的层间、组间、构造轴部、构造层分布，略具等距性。③区内含金石英脉（金矿体）均产于含金构造带中，并受其严格控制，所以含金构造带是找金的先决条件。④NE 向构造和近 EW 向构造交汇控矿。多组断裂的交汇处，以及断裂拐弯、分支、复合部位也是深部富矿的有利地段。⑤受后期构造作用的含金石英脉或多阶段的石英脉在控矿断裂转折处、脉幅薄厚变化处，金的富集程度高。⑥含金石英脉多分布在燕山期重熔花岗岩体外围 2～8km 范围内，远离岩体则含矿性弱。

6.2.2　找矿模型

小秦岭金矿的成因属于中-低温重熔岩浆期后热液型金矿，按其产出形式和矿化类型可分为石英脉型和构造蚀变岩型，以石英脉型为主。其形成经历了长期复杂的演化过程，包括新太古代含金较高的镁铁质、长英质火山岩喷发及其有关的花岗岩侵入，碎屑岩及碳酸盐的沉积，金的原始矿源层形成时期——与多期构造热事件有关的区域变质、混合岩化、岩浆活动过程中金的活化、迁移、再分配，局部富集时期——与燕山期构造热事件、重熔花岗岩岩浆活动有关的热液成矿时期。这就是本区金矿的成矿模式，整个成矿作用可以概括为矿源层→花岗岩矿源体→矿床，是一个源→转→储的过程。该成矿模式可以表述如图 6.1 所示。

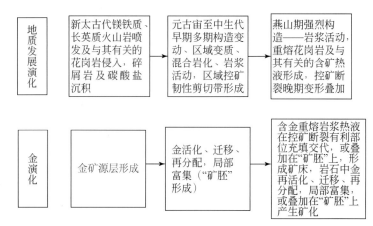

图 6.1　小秦岭金矿田成矿模式图

统计资料表明，小秦岭金矿已知 1000 余条含金石英脉均赋存于太华群中下部层位中，就 Q8 号脉赋存的大月坪组而言，其出露面积约占矿田内太华群总面积的 18%，而赋存于其中的含金石英脉则占已知脉的 38% 左右，探明的金储量占矿田总储量的 74% 以上。依此可看出太华群尤其是大月坪组对金矿的产出具有明显的控制作用。

区内岩浆活动频繁，含金石英脉成群成带分布于燕山期华山、文峪花岗岩体周围，二者相比稀土模式虽存在较大差异，但特征参数基本相似，说明金矿化与燕山期岩浆活动有紧密的内在联系。

小秦岭金矿在空间展布上主要呈近 EW 向带状沿区域大月坪-金罗斑背斜和次级背斜轴部分段集中，密集分布，其走向与地层走向及区域构造线方向基本一致。勘查工作实践证明，分布于背斜南翼或近轴部的矿脉（床）一般南倾，倾角中等，主矿体多 SW 向微角度侧伏；分布于背斜北翼的矿脉（床），一般北倾，倾角较陡或陡，主矿体多 NE 向侧伏，侧伏角中等，形成同斜构造。这反映出二者是在同时期、同应力作用下形成的特点。金矿床主要赋存于 EW 向脆性断裂中，其次为 NE、NW 及 SN 向构造中，构造控矿作用极为明显（白和，2003）。

依据研究区地质背景、成矿模式与成矿规律分析结果，以及根据已有的勘查资料，建立了三维找矿地质模型（表 6.2）。

表 6.2 研究区三维找矿地质模型

控矿地质要素	区域控矿要素	研究区定量要素	重要性
地层	太华群中下部层位	大月坪组	重要
岩浆活动	燕山期岩浆活动	含金石英脉	重要
		岩体	重要
构造作用	褶皱	大月坪–金罗斑背斜和次级背斜轴部	重要
	断裂	SW 向脆性断裂	重要
矿物组合	金多金属硫化物石英脉型、金黄铁矿石英脉型	黄铁矿、方铅矿、黄铜矿、石英、绢云母、绿泥石	次要
围岩蚀变	热液蚀变	绢云母化、碳酸盐化、黄铁矿化、硅化	次要
地球化学标志	元素异常	Au 元素异常	重要
容矿空间	小秦岭金矿大多数矿脉赋矿标高均位于 800m 之上	Q8 号脉低于此标高的构造带及石英脉仍连续	重要

6.3 三维实体模型的建立

三维实体建模是成矿预测过程中一个重要的研究内容，通过对建模资料的收集与整理，借助三维可视化平台完成研究区三维实体模型的构建。

6.3.1 资料收集与整理

三维资料数据库的建立为整个研究提供重要的数据基础。收集和应用到的资料包括勘探线剖面图、地质地球物理联合大剖面、三维重磁反演数据、重磁异常及推断构造图、地质勘查规划平面部署图、钻孔编录数据、区域地质图、地形地质图、等高线地形图和矿田内主要勘查区勘查报告等，这些资料对建立潼关县 Q8 号脉研究区三维实体模型和找矿模型起到重要的作用。其中，勘探线剖面图、地形地质图、等高线地形图、钻孔编录数据描述如下。

1）勘探线剖面图

本次前后共收集到研究区内 3 张地形地质图（含勘探线平面布置）和 14 个勘探线工程剖面，这 14 个剖面是建立三维实体模型的主要依据。以 AutoCAD 软件作为平台，通过一系列的剖面旋转、平移和配准工作，使得剖面的水平投影与工程部署图一致，水平高度与三维空间中实际高度一致；然后将处理好的剖面导入 Surpac 软件中，完成对建模勘探线剖面的三维空间校正。

2）地形地质图

本次收集到陕西省潼关县桐峪金矿区 Q8 号矿脉西段地形地质图、1:50000 小秦岭金矿田区域地质图、1∶10000 陕西小秦岭金矿田太峪–善车峪金矿区地形地质图等，其中以 Q8 号脉 1∶2000 地形地质图为主要参考，以其他地质图对研究区域内地层、岩体、矿脉等分布作宏观的了解。

3）等高线地形图

本次应用 Aster 50m 分辨率的 DEM，为了生成的地表形态光滑细腻，根据需要提取 50m 间距的等高线，将数据导入 GIS 软件中进行处理并检查校正，将确定无误的线文件转化成 CAD 的 dxf 文件，直接导入建模软件 Surpac 中，应用 DTM 工具直接生成 Q8 号脉地表形态的 DTM 模型。

4）钻孔编录数据

本次收集到的钻孔编录数据主要为 Excel 及 Acess 格式，包括孔口坐标表、测斜数据表、样品分析表和岩性分析表。为了处理方便，统一转换成 Excel 格式，进行格式修改后另存为文本文件（.csv），使之能够顺利导入 Surpac 中，建立钻孔数据库，再建立钻孔三维实体模型。

6.3.2　三维实体模型构建

三维实体模型是三维成矿预测的重要载体，是对深部地质体实体内容的可视化表达。它揭示了地质现象的空间几何形态、构造过程，以及可反映地质体内部物理化学等属性的变化规律，是开展空间分析、地质解释、定量化数值模拟、深部资源预测评价开发、环境勘查等地质应用的基础。

1）研究区地表三维实体模型

把收集到的潼关地形数据先在 MapGIS 软件中进行编辑，提取出已经赋予高程值的各等高线，对 50m 间距的各等高线进行检查校正，去掉与地形无关的线（如陡坎线），转换成 dxf 文件格式，然后导入 Surpac 软件中，建立相应的 DTM 模型。本次工作的研究区主要是在南部山区，因此，提取出南部山区的地表三维实体模型（图 6.2）。

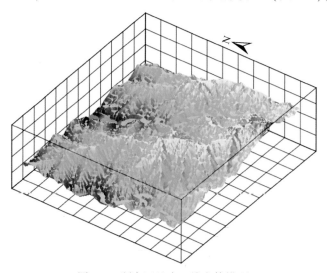

图 6.2　研究区地表三维实体模型

Q8 号脉由Ⅲ、Ⅴ、Ⅶ、Ⅸ、Ⅺ、ⅩⅢ、ⅩⅤ、ⅩⅦ ~ ⅩⅩⅪ共 22 条勘探线所控制，本次收集到的数据少勘探线剖面ⅩⅩⅪ一张，因此由剩余 14 条勘探线控制。模型区坐标范围为南北 3812500 ~ 3813500m，东西 37439500 ~ 37441500m 的四边形区域，高程范围为 0 ~ 1900m。矿区范围三维实体模型如图 6.3 所示。

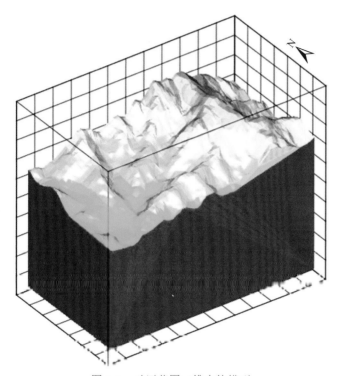

图 6.3　矿区范围三维实体模型

2）研究区地层二维实体模型

由勘探线剖面可以得出本模型区内的地层主要包括大月坪组中段（$Arth^{d2}$）和大月坪组上段（$Arth^{d3}$）以及板石山组下段（$Arth^{b1}$）。其中，板石山组下段可以细分为三小层，即板石山组下段第一层（$Arth^{b1-1}$）、板石山组下段第二层（$Arth^{b1-2}$）、板石山组下段第三层（$Arth^{b1-3}$）；大月坪组中段可细分成二小层，即大月坪组中段第一层（$Arth^{d2-1}$）、大月坪组中段第二层（$Arth^{d2-2}$）、大月坪组中段第三层（$Arth^{d2-3}$）；大月坪组上段可以细分成两小层，即大月坪组上段第一层（$Arth^{d3-1}$）、大月坪组上段第二层（$Arth^{d3-2}$）。模型区内地层三维实体模型如图 6.4 所示。

3）研究区石英脉三维实体模型

该区域金矿床主要赋存于构造带所控制的石英脉内，石英脉的发育空间、形状产状与对应的构造带基本一致，主要的矿体均赋存于石英脉内。研究区石英脉三维实体模型如图 6.5 所示。

4）研究区岩体三维实体模型

岩体一般被认为是对成矿提供物源和热源的证据。含金石英脉多分布在燕山期重熔花岗岩体外围 2 ~ 8km 范围内，远离岩体则含矿性弱。该研究区内含有花岗伟晶岩等多种脉

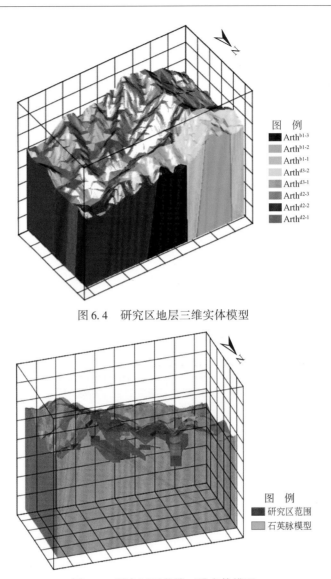

图 6.4　研究区地层三维实体模型

图 6.5　研究区石英脉三维实体模型

岩，脉岩与金矿脉之间的时空关系表现得极为密切，这为预测提供了信息。脉岩为矿体的直接围岩，并发生相应的蚀变作用，在空间上脉岩的分布范围与金矿脉的分布区相重合，矿化脉岩存在的脉岩分布区是最有可能的金矿化区域。因此，根据钻孔资料，在 Q8 号脉深部解译有隐伏岩体。岩脉控矿，主要表现在许多金矿区发现不同方向岩脉，岩浆活动至少在成矿期为其提供了热源，部分金矿为其提供了成矿物质和成矿热液。根据钻孔的岩性资料，推断得出的岩体三维实体模型如图 6.6 所示。

5）含金构造带三维实体模型

控矿断裂构造是脉状金矿床的最主要控矿要素。Q8 号脉含金构造带规模宏大，呈近 EW 向展布，东起西峪江水岔，西至善车峪主沟，全长 5400m。依大沟大梁可将矿脉划分为东、中、西三段，其中西段长近 3000m，本次模型区的范围即 Q8 号脉的西段。

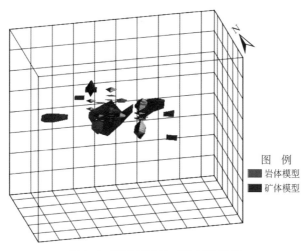

图 6.6　研究区岩体三维实体模型

　　桐峪梁至江水岔之间地表有露头，桐峪梁以西至善车峪主沟一带为隐伏矿脉，地表无露头，但深部坑探工程证实矿脉向西是稳定延展的。因此，据收集到的 Q8 号脉剖面图上所标示的含金构造带的位置建立其三维实体模型，如图 6.7 所示。包含以 Q8、Q3051 和 Q93 为主的三个研究区内大的含金构造带三维实体模型如图 6.8 所示。

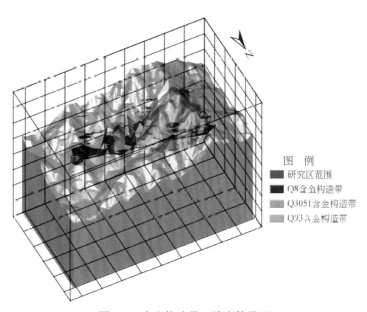

图 6.7　含金构造带三维实体模型

6）矿体三维实体模型

　　由于勘探线剖面图是各类工程勘察试验和专家经验解释结果的结合，具有更高的可信度，因此本次研究首先对研究区的 14 条勘探线剖面进行了几何坐标的校正及三维空间的恢复，然后生成 dxf 格式的文件，导入 Surpac 软件中，提取出各矿体的轮廓线，对各勘探

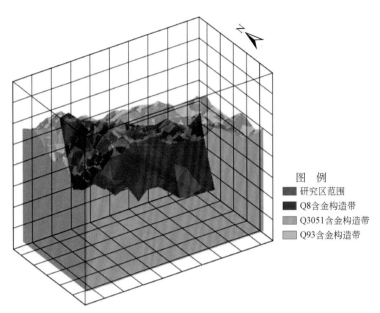

图 6.8　研究区大的含金构造带三维实体模型

线剖面进行连接、平滑，最终形成三维实体模型。该模型对于矿产预测具有重要的意义，可以作为预测的先验条件，如图 6.9 所示。

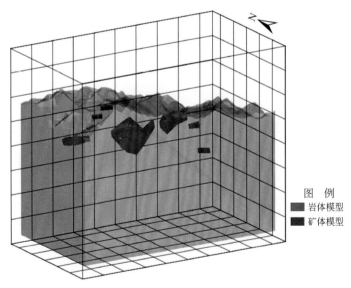

图 6.9　矿体三维实体模型

7）钻孔三维实体模型

钻孔数据是地质技术人员在野外钻探现场记录并整理的第一手技术资料，对于地质剖面的形成及其他深部信息的获取具有十分重要的作用。根据钻孔数据处理中导入 Surpac 中的四个数据表，建立起钻孔的三维实体模型，钻孔与矿体三维实体模型叠加情况如图 6.10

所示。

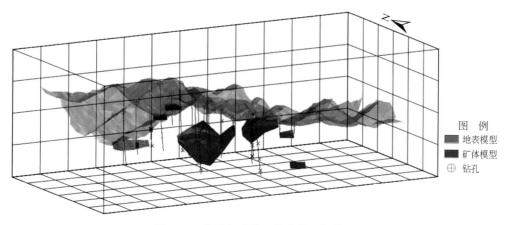

图 6.10　钻孔与矿体三维实体叠加模型

8）Au 元素异常三维实体模型

根据所收集到的钻孔采样信息，将钻孔表格数据处理导入 Surpac 软件中，利用距离幂次反比法对 Au 元素采样信息进行二次插值，得到 Au 元素异常三维实体模型（图 6.11）。

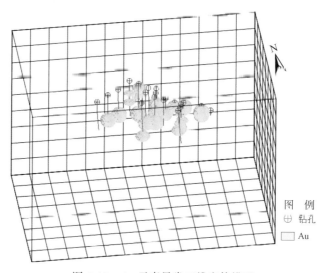

图 6.11　Au 元素异常三维实体模型

6.4 　成矿有利信息定量分析与提取

6.4.1 　立方体模型的建立

根据现有地质资料对矿体的揭示，特别是勘探线的分布，结合矿体的形态、走向、倾向和空间分布特征确定了建模的范围和基本参数。模型区形态坐标范围为南北 3812374.737 ~ 3813626.903m、东西 37439374.082 ~ 37441628.153m，高程 0 ~ 1802.384m，单元块行×列×层为 10m×10m×10m，模型包括立方体块数总共有 7358367 个。

6.4.2 成矿信息分析与提取

根据建立的块体模型，以已经建立的地质体三维实体模型为约束，通过"立方体预测模型"找矿方法对区域内各地质要素进行定量化提取分析，包括地层、岩体、构造、地球化学等。通过统计分析各地质要素的控矿关系，定量化区域找矿模型，为后期的深部预测及靶区圈定等工作提供基础和前提。

1. 有利地层信息提取

用地层三维实体模型对立方体模型进行限定，划分出不同地层所包含的块体单元，作为矿床预测中的岩性变量。使用已知矿体三维实体模型对立方体模型进行限定，划分出不同矿体所包含的块体单元，作为矿床预测中的先验条件。研究区内有板石山组下段（$Arth^{b1}$）中的 $Arth^{b1-1}$、$Arth^{b1-2}$、$Arth^{b1-3}$；大月坪组上段（$Arth^{d3}$）中的 $Arth^{d3-1}$、$Arth^{d3-2}$；大月坪组中段（$Arth^{d2}$）中的 $Arth^{d2-1}$、$Arth^{d2-2}$、$Arth^{d2-3}$。不同地层中含矿体单元数目分布如图 6.12 所示。

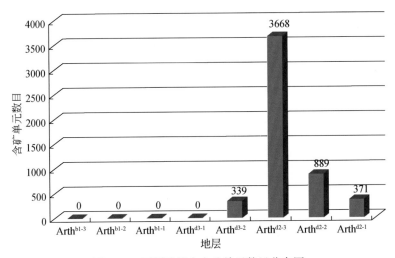

图 6.12　不同地层中含矿单元数目分布图

根据地层三维实体模型，可以划分出矿体单元块所处的地层，统计得到板石山组下段第一层（$Arth^{b1-1}$）、板石山组下段第二层（$Arth^{b1-2}$）、板石山组下段第三层（$Arth^{b1-3}$）、大月坪组上段第一层（$Arth^{d3-1}$）、大月坪组上段第二层（$Arth^{d3-2}$）、大月坪组中段第一层（$Arth^{d2-1}$）、大月坪组中段第二层（$Arth^{d2-2}$）、大月坪组中段第三层（$Arth^{d2-3}$）中含矿单元数目分别为 0 个、0 个、0 个、339 个、0 个、371 个、889 个、3668 个。由此可得地层的含矿性，研究区内各地层中在大月坪组中段含矿性最好，其中 95.25% 的已知矿体在三叠系中。

2. 石英脉定量信息提取

该区金矿床均赋存于断裂带所控制的石英脉内，石英脉的发育空间、形状产状与对应的断裂带基本一致。因此，可以通过统计已知矿体（块）中石英脉含量百分比来确定石英脉对成矿的影响作用大小。据统计，研究区内 63.78% 的金矿体块数在石英脉内。根据研究区石英脉的三维实体模型提取出相应的块体模型与矿体模型叠加图（图6.13）。

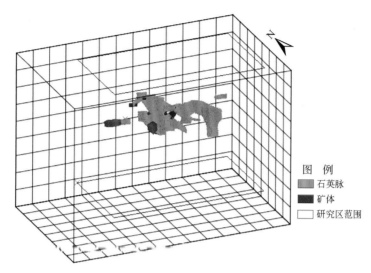

图 6.13　石英脉块体模型与矿体叠加图

3. 岩体信息定量提取

用岩体三维实体模型对立方体模型进行限定，划分出岩体所包含的块体单元，作为矿床预测中的岩性变量。使用已知矿体三维实体模型对立方体模型进行限定，划分出不同岩体所包含的矿体（块）单元，作为矿床预测中的先验条件。通过统计矿体中各岩性所占百分比，便可直观看出各岩体对成矿的影响。经统计，研究区内 5.89% 的金矿在花岗伟晶岩内。岩体块体模型如图 6.14 所示。

4. 构造信息定量提取

1）含金构造带

控矿断裂构造是脉状金矿床的最主要控矿要素。为了更加彻底地利用这一要素，可结合研究区实际情况对构造带做一定范围的缓冲区处理，取断裂面两侧 20m 为缓冲区。使用含金构造带及其缓冲区三维实体模型对立方体模型进行限定，划分出含金构造带及其缓冲所包含的单元块体。经统计得出，包含在含金构造带及其缓冲区内的矿体（块）数量为4834，总的矿体（块）数量为5174，即有93.43%的矿体（块）落在该区内，证明含金构造带及其缓冲区是一个非常重要的预测要素（图6.15）。

2）方位异常度

由图6.16的构造方位玫瑰图可以看出，区域主要断裂方位为 EW 向、NE 向和 NW 向，根据与已知矿体进行叠加统计确定异常区间（图6.17），其取值范围为（0.02985，0.28855）。

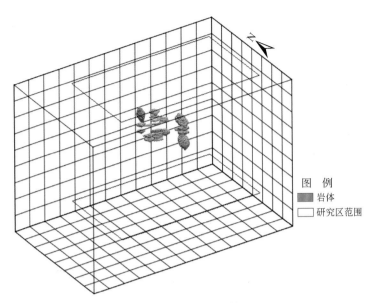

图 6.14　研究区岩体块体模型

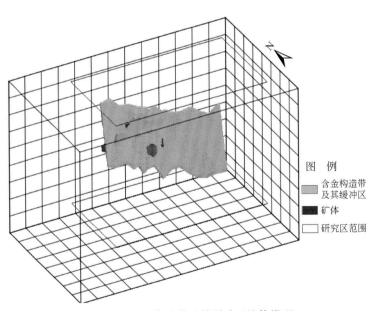

图 6.15　含金构造带及其缓冲区块体模型

5. 等间距控矿

国外勘探经验证实，国外的一些大型、超大型矿床大多是在已知矿带、矿区或矿田内，甚至在已知矿床深部或旁侧发现的，在深部获得巨大储量。例如，达拉松金矿在开采了 70 多年时仍没超过 700m，近年经十多个深钻证实，在 1200m 深处仍存在矿体；而在宗毫巴金矿，截至 2014 年底，开采深度在 600~700m，但在 1100m 深处仍有大量矿石。

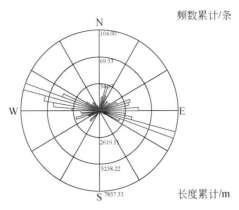

图 6.16　构造方位玫瑰图

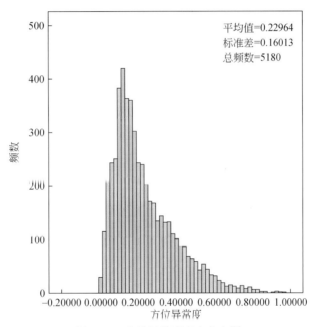

图 6.17　方位异常度直方分布图

探采深度大是国外金矿规模大的重要原因之一，国外开采深度超过 1000m 的有数十处，特别是在南非，开采深度最深达 3600m，勘探最深达 4256m。

国外许多超大型金矿床，几乎都是在纵深方向获得突破而找到的，相信小秦岭也不例外。目前小秦岭最高赋矿标高 2193m（S501，南矿带），最低达 0m 以下（大湖金矿 -50m，北矿带）。这说明南、中矿带深部还有很大找矿空间。

在中金黄金股份有限公司陕西东桐峪金矿 2003～2005 年委托武警黄金地质研究所的"东桐峪矿深部及其外围成矿规律研究与成矿预测"科研项目中，武警黄金地质研究所运用"控矿断裂模拟找矿预测系统"（OPIS）模拟 Q8 号脉断裂下断面波形分解，认为 Q8 号脉矿体或矿带、矿体群的侧伏主要有三个方向，一是 SE 19°方向，二是 SW 25°方向，三是 SW 80°方向（近直立），并尝试圈定了 Q8 号脉的两个深部找矿空间（图 6.18）。

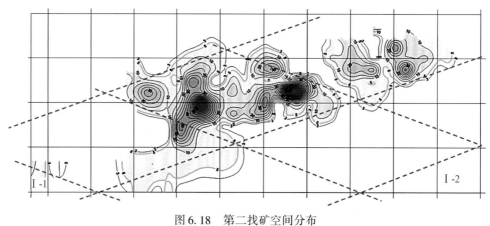

图 6.18　第二找矿空间分布

本次研究全面分析了以上结论，尝试将其预测成果与三维预测方法结合，将其定量化应用于预测模型之中。图 6.19 给出了预测容矿空间实体模型。

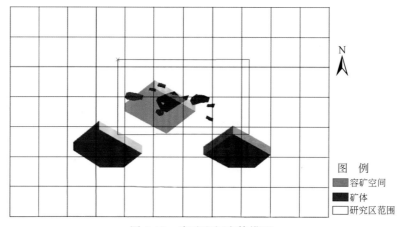

图 例
容矿空间
矿体
研究区范围

图 6.19　容矿空间实体模型

6.5　三维预测与评价

研究区深部矿产预测工作，主要根据建立的找矿模型，结合区域三维实体模型和立方体模型定量分析和提取成矿有利信息，进一步建立研究区的定量化预测模型。按照证据权法和找矿信息量法分别计算得到矿产预测的后验概率值以及信息量值，通过两种方法共同约束，对预测结果进行分析，圈定成矿有利区域并对资源量进行估算，对预测评价工作进行定概率评价并提出区域的合理勘查建议。

6.5.1　定量预测模型

　　根据对研究区找矿模型的分析及对成矿有利信息的提取，并结合实际情况本章建立了如表 6.3 的 Q8 号脉研究区定量预测模型。

表 6.3　Q8 号脉研究区定量预测模型

找矿信息类型	成矿预测因子	特征参数描述
地层	有利地层信息	大月坪组
岩浆岩	成矿有利岩体	花岗伟晶岩体
	石英脉	石英脉
构造	断裂发育特征分析	主干断裂
	断裂岩浆活动	中心对称度
	断裂交汇点特征	构造交点数
	断裂展布特征	含金构造带缓冲区
	断裂方位异常	异常方位
地球化学找矿信息	Au 元素异常	Au 元素异常
容矿空间	沿断裂延伸方向等间距性	等间距控矿

　　根据建立的预测模型选取统计分析变量的 10 个标志，分别是大月坪组中段地层（$Arth^{d2-1}$、$Arth^{d2-2}$、$Arth^{d2-3}$）、含矿石英脉、花岗伟晶岩体、含金构造带及其缓冲区、预测容矿空间、Au 元素异常、方位异常度，并约束各标志在单元中存在取值为 1，不存在取 0，统计各标志在各单元的分布。计算过程中，将矿块长宽高尺寸统一为 10m×10m×10m，然后计算。研究区划分的立方体单元总数为 7358367 个（表 6.4）。

表 6.4　已知矿体（块）立方体预测变量统计表

找矿标志	标志所占立方体数	标志内已知矿块数
$Arth^{d2-3}$	3114321	3668
$Arth^{d2-2}$	913626	880
$Arth^{d2-1}$	1388689	571
含金构造带	58618	4026
方位异常度	244406	3541
含金构造带缓冲区	63183	804
主干断裂	524765	5054
含矿石英脉	11538	3296
Au 元素异常	50306	3455
花岗伟晶岩体	10813	305
预测容矿空间	149164	2534
矿块总数	—	5174

6.5.2　三维成矿预测

三维成矿预测是在找矿模型指导下，对有利的控矿要素（成矿条件）建立定量化的指标，结合三维实体模型和立方体模型，进行各成矿有利条件三维立方体提取；采用地质统计学等预测理论方法实现深部矿体的三维成矿条件分析，寻找成矿条件的有利组合，以成矿条件有利组合部位的定量评价与筛选来圈定找矿有利靶区（定位），定量分析估计靶区资源潜力（定量），并针对矿产预测的不确定性，进行找矿概率估计（定概率），进而实现对矿产资源的定位、定量以及定概率的三维预测与评价。

1. 证据权法

本次研究依照区域的定量化预测模型，应用证据权法对区域的各要素权重值进行计算，得到各要素的权重值见表6.5。

表6.5　Q8号脉各成矿要素权重值

证据项	正权重值（W^+）	方差 S（W^+）	负权重值 W^-	方差 S（W^-）	综合权重值（C）
Arth$^{d2\text{-}1}$	1.28073838	0.05191998	−0.18150837	0.01312476	1.46224675
Arth$^{d2\text{-}2}$	0.14706135	0.03355431	−0.02269249	0.01375072	0.16975384
Arth$^{d2\text{-}3}$	0.5821572	0.01462855	−0.86497656	0.02580683	1.44713375
Au 元素异常	4.47862678	0.0175935	−0.81754632	0.01920577	5.2961731
含金构造带	4.49541256	0.01618112	−1.08421472	0.02195571	5.57962728
含金构造带缓冲区	2.74603494	0.03521292	−0.13321732	0.01365755	2.87925226
含矿石英脉	6.16458667	0.0206088	−0.76063141	0.01861802	6.92521807
花岗伟晶岩体	3.54168977	0.05808026	−0.04915666	0.01304951	3.59084643
预测容矿空间	3.02341842	0.02003221	−0.50757808	0.016563	3.53099649
异常方位	2.84115822	0.02883484	−0.2082388	0.01420096	3.04939701
中心对称度	2.87367853	0.09272041	−0.01818465	0.01284688	2.89186318
交点数	1.81026632	0.49817922	−0.00053198	0.0127279	1.8107983
方位异常度	2.86587214	0.01689035	−0.82323449	0.01952142	3.68910663
主干断裂	2.46859673	0.01399272	−1.724581	0.03125158	4.19317774
局部断裂	2.75027347	0.0157717	−1.03238426	0.02177818	3.78265772

2. 找矿信息量法

本次研究利用找矿信息量法对区域内各成矿要素进行计算分析，得到各成矿要素的信息量值，见表6.6。

表6.6　Q8号脉各成矿要素信息量表

信息层名	含标志单元数	信息层单元数	信息量值
含矿石英脉	3228	11291	2.5330001

续表

信息层名	含标志单元数	信息层单元数	信息量值
含金构造带	3995	57268	1.92040375
Au 元素异常	3226	47341	1.91022592
花岗伟晶岩体	287	10393	1.51793995
预测容矿空间	2439	145277	1.30181392
中心对称度	113	7741	1.24108036
方位异常度	3428	235893	1.23912474
异常方位	1163	83165	1.22243811
局部断裂	3806	297893	1.18320747
含金构造带缓冲区	781	61689	1.17924229
主干断裂	4841	501071	1.0618348
交点数	3	750	0.67885898
Arth^{d2-3}	4454	2956363	0.25479144
Arth^{d2-2}	814	863528	0.05114697
Arth^{d2-1}	360	743262	−0.27451495
Arth^{d3-1}	331	1528491	−0.5511614

3. Q8 号脉区域矿产预测评价

1）确定成矿有利矿体

在总结出 Q8 号脉区域定量预测模型后，应用证据权法和找矿信息量法对各找矿因素进行评价，得到预测要素的后验概率值、权重值和信息量值，把这些数值赋予立方体模型。信息量值和权重值越高的块体成矿的概率就越高，因此统计已知矿体（块）中各信息量值和后验概率值的比例。

表 6.7 是已知矿体（块）中各信息量区间比例，信息量值趋于稳定收敛的范围就是成矿的有利区间范围，从图 6.20 可以直观地将信息量值分为 3 个级别，分别是 7.65<信息量值≤8.15、8.15<信息量值≤8.95、信息量值>8.95。

表 6.7　已知矿体（块）中各信息量区间比例

信息量值	已知矿体（块）数目	占总已知矿块数百分比/%
>7.45	3699	71.49
>7.55	3667	70.87
>7.65	3496	67.57
>7.75	3462	66.91
>7.85	3460	66.87
>7.95	3458	66.83
>8.05	3301	63.80

信息量值	已知矿体（块）数目	占总已知矿块数百分比/%
>8.15	3209	62.02
>8.25	3147	60.82
>8.35	3074	59.41
>8.45	3069	59.32
>8.55	3067	59.28
>8.65	3029	58.54
>8.75	2946	56.94
>8.85	2887	55.80
>8.95	2674	51.68
>9.05	2616	50.56
>9.15	2615	50.54
>9.25	2539	49.07

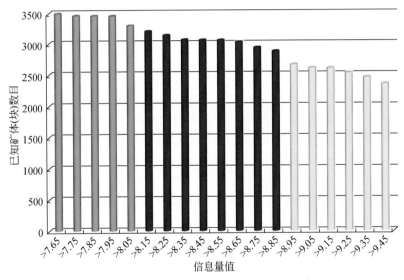

图 6.20　各信息量区间已知矿体（块）比例

　　后验概率是直接反映成矿概率大小的标志。从图 6.21 可以看出，后验概率在 0.75 ～ 0.8 发生陡变，因此选取后验概率值 0.8 作为本次预测的最低限制条件。

　　根据选定出来的信息量值区间和后验概率条件，筛选出来的成矿有利块体如图 6.22 所示，经统计，符合后验概率和信息量范围的有利成矿块数有 17154 个。这些块体是理想条件下成矿较为有利的地方，在此基础上结合实际地质情况进行找矿靶区的圈定。

　　2）成矿有利区确定

　　成矿有利块体选定后，需要结合实际地质情况等因素圈定出找矿有利区。首先，确定研究区已有工程范围；其次，结合地质、信息量区间以及等距控矿的特征圈定出找矿信息

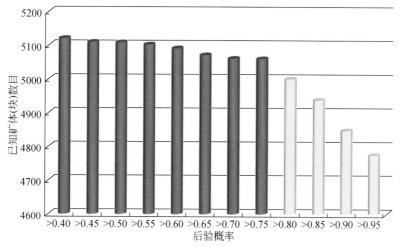

图 6.21　后验概率已知矿体（块）比例

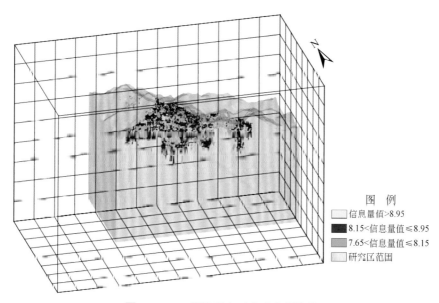

图 6.22　Q8 号脉研究区成矿有利块体

量高值区（信息量值>8.15），即成矿有利区（图 6.23）。

　　从成矿信息量的预测结果可以看出成矿有利区 3 是成矿的主要区域，其信息量>8.95 的立方体块数占全部高值块数的 63.77%，也是目前勘探的矿体主体部分；成矿有利区 1、2、4、5、6 成矿信息量相对分布比较平均。图 6.24 分别给出了各个成矿有利区所含有的信息量值块数百分比统计。

　　将所划出的 6 个成矿有利区与已知矿体叠加得到，其中成矿有利区 1 为三号矿体的东段，成矿有利区 4 和 6 为一号矿体区域，成矿有利区 2 也有圈定的已知矿体，成矿有利区 5 未发现已知矿体。从统计结果来看成矿有利区 5 未见到已知矿体，虽然范围较小，但包

图 6.23　成矿有利区平面图

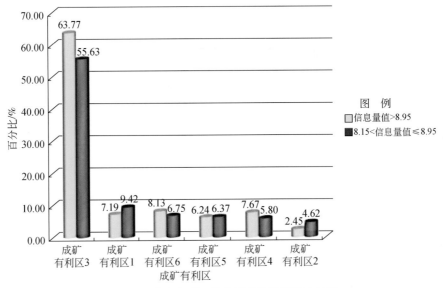

图 6.24　成矿有利区信息量值块数百分比统计

含信息量高值立方块能成规模出现。其在平面坐标系中位于已知矿段南面（图 6.25），在 Z 轴方向位于一号矿体区域的深部，推测其为 Q8 号脉向南倾，深部延伸的继续，也印证了前面的成矿等间距间断出现的猜测。图 6.26 给出了成矿有利区含已知矿体块数统计。

　　3）找矿方向研究

　　小秦岭地区金矿田的矿物组合遵循垂向分带规律，即自上而下，由以方铅矿为主的多金属矿化过渡为以黄铁矿为主的多金属矿化，至矿体末尾为少量黄铁矿化。Q8 号脉中，在 300m 标高的矿物组合仍为以黄铁矿为主的多金属矿化，证明现在勘探的标高仍处于矿体的中部，深部应该还有矿体存在，这一点是矿体深延的最直接依据。假定 Q8 号脉矿体

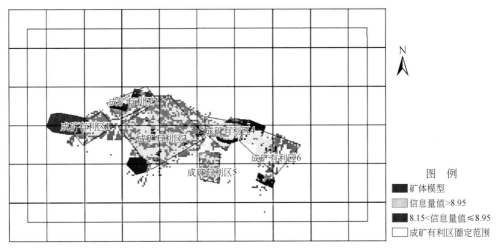

图 6.25　成矿有利区叠加已知矿体平面图

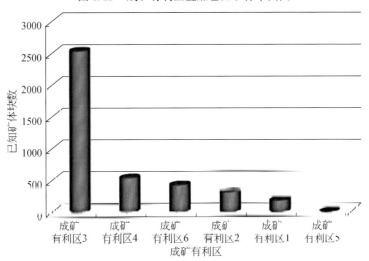

图 6.26　成矿有利区含已知矿体块数统计

从现在的赋存标高继续深延 600m，至 -300m 标高，则以当前控制的矿体长度（500m）、平均厚度（0.86m）及平均品位（15.16g/t）进行估算，矿床深部潜在的储量尚有 6t 之多（白和，2003）。因此，作者认为 Q8 号脉深部仍然有巨大的找矿潜力，即存在第二找矿空间。

　　基于武警黄金地质研究所提出的断裂面波形模拟，利用容矿断裂构造中矿体（脉）发育程度、规模计算容矿断裂构造带内的扩容空间（储矿空间）的大小。其基本原理是：①容矿断裂在成矿期内矿质沉淀就位时及后阶段矿化活动过程中，断裂活动方式和断裂面的波状形态是确定矿体产出的重要构造因素，它们联合控制了矿体分布与品位；②断裂面的形态决定了矿体的规模，断裂面波形的振幅与矿体厚度正相关，波长和矿体的连续长度正相关；③容矿断裂在成矿期第一阶段以逆冲作用为主，兼左行平移特征，从而决定了贫矿体的发育部位和规模，即发育于波峰的右上侧，而后期张性略兼右行活动中，在贫矿体右上部叠加矿化，最终形成矿体。他们根据成矿地质条件的研究成果，应用工程控制资料，模拟断裂形态和断裂活动，对 Q8 号脉深部和东西延伸部位进行定位预测评价（图6.27）。

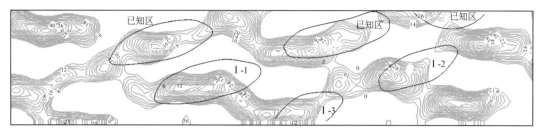

图 6.27　Q8 号脉正断下滑形成的容矿空间模拟及矿体定位预测图

　　根据武警黄金地质研究所对容矿空间研究的指导，结合已有的研究区资料，对 Q8 号脉深部的远景区进行了定位圈定（图6.28）。

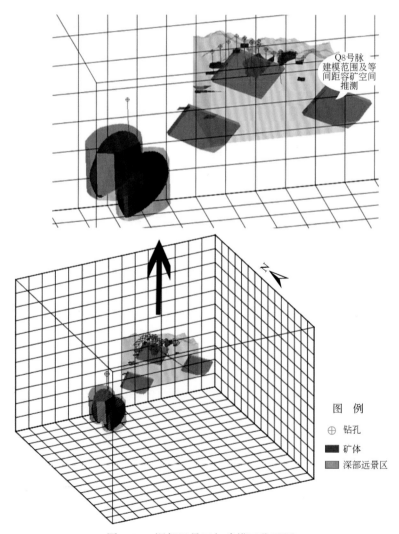

图 6.28　深部远景区与建模区位置图

根据已有资料分析，远景区 1 空间位置分布如图 6.29 所示，由武警黄金地质研究所提出的断裂面波形模拟的等间距控矿推测得到，它与验证钻孔 ZK801 孔深 827.60～837.75m（标高 460m 左右）处的第九层构造带（Q163 号矿脉推测西延段）位置相交，且孔深 1031.50～1038.90m 处的第十二层构造带处于其边缘部分。因为无其他资料进一步验证，初步推测远景区 1 具有一定的找矿前景。

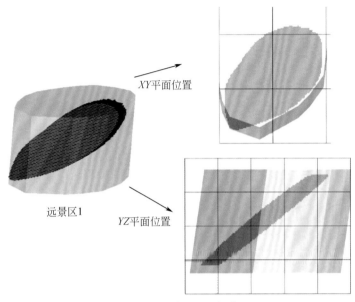

图 6.29　远景区 1 空间位置

远景区 2 的空间位置如图 6.30 所示，由 Q8 号脉的空间分布规律和波形控矿理论共同得到，它与验证钻孔 ZK801 的标高外-228m 见到的目标层 Q8 号脉基本吻合。

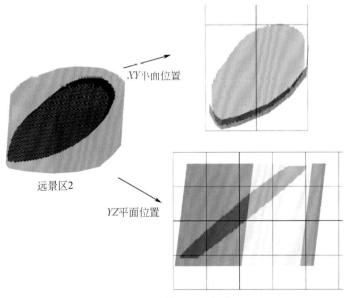

图 6.30　远景区 2 空间位置

4）估算资源量

本次 Q8 号脉地区资源量预测主要根据已经提供的 23 个钻孔 253 条采样信息，对整个预测区所有成矿有利区预测其资源量（表 6.8）。

表 6.8　各成矿有利区资源量统计

成矿有利区	含矿率 L/S	平均品位 $g/(g/t)$	密度 $\rho/(t/m^3)$	单元体积 V/m^3	单元块数 N	资源量 C/t
1	0.246849798	6.8	2.86	1000	469	2.251544658
2	0.246849798	6.8	2.86	1000	160	0.768117581
3	0.246849798	6.8	2.86	1000	4158	19.96145563
4	0.246849798	6.8	2.86	1000	500	2.40036744
5	0.246849798	6.8	2.86	1000	407	1.953899096
6	0.246849798	6.8	2.86	1000	530	2.544389486
全区域	—	—	—	—	—	29.87977389

6.5.3　预测精度评价

从应用资料的详细程度、重要方法的选取准确程度、实际工程勘探程度等几个方面可进行可靠程度的综合评价。

1）资料基础

本次研究主要收集到的数据包括 Q8 号脉西段勘探线剖面 15 条、钻孔 23 个、样品分析 253 个。其中勘探线间距越小，所建立起来的地质实体形态越准确，预测结果的精度也越高。根据收集到的 Q8 号脉西段实际材料布置图，将工程间距划分不同的等级。确定勘探线工程间距在 120m 左右，因此对于 Q8 号脉研究区的勘探线精度赋值为 0.8。此外，Q8 号脉研究区收集的钻孔数量较少，相应采样信息也较少，都相对集中在几个已知矿床地区，范围不大，因此对于该区钻孔精度赋值为 0.5。综上所述，将其资料基础的精度赋值为 0.6。

2）工作程度

本次建模最重要的是研究区范围内的地形地质图，比例尺为 1∶2000，因此对其赋值为 0.9；辅助参考的地质图为 1∶10000，对其赋值为 0.7。对资料精度综合赋值为 0.8。

3）预测单元

对于预测单元，可根据勘探线的网度、矿体的大小、矿体边界的复杂度及采矿设计的要求确定。一般情况下，矿块大小可取勘探线间距的 1/10 ~ 1/5。选择适当大小的块体极为重要，适当的块体可使它既能保证精度又能保证块体模型顺利为预测服务。本次采用的块体大小为 10m×10m×10m，本研究区域面积较大，导致范围块体量较多，数据量会较大，因此这个规格符合实际研究需要。将这一指标精度赋值为 0.9。

4）搜索半径

本次研究中对钻孔元素进行了两次插值，第一次为勘探线间距，第二次为勘探线间距的 2 倍，精度较高，对其赋值为 0.7。

5）找矿模型

本次研究找矿模型的提出是建立在专家对研究区域地质背景和成矿条件充分认知与总结基础上的，精度相对较高，故对其赋值为 0.8（表 6.9）。

表 6.9 评价因子赋值及权重表

评价因子	赋值（V_i）	权重（W_i）
资料基础	0.6	0.25
工作程度	0.8	0.20
预测单元	0.9	0.15
搜索半径	0.7	0.15
找矿模型	0.8	0.25

综上所述，按照评价因子对赋值及权重值打分，计算得出 Q8 号脉研究区预测结果的各精度综合值及其权重的加权总和，得出找矿概率精度评价值为 75%，预测结果具有较高的可靠程度，发生风险的机会较低，风险相对较小。

6.6 小   结

本章共取得如下几点成果：

（1）本次预测在 Q8 号脉矿床研究区确定了 6 个成矿有利区，并在此基础上对 6 个成矿有利区圈定分析，实现了本次预测的定位。

（2）根据钻孔采样信息和预测模型计算得出 6 个成矿有利区资源量为 29.9t，实现了本次预测的定量。

（3）通过对研究区资料基础、工作程度、预测单元、搜索半径和找矿模型等 5 方面基于权重法进行评价，并得出此次找矿概率精度评价值为 75%，最终实现了本次 Q8 号脉矿床研究区的定位、定量、定概率的预测。

（4）为了在研究区的深部进行找矿突破，根据武警黄金地质研究所的控矿断裂模拟找矿预测在研究区深部圈定了两个找矿远景区。通过验证钻孔 ZK801 的进一步验证，为进一步找矿工作提供了方向。

第7章 甘肃以地南金矿深部三维预测评价

以地南金矿位于甘肃省合作市 EN 向直距 13km 处，属该市卡加道乡管辖。该地区在大地构造上位于华北板块与扬子板块的碰撞带北侧，金矿床的形成与板块俯冲过程中所形成的岩浆活动、变质构造等具有一定的关系。该金矿的发现表明本地区具有巨大的找矿前景，因此对以地南金矿开展研究具有重要的意义。

本章结合构造叠加晕理论与三维预测评价方法开展了以地南金矿的深部盲矿预测工作，构建了该金矿的构造叠加晕找矿模型。借助三维建模软件，建立了研究区范围内的三维实体模型（包括地表、地层、岩体、构造、矿体等三维实体模型）。在构造叠加晕找矿模型的指导下开展了深部盲矿的预测评价，共在以地南矿区圈定 20 个深部盲矿预测靶区，预测金资源量 11.59t。系统地对研究区的预测工作进行了概率评价，得出找矿概率精度评价值为 74%，完成了以地南金矿的定位、定量、定概率的预测评价工作。

7.1 区域地质背景

以地南金矿在大地构造上位于华北板块与扬子板块两大板块碰撞带的北侧，其成矿构造与板块俯冲过程中所形成的岩浆活动、变质构造具有一定的相关关系。本区在新生代处于聚会抬升状态。该时期，沿 EW 向或 NWW 向断裂，右行走滑活动，同时在燕山运动末期的 NNE 向剪切活动作用下，区内产生了一系列近 SN 向分布的次级张性断层破碎带，提供了良好的矿液沉淀空间。

矿区出露的主要地层为下二叠统大关山群（P_1dg），此外少量分布有新近系上新统（N_2）和第四系（Q）。下二叠统大关山群（P_1dg）主要分布在矿区的东北部和西南部，其中部被德乌鲁石英闪长岩斜穿整个矿区。矿区内大关山群（P_1dg）岩性从老至新可划分为四个岩性段：①第一岩性段（P_1dg^1）为含碳质板岩、泥质板岩夹浅变质砂岩及不纯灰岩条带，局部还夹有两层透镜状砾岩；②第二岩性段（P_1dg^2）为含碳质板岩、泥质板岩夹少量浅变质砂岩、大理岩条带、透镜状砾岩、红柱石绢云母角岩，局部见闪长玢岩脉沿层间裂隙贯入，该岩性段为区内的主要含矿地层，底部以底砾岩与第一岩性段为界；③第三岩性段（P_1dg^3）为含碳质板岩、泥质板岩夹灰岩、砂岩、黑云母-白云母石英角岩，以夹较多的薄-中厚层灰岩及大理岩为特征；④第四岩性段（P_1dg^4）为含碳质板岩、泥质板岩夹浅变质砂岩、黑云母-白云母石英角岩。上述四个岩性段之间均为整合接触。新近系上新统（N_2）主要分布于矿区近外围的部分山梁顶部，岩性为红色砂质泥质砾岩，上部为一套红色砾岩，呈砖红色，下部为红色泥质砾岩，砾石成分石英闪长岩增多，且含钙质结核。第四系（Q）广泛分布于矿区内的山坡、沟谷和河床中，为腐殖层、黄土、坡残积物、冲积物等。

矿区内构造以断裂构造为主,总体呈 NW—NWW 向展布,与成矿关系密切。根据矿区内断裂的特征,大致可以将其分为三种类型:①NW 向层间断裂,基本顺层发育在下二叠统大关山群中,与区域构造线方向一致,走向 NW—NWW,倾向 NE,倾角 45°~70°,矿区内 F8 层间含矿破碎蚀变带就属此类构造;②近 SN 向断裂,分布在矿区内岩体内部及接触带内外,常充填有含金石英脉、含硫化物矿物石英脉,由破碎的石英闪长岩碎块和少量石英碎块、黑色断层泥组成,与成矿关系十分密切,目前在区内共圈出 15 条近 SN 向展布的含矿破碎蚀变带,主要倾向 E,局部反向倾向 W,倾角 65°~88°,北部相对较缓;③与区域构造线相配套的羽状断裂,常表现为晚期特征,只有当其与层间断裂或其他断裂相叠加时才具有找矿意义,由于其延伸不长,一般规模较小。

矿区内主要侵入岩体是德乌鲁石英闪长岩(δo_2^5)和其东部的录斗艘石英闪长斑岩,二者呈断层接触。德乌鲁岩体呈 NW—SE 向穿过矿区中部,侵入下二叠统大关山群中,矿区内分布面积约 4km²。目前矿区内已发现的 17 条金矿化带,有 15 条为该岩体及内接触带中的破碎蚀变带。此外,在研究区东北部和西南部闪长玢岩小岩脉较发育,成群分布,岩脉多沿含碳质板岩、泥质板岩夹变质砂岩层间构造薄弱带贯入,厚 2~5m。

7.2　矿产特征与找矿模型

7.2.1　矿产特征

以地南金矿床在甘肃省金矿成矿区带划分上处于南秦岭成矿带碌曲-两当成矿亚带夏河-合作金矿集区。矿区内矿床(点)众多,类型复杂,以铜、金、砷、锑为主,多产于岩体的内外接触带。根据区域内元素的分布、集中富集特征和地层、岩浆岩的展布特点可以将该区划分为南北两个成矿带。

夏河-合作-岷县断裂以北为铜、钨、钼、铋、金、砷等中高温成矿元素集中区,赋矿地层主要为下二叠统的板岩夹砂岩、灰岩、砾屑灰岩,岩浆岩多以规模较大的石英闪长岩、花岗岩、花岗闪长岩脉和岩株等侵入体产出,典型金矿床(点)有答浪沟、以地南、录斗艘、下看木仓、吉利等。

夏河-合作-岷县断裂以南为金、汞、银等中低温成矿元素集中区,赋矿地层主要为下、中三叠统的板岩夹砂岩、灰岩、砾屑灰岩,岩浆岩多以规模较小的石英闪长岩、花岗岩、花岗闪长岩脉和岩株等侵入体产出,典型锑金矿床(点)有桑曲、早仁道、枣子沟等。

7.2.2　区域找矿模型

本次研究依据的找矿模式是中国冶金地质总局地球物理勘查院在 2016 年开展的老虎山-以地南金矿构造叠加晕研究及深部盲矿预测工作建立的以地南金矿构造叠加晕找矿模型。构造叠加晕找盲矿法是以李惠教授为首的专家团队为解决矿山资源危机,在矿区深部找盲矿而研制的一种新方法、新技术。该方法是在研究原生晕找盲矿法基础上提出了原生晕叠加新理论，解决了化探专家在研究原生晕轴向出现"反常、反分带"时的难题，提高了预测盲矿的准确性。其主要是研究主成矿期不同阶段形成矿体晕的轴向分带及其在构造空间上叠加结构，建立盲矿预测的构造叠加晕模型，进行盲矿预测的方法。

　　中国冶金地质总局地球物理勘查院总结的以地南金矿找矿模型，如图 7.1 所示，该金矿最佳指示元素组合为 Au、Ag、Cu、Pb、Zn，As、Sb、Hg、B，W、Bi、Mo、Mn、Ni。其中前缘晕特征指示元素为 As、Sb、Hg、B；近矿晕特征指示元素为 Au、Ag、Cu、Pb、Zn；尾晕特征指示元素为 Bi、Mo、Mn、Ni、W。

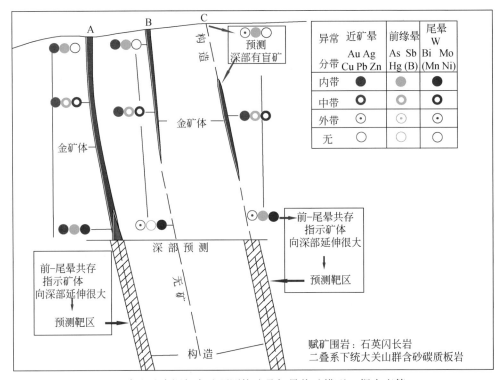

图 7.1　以地南金矿床深部盲矿预测构造叠加晕找矿模型（据李惠等，2014）

　　（1）找矿模型左侧 A 金矿脉：出露地表的金矿体向深部延伸未尖灭，需要预测矿体向深部延伸大小。金矿脉左侧为矿脉上、中、下三个部位轴向上前缘晕、近矿晕和尾晕的内、中、外带异常分布特点。其特征表现为近矿晕在上、中、下部都是内带强异常，指示金矿体向深部延伸还未尖灭；尾晕在上部无异常、中部为中带、下部为内带（指示上部矿体的尾部）；前缘晕在上部为内带、中部为中带、下部又出现内带，表现出"前-尾晕共存"的特征，指示另一次成矿作用叠加在上部矿体的尾部，表明矿体向深部延伸还很大，具有深部继续找矿的潜力，于是在已知矿体的延伸方向提出预测靶位。

　　（2）找矿模型中部 B 金矿脉：出露地表的金矿体向深部已经尖灭，但是断裂构造继续向深部延伸。矿体左侧展示了矿脉上、中、下三个部位轴向上前缘晕、近矿晕和尾晕的内、中、外带异常分布特点。其特征表现为已知矿体的下部只有近矿晕外带、尾晕内带，无前缘晕异常叠加，指示深部构造无矿。

（3）找矿模型右侧 C 金矿脉：脉中金矿体为盲矿体，其深部已经尖灭，但是还有构造存在。其右侧展示了矿脉上、中、下三个部位轴向上前缘晕、近矿晕和尾晕的内、中、外带异常分布特点。其特征表现为上部或地表近矿晕显示外带异常，前缘晕为中-内带异常，尾晕无异常，指示深部有盲矿存在；中部近矿晕为内带异常，出现尾晕中-外带；已知矿体下部表现为近矿晕外带异常，前缘晕为中-内带，尾晕为内带，表现出"前-尾晕共存"的特征，指示深部构造有盲矿存在，将深部有利成矿构造（空间）变成深部预测靶位。

7.3 三维实体模型的建立

本次研究通过系统地收集研究区的资料，建立研究区的地层、构造、岩体等三维实体模型，此外还系统地收集了以地南金矿构造叠加晕研究相关的资料，采用三维建模的方法将构造叠加晕采样分析数据赋值于三维空间立方体单元，开展深部盲矿预测评价。

7.3.1 资料收集与整理

本次以地南金矿在二维实体建模过程中收集的资料包括地形地质图、中段平面图、勘探线剖面图、钻孔柱状图、矿体构造叠加晕垂直纵投影图以及以地南地区构造叠加晕研究采集的 1298 件样品化验分析数据（包括 18 种元素），涵盖了研究区的地形地质、勘探工程和地球化学资料，基本满足本地区三维实体建模的需要。

对收集的图纸资料进行的整理分析内容包括基础数据的数字化、各类图件的空间位置转换配准、钻孔及地球化学数据的录入。本次三维实体建模及深部预测工作主要是尝试采用基于构造叠加晕找盲矿法开展研究，下面以研究区内的 4 号脉为例简单介绍基于构造叠加晕理论的地球化学基础数据处理方法，其他三维建模相关的资料收集与整理参见第 2 ~ 第 6 章的介绍，这里不再赘述。

构造叠加晕研究根据各元素的浓度特征将其分为外带、中带和内带三个浓度带，元素浓度分带标准以矿区主要围岩地球化学背景为基础，结合矿区构造叠加晕研究所采集样品中各元素含量区间，一般以背景值的 2 ~ 4 倍、4 ~ 8 倍、8 ~ 32 倍为各元素的外带、中带和内带下限值。有些元素含量区间小，为突出其在前缘晕和尾晕的差别，不按上述标准区分。分带标准的确定非常重要，各元素正确的分带标准，可清楚展示出矿体的轴向分带。如果分带不好则难以显示出某些元素是前缘晕还是尾晕，以地南金矿床构造叠加晕浓度分带标准见表 7.1。

表 7.1 以地南金矿床构造叠加晕浓度分带标准

元素	外带	中带	内带	强带
Au	0.1	0.5	1	≥3
As	200	3000	10000	≥20000

续表

元素	外带	中带	内带	强带
Sb	30	100	1000	—
Hg	30	120	500	—
B	50	100	150	—
Ag	0.5	2	10	—
Cu	15	50	150	—
Pb	40	200	1000	—
Zn	60	200	1000	—
Bi	0.5	1.5	3	—
Mo	1.5	2	4	—
Mn	650	1000	1500	—
Co	15	30	60	—
Ni	25	30	50	—
V	60	80	100	—
Ti	2000	2500	3000	—
W	6	10	15	—
Sn	15	30	60	—

注：Hg 含量单位×10^{-9}，其他元素含量单位×10^{-6}；表中各元素值为大于等于其底值而小于其终值。

根据确定的各元素分带标准对以地南金矿的平面图、剖面图、垂直纵投影图及综合图都分别展示各元素的内、中、外带异常，如图 7.2 所示为以地南金矿 4 号脉深部育矿预测构造叠加晕纵投影图。通过研究各元素内、中、外带异常与矿体的空间分布分配规律，研究识别成矿成晕轴向分带特征，进而开展深部盲矿预测。

7.3.2　研究区三维实体模型

研究区建立的三维实体模型包括地表、地层、构造、岩体、矿体及勘探工程等三维实体模型。其中地表三维实体模型一般是根据实测等高线或遥感数据提取等高线完成；地层、构造、岩体及矿体三维实体模型是根据目前勘探工程已探明的地质情况进行合理推测，结合地质工作人员的实际经验综合完成，其可靠性较高；勘探工程三维实体模型则是对矿区实际已经开展的勘探工程进行三维实体建模，把二维地质图转变为三维地质模型。

以地南金矿的三维实体模型如图 7.3 所示，其中地层三维实体模型为下二叠统大关山群（P_1dg）的含碳质板岩、泥质板岩夹浅变质砂岩，倾向 60°~90°，倾角 40°~70°；岩体三维实体模型为德乌鲁石英闪长岩，呈 NW—SE 向穿过研究区中部；构造三维实体模型主要为分布在岩体内及接触带内外的近 SN 向断裂，本次研究共建立了研究区内的 F1、F2、F3、F4 及 F5 等 5 条主干断裂的三维实体模型，各要素三维实体模型分别如图 7.4 所示。

本次研究除了建立研究区传统的各类地质要素三维实体模型外，还利用了以地南金矿

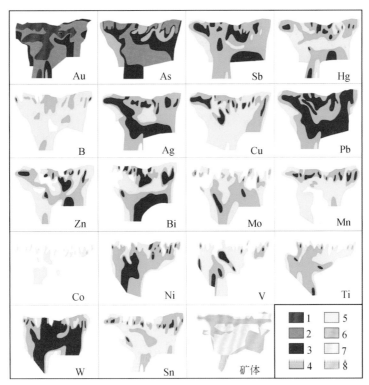

图 7.2　以地南金矿 4 号脉深部盲矿预测构造叠加晕纵投影图

1. 极强带；2. 强带；3. 内带；4. 中带；5. 外带；6.332 类资源量估算边界；
7.333 类资源量估算边界；8.334 类资源量估算边界

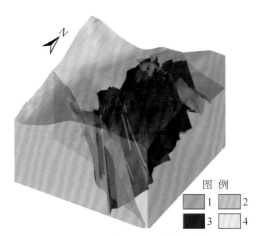

图 7.3　以地南金矿三维实体模型

1. 德乌鲁石英闪长岩；2. 下二叠统大关山群上部岩组；3. 断裂；4. 矿体

构造叠加晕研究采集的 1243 件矿体样品中 Au、As、Sb、Hg、B、Ag、Cu、Pb、Zn、Bi、Mn、Co、Ni、Ti、V、Mo、Sn、W 等 18 种元素的化验分析数据，根据实际采样点位置坐

(a) 下二叠统大关山群上部岩组　　　　　　　(b) 德乌鲁石英闪长岩

(c) 主干断裂　　　　　　　　　　　　　(d) 矿体

图 7.4　以地南金矿各要素三维实体模型

标建立了三维采样点，如图 7.5 所示，并把各元素的含量值作为采样点的属性赋值于对应的采样点位，以此来实现矿床的地球化学数据三维化处理。

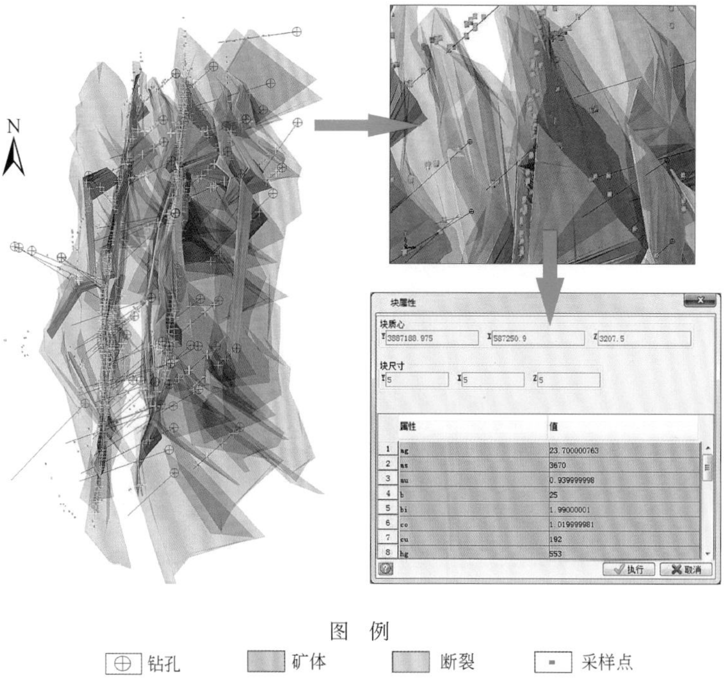

图　例

⊕ 钻孔　　　▨ 矿体　　　▨ 断裂　　　▦ 采样点

图 7.5　以地南金矿构造叠加晕采样点位置及属性

根据收集的资料选取以地南金矿 4 号脉作为典型，建立 4 号脉各元素构造叠加晕模型垂直纵投影图对应的三维实体模型，如图 7.6 所示为以地南金矿 4 号脉 As 元素构造叠加晕分带三维实体模型，为更好地研究以地南金矿的地球化学特征及深部找矿潜力，总结了以地南地区金矿找矿要素，为其提供依据。

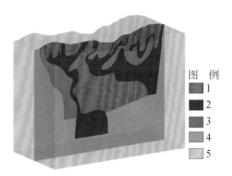

图 7.6　以地南金矿 4 号脉 As 元素构造叠加晕分带三维实体模型
1. 强带；2. 内带；3. 中带；4. 控矿断裂；5. 围岩

7.4　成矿有利信息定量分析与提取

7.4.1　立方体模型的建立

本次以地南金矿三维预测研究主要是尝试采用基于构造叠加晕找盲矿法开展三维预测评价工作，因此仅对矿区 4 号脉 18 种元素的构造叠加晕垂直纵投影图进行了立方体模型处理，目的是尝试通过对典型矿床的成矿有利信息进行分析提取，总结出适合本矿区的三维构造叠加晕找矿模式，进而开展全矿区的预测评价工作。

在以地南 4 号脉典型矿床的研究过程中，采用的立方块划分标准为 2m×2m×2m（行×列×层，划分标准参考了以地南构造叠加晕研究中各中段采样点位的密度），将以地南金矿 4 号脉各元素的构造叠加晕分带垂直纵投影三维实体模型划分成立方体小块，然后根据各元素分带特征进行相应赋值，赋值完成之后可以根据不同的属性值提取其对应的立方块，图 7.7 就分别根据所赋属性提取 As 元素的强带、内带和中带异常。

7.4.2　成矿信息分析与提取

1. 成矿有利信息分析

为了更好地研究各元素与金矿体之间的关系，根据立方块赋值结果分别统计 18 种元素的内、中、外带与已圈定的已知矿体之间的关系，其结果表明各元素内带（包括强带）包含已知矿体数由高到低分别为 Au、As、Pb、W、Ag、Sb、Bi、Ni、Zn、Cu、Hg、Mn、V、Mo、Sn、Ti、B、Co（图 7.8）。其中 Au、As、Pb、W 4 种元素的内带都包含了已知矿

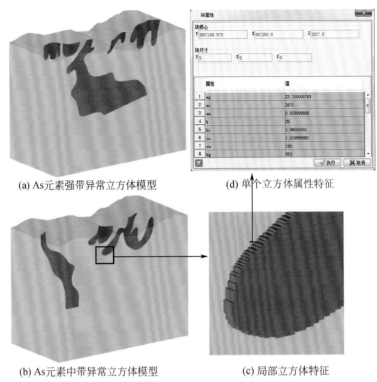

(a) As元素强带异常立方体模型　　　　(d) 单个立方体属性特征

(b) As元素中带异常立方体模型　　　　(c) 局部立方体特征

图 7.7　以地南金矿 4 号脉 As 元素立方体模型

体的 60% 以上，Ni、Zn、Cu、Hg、Mn、V、Mo、Sn、Ti、B、Co 等 11 种元素包含的已知矿体数低于 20%。

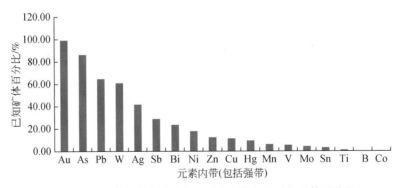

图 7.8　以地南金矿典型矿床各元素内带包含已知矿体百分比

其结果并不是理论上的金矿体与近矿晕元素 Ag、Cu、Pb、Zn 的内带重合，而是包含金矿块数量最多的 4 种元素包含了前缘晕元素的 As、近矿晕元素的 Pb 和尾晕元素的 W，表现出"前–尾晕共存"的特征，指示另一次成矿作用叠加在上部矿体的尾部，表明矿体向深部延伸还很大，具有深部继续找矿的潜力。

此外，还统计了各元素中带与内带（包括强带）包含矿块数总和的情况，各元素包含已知矿体数由高到低分别为 As、Au、Pb、Sb、Ag、W、Ni、Hg、Bi、Zn、Mo、Cu、Ti、Sn、Mn、B、V、Co（图7.9）。其中 As、Au、Pb、Sb、Ag、W、Ni 等 7 种元素的中带与内带包含了已知矿块的 60% 以上，B、V、Co 等三种元素包含的已知矿块数低于 25%，其结果同样表现出"前-尾晕共存"的特征（表7.2）。

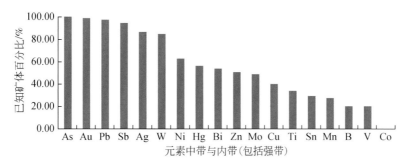

图 7.9　以地南金矿典型矿床各元素中带与内带（包括强带）包含已知矿体百分比

表 7.2　金矿体在各元素不同分带中所占百分比

元素	内带（包括强带）包含已知矿体百分比/%	元素	中带与内带（包括强带）包含已知矿体百分比/%
Au	98.63	As	99.96
As	86.00	Au	98.63
Pb	64.57	Pb	97.81
W	61.00	Sb	94.24
Ag	41.89	Ag	86.75
Sb	29.15	W	84.84
Bi	23.94	Ni	62.63
Ni	18.12	Hg	56.45
Zn	12.73	Bi	54.20
Cu	11.49	Zn	50.42
Hg	9.90	Mo	48.74
Mn	6.66	Cu	40.48
V	5.54	Ti	34.22
Mo	4.57	Sn	29.63
Sn	3.01	Mn	27.87
Ti	1.04	B	20.32
B	0.01	V	19.66
Co	0.00	Co	0.05

为了进一步研究各微量元素与矿体的关系，采用证据权法对构造叠加晕研究分析的 18 种元素与矿体的关系进行研究。证据权法共包括三个部分，即先验概率的计算、证据权重的计算和确定后验概率。本次应用证据权法对以地南金矿 4 号脉的各元素权重值进行计

算，得到各要素的权重值见表7.3。

表 7.3　以地南 4 号脉各元素权重值

证据项	正权重值（W^+）	方差 S（W^+）	负权重值（W^-）	方差 S（W^-）	综合权重值（C）
As	2.17	0.00	−6.97	0.04	9.14
Au	2.69	0.00	−3.52	0.01	6.21
Pb	2.53	0.00	−3.02	0.01	5.55
Sb	2.61	0.00	−2.08	0.00	4.68
W	3.32	0.00	−1.19	0.00	4.51
Ag	2.51	0.00	−1.24	0.00	3.75
Zn	3.38	0.00	−0.03	0.00	3.42
Mo	3.29	0.00	0.00	0.00	3.28
Hg	3.01	0.00	−0.14	0.00	3.15
Ni	2.78	0.00	−0.27	0.00	3.05
B	3.41	0.00	0.42	0.00	2.99
Mn	3.31	0.00	0.33	0.00	2.98
Bi	2.72	0.00	−0.07	0.00	2.79
Ti	2.88	0.00	0.26	0.00	2.62
Cu	2.78	0.00	0.17	0.00	2.61
Sn	2.42	0.00	0.34	0.00	2.08
V	2.51	0.00	0.45	0.00	2.06
Co	1.43	0.05	0.64	0.00	0.80

　　通过以上分析，大体上可以将这18种元素分为三类，第一类指示意义极好的元素包括 As、Au、Pb、Sb、Ag、W；第二类指示意义相对较好的元素包括 Ni、Hg、Bi、Zn、Mo、Cu、B、Mn；第三类与金矿指示意义不大的元素包括 Ti、Sn、V、Co。这是因为 Ti、Sn、V、Co 等元素在以地南矿区异常强度低，指示意义不够明显，而指示意义极好的元素中包含了前缘晕元素（As、Sb）、近矿晕元素（Au、Ag、Pb）和尾晕元素（W），说明在 4 号脉形成过程中可能存在叠加成矿作用，导致矿体的元素组合相对混乱，但是整体而言前缘晕元素和近矿晕元素强度相对较高，预示矿体深部潜力较大，矿体延伸较深。

　2. 成矿信息提取

　　对以地南金矿成矿信息的提取主要是依据前面成矿信息分析的结果，其方法是通过立方块处理及赋值，将采集的1243件构造叠加晕研究样品数据三维化，然后通过距离幂次反比法对整个矿区进行插值，在插值的基础上根据前面提到的分带标准分别提取前缘晕元素和尾晕元素值大于各自内带划分标准的立方块，并提取出插值之后同一立方块同时包含前缘晕内带和尾晕元素内带的立方块。

　　根据之前的分析，选取对矿体指示意义极好的元素和指示意义相对较好的元素作为提取对象，包括前缘晕元素（As、Sb、Hg、B）、尾晕元素（Bi、Mo、Mn、Ni、W）和近矿晕元素（Au、Ag、Cu、Pb、Zn），其中前缘晕元素（As、Sb、Hg、B）和矿尾元素（Bi、Mo、Mn、Ni、W）作为深部盲矿预测的主要提取对象，具体结果如图 7.10 所示。

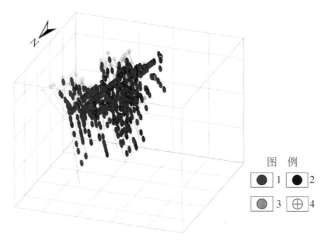

图 7.10　以地南金矿成矿有利信息提取
1. 矿体前缘晕与尾晕叠加部位；2. 矿体尾晕；3. 矿体前缘晕；4. 钻孔

从图 7.10 中可以明显看出以地南矿区多期多阶段成矿叠加特征明显，图中红色部分既包含了前缘晕元素的内带也包含了尾晕元素的内带，说明两次甚至多次成矿在该部位叠加，其深部可能有盲矿存在，之后结合已知矿体部位，从提取的部位中去除已探明部分，筛选出预测靶位。

7.5　二维预测与评价

研究区深部矿产预测工作，主要根据建立的找矿模型，结合区域三维实体模型和立方体模型定量分析和提取成矿有利信息，进一步建立研究区的定量化预测模型。按照证据权法和找矿信息量法分别计算得到矿产预测的后验概率值以及信息量值，通过两种方法共同约束，对预测结果进行分析，圈定成矿有利区域并对资源量进行估算，最后对预测评价工作进行定概率评价并提出区域合理的勘查建议。

本次研究采用的预测软件为中国地质大学（北京）陈建平团队自主研发的隐伏矿体定量预测系统（3DMP）。该系统主要是将传统的二维矿产资源预测评价方法应用到三维空间中，即实现成矿有利信息的提取分析以及深部矿产资源的预测评价工作。

7.5.1　定量化预测模型

通过对以地南金矿的地质特征及地球化学特征的分析研究，结合前面提出的找矿模型和成矿有利信息分析与提取，建立了如表 7.4 所示的以地南金矿定量预测模型。

表 7.4　以地南金矿定量预测模型

控矿要素	成矿预测因子	特征变量	特征值
地层	有利地层信息	成矿有利地层	下二叠统大关山群第二岩性段（P_1dg^2）
岩性	成矿有利岩性	成矿有利岩性	含碳质板岩、泥质板岩夹少量浅变质砂岩、大理岩条带
构造	断裂	成矿有关断裂	分布在岩体内及接触带内外的近 SN 向断裂
岩体	有利岩体信息	成矿有利岩体	德乌鲁石英闪长岩（δo_5^2）
地球化学异常	构造叠加晕研究的 18 种元素	Au、As、Sb、Hg、B、Ag、Cu、Pb、Zn、Bi、Mn、Co、Ni、Ti、V、Mo、Sn、W	前缘晕元素（As、Sb、Hg、B）、近矿晕元素（Au、Ag、Cu、Pb、Zn）和尾晕元素（Bi、W、Ni、Mn、Mo）的中、内带（分带标准见表 7.1）
			表现出"前-尾晕共存"特征部位的深部延伸

7.5.2　三维成矿预测

以地南金矿的三维预测包含了研究区内的 F1、F2、F3、F4、F5 等 5 条主干断裂及 F3-1、F3-2 两条次级断裂，其预测方法主要是基于构造叠加晕理论研究，并结合三维预测技术方法对典型矿床进行成矿有利信息分析和提取，依据矿床成矿规律对矿区进行靶区圈定。

1）预测评价方法

以 4 号脉为例简单介绍以地南金矿的预测评价方法，在前面建立的立方体模型基础上利用构造叠加晕的采样分析数据对矿床进行插值，插值方法有很多，常用的包括克里格法和距离幂次反比法。这两种方法目前在多数软件中均能实现，本次研究采用距离幂次反比法对以地南金矿 4 号脉进行插值，插值的目的是为了更好地提取前缘晕异常和尾晕异常来指导深部的盲矿预测，插值结果如图 7.11 所示。通过空间插值，建立以地南矿床完整的三维地球化学数据体系，为接下来的异常信息提取和深部盲矿预测提供基础。

以表 7.1 确定的分带标准中各元素的中带异常为异常下限，定量提取以地南金矿的前缘晕元素异常和尾晕元素异常，异常提取结果如图 7.12 所示。

从图 7.12 异常提取结果可以看出，以地南金矿前缘晕元素（As、Sb、Hg，B 异常强度较低，在这里不予考虑）分布于两个标高段，浅地表和深部都有前缘晕异常。浅部的前缘晕异常被认为是目前已知矿体部分的头部，已知矿体尾部的前缘晕异常则有可能指示其深部还有盲矿体存在。另外，以地南金矿的尾晕（Bi、Mo、Mn、Ni，Co 异常强度较低，在这里不予考虑）异常与前缘晕异常分布极其相似，同样整体分布于矿体浅部和深部两个标高，这一现状被认为是由成矿作用的多期、多阶段造成的。假定在目前已知矿体的上部曾经还存在一期成矿作用，形成目前浅部的尾晕异常，但是由于地壳的抬升造成那一部分

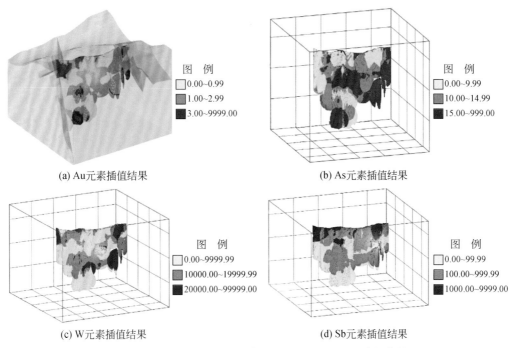

(a) Au元素插值结果

图 例
0.00~0.99
1.00~2.99
3.00~9999.00

(b) As元素插值结果

图 例
0.00~9.99
10.00~14.99
15.00~999.00

(c) W元素插值结果

图 例
0.00~9999.99
10000.00~19999.99
20000.00~99999.00

(d) Sb元素插值结果

图 例
0.00~99.99
100.00~999.99
1000.00~9999.00

图 7.11　以地南金矿 4 号脉矿体 Au、As、W、Sb 元素插值结果

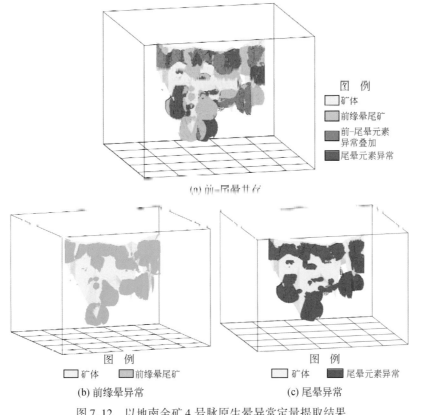

图 例
矿体
前缘晕尾矿
前–尾晕元素
异常叠加
尾晕元素异常

(a) 前–尾晕叠加

图 例
矿体　　前缘晕尾矿

(b) 前缘晕异常

图 例
矿体　　尾晕元素异常

(c) 尾晕异常

图 7.12　以地南金矿 4 号脉原生晕异常定量提取结果

矿体被剥蚀，只留下目前浅地表的尾晕异常，而深部的尾晕异常则可以认为是目前已知矿体引起的。

通过以上构造叠加晕异常定量提取，依据图7.1和表7.4提出的预测模型，对矿床的深部开展预测评价工作，其结果如图7.13所示，在已知矿体的深部圈定两个预测靶位，这一结果表明原生晕异常对于深部盲矿的预测具有很好的指示意义。

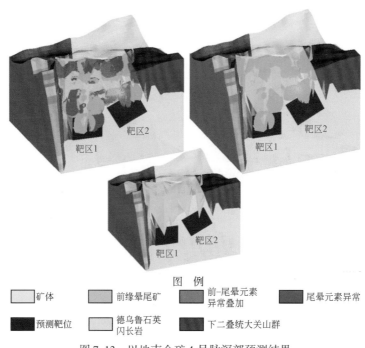

图 例

| 矿体 | 前缘晕尾矿 | 前-尾晕元素异常叠加 | 尾晕元素异常 |
| 预测靶位 | 德乌鲁石英闪长岩 | 下二叠统大关山群 | |

图 7.13　以地南金矿 4 号脉深部预测结果

2）靶区圈定

以地南金矿的三维预测包含了研究区内的 F1、F2、F3、F4、F5 等 5 条主干断裂及 F3-1、F3-2 两条次级断裂。依据同样的标准对研究区内全部断裂进行系统预测，结果如图 7.14所示，其中 F1 断裂包含 4 个靶区、F2 断裂包含 2 个靶区、F3 断裂包含 2 个靶区、F4 断裂包含 4 个靶区（在全矿区预测过程中将 4 号脉的预测靶区详细划分为 4 个）、F5 断裂包含 2 个靶区，F3-1 和 F3-2 两条次级断裂包含 6 个靶区，其中 F3-1 包含 3 个靶区、F3-2 包含 3 个靶区，共提出 20 个预测靶区。

3）预测资源量估算

在完成研究区的预测分析及有利区圈定工作实现了区域的定位预测后，将对研究区内的资源量进行定量评价，即估算区内的矿产资源量。根据预测靶位可以大体计算预测金资源量，其结果见表7.5，具体计算公式如下：

预测金资源量=预测靶区体积×矿石体重×矿体平均品位×系数

根据以地南金矿的矿体特征，选取以下参数作为本次资源量计算的依据。

矿体厚度：矿体呈板状、脉状、透镜状和扁豆体状，连续性较好，本次靶区圈定选取矿体平均厚度1.0m。

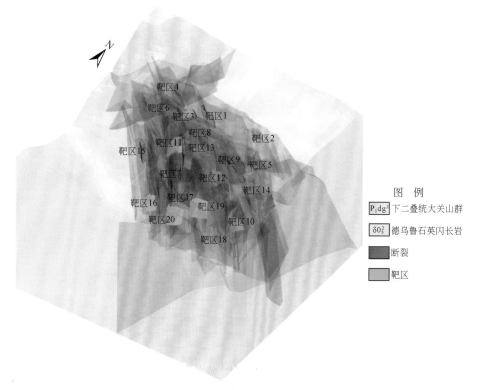

图 7.14　以地南金矿预测结果

矿石体重：本次资源量估算采用的体重值为 2.8t/m³。

矿体平均品位：以地南金矿 Au4 号矿体平均品位 3.26g/t，矿体品位变化较均匀；Au3-1 号矿体平均品位 3.26g/t，矿体品位变化较均匀；本次资源量估算采用矿体平均品位为 3.26g/t。

系数：单位面积内矿体体积/断裂体积。

表 7.5　以地南金矿预测金资源量

矿体号	靶区编号	预测靶区体积 /m³	矿石体重 /(t/m³)	矿体平均品位 /(g/t)	系数	预测金资源量 /t
Au1	靶区 1	580144	2.8	3.26	0.085	0.45
	靶区 2	218833	2.8	3.26	0.085	0.17
	靶区 3	194886	2.8	3.26	0.085	0.15
	靶区 4	450383	2.8	3.26	0.085	0.35
Au2	靶区 5	153124	2.8	3.26	0.045	0.06
	靶区 6	805041	2.8	3.26	0.045	0.33
Au3-1	靶区 7	257137	2.8	3.26	0.058	0.14
	靶区 8	1298838	2.8	3.26	0.058	0.69
	靶区 9	367491	2.8	3.26	0.058	0.19

续表

矿体号	靶区编号	预测靶区体积 /m³	矿石体重 /(t/m³)	矿体平均品位 /(g/t)	系数	预测金资源量 /t
Au3-2	靶区 10	1239637	2.8	3.26	0.065	0.74
	靶区 11	1539963	2.8	3.26	0.065	0.91
	靶区 12	688450	2.8	3.26	0.065	0.41
Au3	靶区 13	440756	2.8	3.26	0.048	0.19
	靶区 14	5257459	2.8	3.26	0.048	2.3
Au4	靶区 15	793967	2.8	3.26	0.046	0.33
	靶区 16	680194	2.8	3.26	0.046	0.29
	靶区 17	2493396	2.8	3.26	0.046	1.05
	靶区 18	1658567	2.8	3.26	0.046	0.7
Au5	靶区 19	1796944	2.8	3.26	0.058	0.95
	靶区 20	2253978	2.8	3.26	0.058	1.19
合计		23169188	—	—	—	11.59

以地南金矿研究区内共包含 F1、F2、F3、F4、F5 等 5 条主干断裂及 F3-1、F3-2 两条次级断裂，本次研究共提出 20 个预测靶区，预测金资源量为 11.59t。

7.5.3　预测精度评价

研究区的预测风险主要从资料基础、工作程度、预测单元、搜索半径和找矿模型等 5 个方面来评价。

（1）资料基础：本次建模过程中收集的资料包括地形地质图、中段平面图、勘探线剖面图、钻孔柱状图、矿体构造叠加晕垂直纵投影图以及以地南地区构造叠加晕研究采集的 1298 件（包括 55 件背景样品）样品化验分析数据（包括 18 种元素），涵盖了研究区的地形地质、勘探工程和地球化学资料，总体来说资料基础比较全面，资料精度相对较高，多数为矿山生产实测数据，可靠性较高。因此，对资料基础精度赋值为 0.8。

（2）工作程度：研究区的工作程度主要为矿山的勘探程度和以往工作程度。本次研究建模采用的剖面图多数为 1∶2000 的勘探线剖面图，结合矿山生产使用的 1∶500 中段平面图，勘探程度较高。此外，以地南地区以往工作程度较高，周围金矿较多，研究程度较高，但是相对科研工作较少。因此，综合考虑对工作程度赋值为 0.7。

（3）预测单元：选择适当大小的立方块既要保证预测的精度又要确保立方块不会划分过小导致块数太多从而计算效率降低。本次研究选择块体大小为 2m×2m×2m，对这一指标精度赋值为 0.9。

（4）搜索半径：本研究中以以地南金矿构造叠加晕采集样品为基础进行插值，在插值基础上提取成矿有利信息，插值方法为距离幂次反比法，样品分布相对均匀，精度较高，对其赋值 0.6。

（5）找矿模型：本次找矿模型是在以地南金矿构造叠加晕研究工作基础上，根据研究区实际情况总结概括出来的，其理论依据相对可靠，对找矿模型赋值为0.7。

具体评价因子赋值及权重值见表7.6，计算得出研究区找矿概率精度评价值为74%，精度较高，预测结果相对可靠。

表7.6　评价因子赋值及权重值表

评价因子	赋值（V_i）	权重（W_i）
资料基础	0.8	0.25
工作程度	0.7	0.2
预测单元	0.9	0.15
搜索半径	0.6	0.15
找矿模型	0.7	0.25

7.6　小　　结

通过开展基于构造叠加晕理论的以地南金矿三维预测评价工作建立了以地南金矿的定量预测模型，总结了本地区的成矿规律，查明以地南金矿的矿床地球化学特征，建立了以地南矿区的三维实体模型，开展了三维预测评价工作，提出20个深部盲矿预测靶区。

通过本次研究，取得了以下几点成果。

（1）通过系统收集研究区相关的地质资料，建立了研究区的地表、地层、岩体、构造、矿体等三维实体模型，完成了研究区三维实体模型构建工作。

（2）收集整理了以地南金矿相关的研究报告，总结出研究区的找矿模型，以地南金矿的特征指示元素组合为：前缘晕特征指示元素，As、Sb、Hg、B；近矿特征指示元素，Au、Ag、Cu、Pb、Zn；尾晕特征指示元素，Bi、Mo、Mn、Ni、W。

（3）在找矿模型的指导下以以地南金矿4号脉为例研究了各指示元素与金矿体之间的关系，并在定量化找矿模型的指导下开展了4号脉的找矿信息定量提取以及深部盲矿预测评价工作。

（4）依据构造叠加晕找盲矿法采用三维预测的方法系统地开展了研究区的三维预测评价工作，圈定出20个深部盲矿预测靶区，预测金资源量11.59t。系统地对研究区的预测工作进行了概率评价，得出本次预测工作的找矿概率精度评价值为74%，精度较高，预测结果相对可靠。

第 8 章　青海红旗沟-深水潭金矿三维预测评价

青海省都兰县五龙沟金矿区是 20 世纪 90 年代发现的具有巨大资源潜力和找矿前景的矿集区。区内目前已发现金矿床、金矿（化）点多处，红旗沟-深水潭金矿床是其中之一，红旗沟-深水潭金矿是在东昆仑成矿带青海省内发现的大型金矿床，工作程度相对较高，但矿区内研究程度不足，控矿要素不明，区内及外围找矿前景不清。本次工作针对上述问题，拟通过系统收集区内资料，研究矿区内的地质背景、矿床特征来探讨矿床成因，查明控矿要素，提取成矿要素，建立区内的找金标志，以及采用深部矿产资源三维预测的方法配合国家老矿山再次开发，实现找矿突破，对挖掘老矿山矿产资源潜力，保障资源可持续发展具有重要的意义。

本章基于三维可视化技术，以红旗沟-深水潭金矿床为研究区域开展三维成矿预测研究。通过对成矿地质背景、矿床特征以及矿床模型的总结，引入机器学习的方法构建找矿模型，并通过地质剖面建模的方法完成深部三维成矿空间的重构，通过分析不同地质体单元与已知金矿体的关系，提取成矿有利条件，并构建定量化预测模型，采用连续插值模型与找矿信息量法相结合的方法进行找矿靶区的定位。本章还从定位预测结果评价、预测结果分级评价、预测资源量评价、找矿概率评价、勘查部署建议 5 个方面建立三维成矿预测的评价体系。通过研究，在红旗沟-深水潭金矿区圈定找矿靶区 4 处，其中黄龙沟找矿靶区和黑石沟找矿靶区为 Ⅰ 级找矿靶区，水闸东沟找矿靶区和红旗沟找矿靶区为 Ⅱ 级找矿靶区，估计资源量约为 165t，找矿概率精度评价值约为 73.1%。

8.1　区域地质背景

红旗沟-深水潭金矿区位于青海省都兰县五龙沟地区红旗沟-深水潭岩金普查区内（探矿权归属青海省第一地质矿产勘查院），主要包含红旗沟、水闸东沟、黄龙沟和黑石沟 4 个矿段，西起水闸东沟沟口，东至红旗沟以东；北起红旗沟，南到断臂沟口一带。

研究区内目前有深水潭和红旗沟两个金矿区。由红旗沟、黑石沟、黄龙沟和水闸东沟 4 个矿段组成，其中红旗沟矿段位于Ⅶ、Ⅸ、Ⅹ号含矿破碎蚀变带所处的红旗沟金矿区，水闸东沟、黄龙沟和黑石沟矿段位于Ⅺ号含矿破碎蚀变带所处的深水潭金矿区。本次研究主要采用 1∶2000 地形地质测量、槽探、浅井、硐探、钻探对深水潭和红旗沟两个金矿区进行了地表揭露及深部工程验证、控制。

这两个矿区均位于五龙沟地区萤石沟-红旗沟韧性剪切带的中段，出露的地层有古元古界金水口群（Pt_1J）、中元古界长城系小庙组（Chx）、新元古界青白口系丘吉东沟组（Qbqj）、古生界奥陶系祁漫塔格群变火山岩组（OQ^b）及第四纪（Q）。区内地质构造极为复杂，岩浆侵入活动强烈。金矿体严格受Ⅶ、Ⅸ、Ⅹ、Ⅺ号含矿破碎蚀变带所控制。

8.2　矿产特征与找矿模型

8.2.1　矿产特征

根据青海省第三轮区划成果资料，研究区位于秦祁昆成矿域（Ⅰ）东昆仑成矿省（Ⅱ）伯喀里克—香日德印支期金、铅、锌（铜、稀有、稀土）成矿带（Ⅲ$_{12}$）五龙沟矿田（V$_{13}$）。

五龙沟地区共发现矿（床）点 59 处，矿产种类主要为贵金属金和有色铜、铅、锌、锑、钼，次为少量的非金属矿产硫及萤石。贵金属为本区主要矿产，目前共发现 31 处矿（床）点，含矿构造蚀变带 14 条。其中中型岩金矿床 2 处，大型岩金矿床 1 处（深水潭金矿床），小型金矿床 4 处（淡水沟、红旗沟、中支沟、打柴沟金矿床），各金矿（床）点金矿体及含矿构造蚀变带均严格受 NW 向、NNW 向构造破碎蚀变带所控制，均分布于区内三大控矿构造区带内，金矿（化）体多以似层状、脉状、透镜状、扁豆状产出。有色金属矿产主要为铜、铅、锌等，主要分布于萤石沟及黑石山一带，其中黑石山经两年地质普查，铜多金属矿产资源量已达中等规模，成矿类型以夕卡岩型为主，北部车板沟一带为构造蚀变岩型。

通过收集五龙沟地区金矿床成矿大地构造背景、区域地层、岩性、构造、岩浆岩等方面的资料，从地层、岩浆岩、构造 3 个方面对其进行了系统分析，认为五龙沟金矿床经历了长期及多期次的成矿阶段，复杂的构造演化使金矿床的形成与地层、岩浆岩、构造关系密切。由构造和岩浆热液形成的蚀变岩体是本区金矿主要的赋存和产出部位，广泛分布的前寒武纪基底变质岩系金水口群，是研究区内金矿体产出的重要地层条件，为金成矿提供了重要的物质来源（赵莹，2014）。

矿区内的所有金矿体均受到区内的Ⅷ、Ⅸ、Ⅹ、Ⅺ 4 条断裂构造严格控制，围岩中的金矿通过不同时期的构造活化转移，为本区金矿的形成提供物质来源，同时地壳深部的岩浆热液活动伴随地壳伸展运动为成矿过程提供了丰富的热能。除此之外，深大断裂构造为深部成矿物质的运移提供了通道，含矿热液随着剪切带的延伸方向运移、富集成矿。浅层次的脆性断裂使大气水易于下渗，与深源流体混合，导致含矿热液形成，于构造有利部位形成工业矿床。同时，大量的脆性断裂相互切割，与边部的糜棱岩结合形成天然的隔离空间，为成矿物质提供了良好的容矿空间。研究区内的 NWW 向脆性断裂是本区内金成矿最大规模的导矿、容矿构造（侯长才等，2015），控制了金矿床、矿带的展布；次一级的断裂及相关裂隙控制了矿体的定位。与金矿体形成关系密切的具有较高金丰度值的中酸性岩浆是区内金成矿的物质来源，为矿区金矿体的形成提供了物质基础。结合该区内地质勘查成果的分析，来源于上地幔的岩浆形成的超基性–中性岩浆岩不仅为金矿的形成提供了热量来源，而且其演化晚期的残余岩浆及分异出的成矿流体能够直接成矿（李厚民等，1999）。在上述对典型矿床特征及控矿要素等方面进行深入分析研究的基础上，认为该区矿床成因为构造蚀变岩型金矿。该区金矿形成的物质来源、流动迁移与形成聚集如图 8.1 所示。

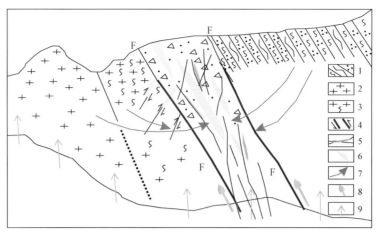

图 8.1　金成矿过程图

1. 前寒武纪变质岩；2. 古生代花岗岩；3. 花岗岩质糜棱岩化带；4. 剪切带；5. 石英脉；
6. 金矿体；7. Au 元素活化、运移方向；8. 矿液来源方向；9. 矿源、热源扩散方向

8.2.2　找矿模型

引入机器学习的方法用于找矿模型专家知识系统的设计与研发，从而实现找矿模型的建立。通过数据准备、构建找矿模型库、构建找矿模型、模型验证和再数据化的过程，在不同研究区矿产勘查数据资料积累的基础上结合数据清洗理论，将传统的地质找矿模型进行系统归纳与总结，建立起结构统一的多种数据源找矿模型库，为机器学习算法提供训练数据。通过研究机器学习关键技术，结合中文分词理论，在建立研究区找矿模型中，使用朴素贝叶斯分类算法对找矿模型库中数据进行分类研究，并对分类的结果进行中文分词，依据关键词从分类结果名称中检索与关键词相关的模型，完成模型匹配。在模型计算环节实现了对模型匹配结果的数据分析，通过计算模型中控矿要素的使用率和重要性建立全面客观的找矿模型（图 8.2）。

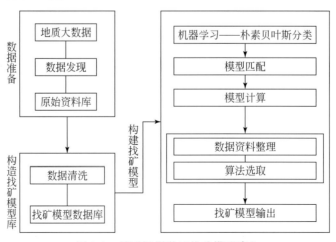

图 8.2　基于机器学习找矿模型建立

　　机器学习法的找矿模型构建专家系统是以《全国矿产资源潜力评价预测模型》[①] 为第一手资料，再与北京市国土资源信息开发研究实验室在多年从事矿产资源研究中整理的找矿模型相结合，并补充相关文献中列举的找矿模型，作为找矿模型数据库的模型数据来源。针对这些矿床模型中存在"同一名称不同概念，不同名称又属于同一内涵"的问题，再对收集的所有找矿模型中的控矿要素进行统一整理，包括模型名称的整理和控矿要素的整理，建立起找矿模型与控矿要素多对多的关系，在整理的过程中必须保证同一个控矿要素的唯一性。

　　本研究在建立矿床模型的基础上，基于找矿模型专家系统，根据矿床模型总结的成矿时代、大地构造位置、成矿特征等信息，以研究区内构造蚀变岩型金矿的控矿要素作为待处理数据，进行控矿要素的选择（图 8.3），同时采用关键词匹配的方法，将多个关键词与模型名称匹配及研究区控矿要素与找矿模型中控矿要素匹配，经模型计算后筛选出若干个找矿模型，并根据模型计算得出每个控矿要素的重要性和控矿要素的使用率情况，在经过机器学习模型验证的基础上构建找矿模型（图 8.4）。

图 8.3　控矿要素选取

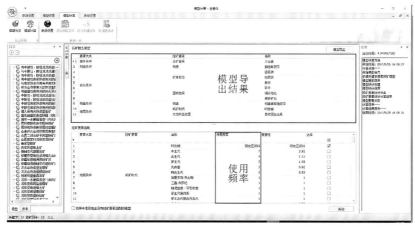

图 8.4　找矿模型计算结果

①　内部出版资料。

找矿模型专家系统中包含的矿床模型数量有限、同一个控矿要素的命名不唯一，并且每个研究区的基础地质资料不一致，因此，本研究结合研究区的实际情况以及在基于机器学习的找矿模型专家系统计算出的找矿模型结果，综合考虑总结出研究区的找矿模型（表 8.1）。

表 8.1　研究区找矿模型

控矿要素	地质特征描述	变量类型	定量表征
地层	地层含矿特征	赋矿地层	地层含矿性分析
	地层构造特征	地层断裂控矿表征	地层组合熵
	地层复杂程度	地层出露复杂地段	地层复杂度
	特殊岩性层位	成矿有利岩性特征	特殊岩性段
	蚀变特征	蚀变带	有利围岩蚀变
构造	构造含矿特征	有利成矿构造	构造含矿性分析
	构造带特征	断裂影响范围	断裂缓冲区
	构造发育及展布特征	主干构造	断裂优益度
		局部构造	方位异常度
	构造导矿容矿特征	构造交汇特征	构造交点数
		构造岩浆活动特征	中心对称度
岩体	岩体含矿特征	成矿有利岩体	岩体含矿性分析
	岩体影响范围	岩体影响范围	岩体缓冲区
	岩浆活动特征	脉岩	脉岩
	岩浆分异特征	岩体复杂程度	岩体分异系数

8.3　三维实体模型的建立

三维实体模型是二维成矿预测发展到三维成矿预测的重要载体，是对于地质大现象研究中，涉及许多内容的表达以及不同内容之间的耦合。多信息的地质空间很难全面而又系统地被研究人员在脑海中重构，因此通过构建研究区的三维实体模型能够实现三维空间的重构，以及通过实物载体表达复杂多重的地质空间信息。其有效地避免了研究人员对研究区地质情况的理解不深入而引起的在地质应用中的工程设计及地质勘探工作认识上的偏差，从而减少了人力、物力资源的浪费。另外，深部空间本身包含的信息就是具有三维属性的（横向、纵向、深度方向），二维平面方式的表达不能够反映深度方向上的信息，本身就存在缺点与不足。因此借助三维实体建模技术来进行三维地质空间的重建与可视化，不仅能够满足直观上的分析还能有助于解决真实的地质问题（陈建平等，2014b）。

8.3.1　资料的收集与整理

本次三维成矿预测研究及资源量估算主要依据矿区的原始勘探数据及各种图件和报告

等资料，收集的资料包括矿区地质地形图、实测剖面布置图与实测剖面、图切剖面布置图与图切剖面、地形图等。

1）矿区地质地形图

本研究中收集到青海五龙沟地区红旗沟–深水潭金矿区地质图 1 份，其比例尺为 1∶2000，因此本研究是在该比例尺精度下所进行的矿床尺度的三维成矿预测研究。

在资料准备阶段，地质图作为三维实体建模图切剖面的数据源，以地质图为基础，按照一定的间距设立工程布置，进行图切剖面从而获得用于三维实体模型构建的剖面信息；在建模过程中，地质图提供的地质界线，是三维实体模型构建中不同地层模型、岩体模型、构造模型延展情况、接触情况的重要参考，一个精确的三维实体模型，从地表看，其不同地质体模型之间的接触情况应该与地质图上的地质界线完全一致，从深部看，三维实体模型的纵向切面情况应该与实测剖面上不同地质体的分布充分吻合。

2）实测剖面布置图与实测剖面

本研究前期收集了红旗沟–深水潭矿区中段实测剖面 108 条（水闸东沟剖面 23 条，黄龙沟剖面 32 条，黑石沟地质剖面 18 条，红旗沟剖面 35 条）。

3）图切剖面布置图与图切剖面

研究区三维实体模型的构建是以地质剖面为基础，通过不同剖面上的地质体的变化来进行的。该区地质剖面工程布置的长度与间距的不均匀性使得地质剖面的长度未达到研究区的宽度，这就给建立全部研究区的三维实体模型带来了困难。因此，为了能够建立足够精度的三维实体模型，本研究采用图切剖面的方式对覆盖整个研究区的地质图件进行等间距的图切剖面，经图切地质图得到的地质剖面必须经过修正才能用于三维实体建模，结合地表地质情况与实测剖面深部信息两者相结合，来对图切剖面进行修正，图切剖面是在 Morpas 中操作完成，保存的原始剖面格式为 MapGIS 格式，图切剖面修正完成后，以 AutoCAD 作为格式转换平台，对平面的图切剖面进行一系列的旋转、平移与配准操作，使得在水平投影方向上，图切剖面的位置与图切剖面的工程布置线保持重合一致。

4）地形图

本研究采用的地形图件来源于青海省测绘地理信息局，图上地形测绘共完成控制点测量 29 个（D 级 GPS 点 10 点、E 级 GPS 点 19 点）、图根控制点 113 点、图根埋石点 27 点，测图 6.3km^2，本幅地形图原始格式为 MapGIS 格式，依托地形图生成的 DTM 曲面来对研究区的范围模型进行切割，从而得到具有真实地表形态信息的研究区真三维模型，以此模型为基础，再结合其他深部地质信息来进行研究区三维模型的地质体划分，从而得到三维实体模型。研究区地形图如图 8.5 所示。

8.3.2　三维实体模型的构建

8.3.2.1　连续插值建模方法

三维实体模型的构建都是由不同形态的曲面在空间上组合形成实体状的三维模型，而不同形态的曲面又是通过非连续的点或者线通过不同方式的插值运算得到的。连续插值模

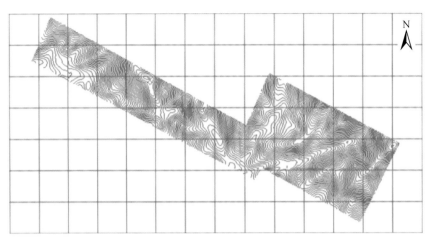

图 8.5   研究区地形图

型就是空间上不连续的数据通过数学插值方法衍生出充满整个空间连续分布的数据，从而构成面模型，再通过面模型围成体模型。基于连续插值模型的预测方法，是以空间一定间隔的地质剖面为源数据，以相邻两条剖面上地质界线对地质体的控制代表这两条剖面之间地质空间内的地质体分布，而忽略了其内部的实际特征（尖灭、渐变），连续插值模型示意图如图 8.6 所示。因此，基于连续插值模型的预测方法适合在基础数据充分的研究区，相邻地质剖面的间距越小，连续插值模型的精度就越高。

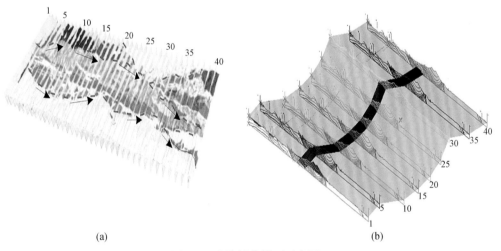

(a)   (b)

图 8.6   连续插值模型示意图

根据连续插值建模的整体思路，按照三维实体建模的流程（图 8.7），通过对研究区地质体模型的构建从而实现区域数字模型的建立，最终为三维成矿预测提供模型支撑，具体步骤如下：

（1）通过对红旗沟-深水潭金矿区进行系统的研究及分析工作，收集所需的建模基础数据，如区域地形地质图及勘探线剖面图、图切剖面图、钻孔数据等资料。

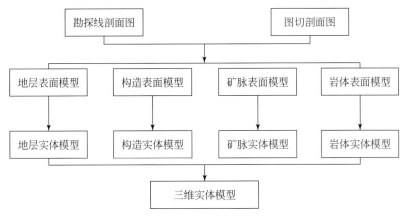

图 8.7　三维实体建模流程图

（2）对所收集到的资料进行建模前的处理，为建模工作打好基础。

（3）通过三维地质建模软件 Surpac，根据已有数据资料建立该研究区的地形、地质体以及钻孔工程等三维实体模型。

8.3.2.2　三维实体模型

三维实体模型主要是用于反映不同地质实体的空间分布特征，相互接触特征与各自产状特征及交叉特征等，三维实体模型通常包括地表三维实体模型、地层三维实体模型、构造三维实体模型、岩体三维实体模型以及矿体三维实体模型等（曾庆田，2007）。

1）地表三维实体模型

根据研究区内收集到的地形图，在 MapGIS 中进行预处理，进行等高线的检查校正，清除与地形无关的线性要素（如陡坎线等），将检查无误的等高线进行格式转换后导入三维地质建模软件 Surpac 中，利用 Surpac 软件中的 DTM 模型生成 DTM 模型（图 8.8）。

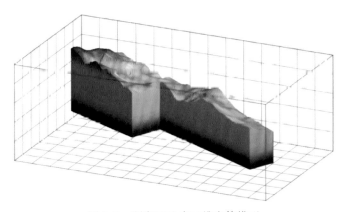

图 8.8　研究区地表三维实体模型

2）地层三维实体模型

如前所述，研究区内地层组成简单，其中金水口群主要出露于红旗沟矿区，长城系小庙组在区内出露较少，因而在本研究中未建立该地层的三维实体模型。丘吉东沟组的宏观特征主要表现为在走向上呈 NW—SE 向展布，倾向为 NNE 方向，主要分布在研究区的红旗沟矿段至水闸东沟矿段一带。祁漫塔格群宏观上的特征主要表现为 NW—SE 走向，NNE 向倾斜。第四系主要在水闸东沟矿段、红旗沟矿段主谷及其各个支谷低凹平坦处出现（王铜，2015）。研究区内各地层三维实体模型如图 8.9 所示。

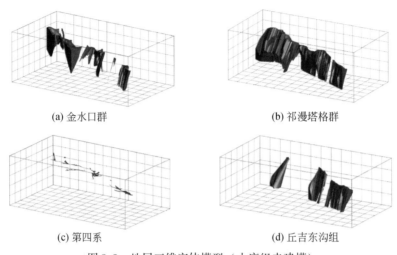

(a) 金水口群　　　　　　　　　　(b) 祁漫塔格群

(c) 第四系　　　　　　　　　　(d) 丘吉东沟组

图 8.9　地层三维实体模型（小庙组未建模）

3）构造三维实体模型

从水闸东沟延伸到红旗沟矿段的XI号断裂是区内主干断裂带，总长度大于 30km，NW 向斜贯整个深水潭金矿区，矿区内延展长度大于 6km，宽 30～80m，最宽 100 余米。IX 号断裂构造在红旗沟矿区延展长度大于 3km，向 NW、SE 均延伸出矿区，两条断裂构造带宏观上表现出相互平行的带状特征，向 NW 逐渐散开，向 SE 则逐渐收敛复合。X 号断裂为红旗沟矿区唯一 SW 倾向的断裂，该断裂展布于红旗沟中游南侧，位于XI、VII号两断裂带中间部位，延展长度 900 余米，带宽 5～20m（陈柏林等，2016）。研究区内的构造三维实体模型如图 8.10 所示。

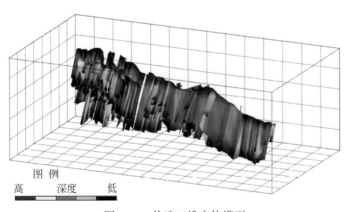

图　例
高　　深度　　低

图 8.10　构造三维实体模型

4）岩体三维实体模型

新元古代出露的岩石有英云闪长岩（γδoPt₃）和深灰绿色中细粒闪长岩（δPt₃），其中英云闪长岩分布在红旗沟矿段的金水口岩群及水闸东沟矿段的奥陶系祁漫塔格群变火山岩组的北侧，中细粒闪长岩主要分布在红旗沟 X 号、Ⅶ号含矿破碎蚀变带南侧，构成了金水口群与奥陶系祁漫塔格群地层的分界线。早泥盆世辉石岩从黄龙沟矿段向东延伸至矿区之外，并且自西向东宽度逐渐增大，辉长岩脉出露较为零星，仅在红旗沟矿区断裂蚀变带附近略微出现。早二叠世浅灰色中细粒花岗闪长岩集中分布在水闸东沟一带。晚三叠世钾长花岗岩主要分布于奥陶系祁漫塔格群变火山岩组的南东侧；花岗斑岩主要分布于黄龙沟至黑石沟矿段的祁漫塔格群变火山岩组的北东侧；二长花岗岩分别分布在黑石沟至红旗沟矿段含矿破碎蚀变带的两侧；浅灰黄色细粒斜长花岗岩出露于红旗沟中游两侧；闪长岩脉、闪长玢岩脉集中分布于水闸东沟矿段，脉体多呈 NW—SE 向。研究区内各类型岩体的三维实体模型如图 8.11 所示。

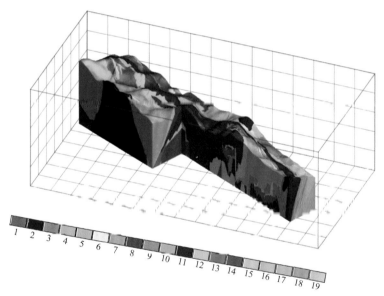

图 8.11　岩体三维实体模型

1. 二长花岗岩；2. 凝灰质板岩；3. 安山质火山凝灰岩；4. 安山质火山角砾岩；5. 斜长花岗岩；6. 绢云石英片岩；
7. 花岗岩；8. 石英片岩；9. 花岗斑岩；10. 花岗闪长岩；11. 英云闪长岩；12. 辉石岩；13. 辉长岩；
14. 钾长花岗岩；15. 闪长岩；16. 闪长玢岩脉；17. 黑云斜长片麻岩；18. 绢云石英片岩；19. 硅质板岩

5）矿体三维实体模型

研究区内圈定已知金矿体 173 条，全区矿体形态呈透镜状、条带状或脉状，走向方向上具有波状弯曲的特征并出现分支的现象，沿着倾向具有分支复合、膨大狭缩的特点。由于建模软件的功能限制，在对研究区的金矿体进行三维实体建模的过程中，极为小型的矿体在建模软件中不能完全构建，在三维实体模型可视化中也因为金矿体的规模与整个研究区的范围相比太小而不能显示，所以在建模的过程中着重对研究区内 4 个矿段的主要大型矿体按照具体的产状特征、厚度特征等（表 8.2）进行精细化建模，而对于较小的金矿体采用粗略化建模，对小型矿体细节上的变化予以简略，只考虑宏观上的矿体特征（图 8.12）。

表 8.2　红旗沟–深水潭金矿区主矿体信息表

矿体编号	矿体规模						矿体产状/(°)		
	矿体长度/m	矿体斜深/m	矿体真厚度/m				走向	倾向	倾角
			最大	最小	平均	变化系数/%			
ZM2	480	45~338	14.16	0.80	3.8	91.81	100~142	10~35	66~83
ZM3	240	35~394	7.6	0.99	3.99	47.87	113	23	72~74
ZM4	260	70~415	7.60	0.92	3.67	50.00	118~125	28~35	71~77
ZM5	480	232~485	32.71	0.81	7.77	91.41	100~142	10~52	50~83
LM8	880.00	8~675	40.94	0.84	11.13	68.19	100~300	10~210	60~85
LM11	520	8~334	20.16	0.87	5.64	76.53	115	25	70
LM18	328.00	40~323	19.37	0.97	7.28	100.06	105~300	15~210	60~80
LM23	218.00	49~175	5.70	0.97	2.66	100.17	105~130	15~40	69~75
SM1	258.00	40	3.78	1.44	2.23	48.98	125~155	35~65	57~68
SM2	636.00	40~114	18.16	0.85	5.68	100.05	80~145	350~55	55~81
QM4	313.00	65~174	9.18	0.64	2.52	100.19	98~149	8~59	8~72
QM5	510.00	40~127	4.55	0.89	1.99	99.80	260~140	350~50	40~74
QM8	120	64~179	6.65	0.8	2.84	55.62	38	310	8~28

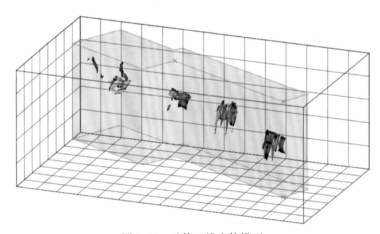

图 8.12　矿体三维实体模型

　　红旗沟矿区内，红旗沟矿段的主矿体是 QM4 号矿体、QM5 号矿体和 QM8 号矿体。深水潭矿区内，黑石沟矿段的主矿体是 SM1 号金矿体和 SM2 号金矿体；黄龙沟矿段内，主矿体是 LM8 号矿体、LM11 号矿体、LM18 号矿体和 LM23 号矿体。水闸东沟矿段内，主矿体是 ZM2 号矿体、ZM3 号矿体、ZM4 号矿体和 ZM5 号矿体，各矿段内产出的主金矿体的三维实体模型如图 8.13 所示。

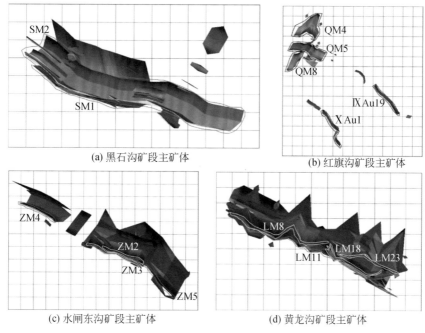

(a) 黑石沟矿段主矿体

(b) 红旗沟矿段主矿体

(c) 水闸东沟矿段主矿体

(d) 黄龙沟矿段主矿体

图 8.13　各矿段主矿体三维实体模型

8.4　成矿有利信息定量分析与提取

基于三维实体模型，将找矿模型中的控矿要素信息赋值到立方块体模型中，结合该区已知矿体信息，分析控矿要素的有利特征值范围，如通过统计分析具有某种控矿要素信息的块体单元与含矿块体之间的空间关系，提取出相关性较高的有利特征值作为综合分析预测的特征变量，为三维定量预测提供基础。

8.4.1　立方体模型的建立

本次研究过程中，考虑到实测地质剖面、图切剖面勘探线的勘探间距以及对三维实体模型块体剖分后的数据和计算机计算能力等，在保证块体单元的尺寸能够满足三维成矿预测计算精度的前提下尽可能地提高计算机的运行速度，因此按照 20m×20m×20m 的块体单元尺寸对整个三维实体模型区进行块体划分，整个研究区共划分单元块体 985125 块。根据已有地质资料建立的地层、岩体、构造、矿脉、矿体等三维实体模型，在矿体模型中进行实体约束，将各实体模型定量化赋予每个块体单元中，其中已知矿体数为 6496 块，断裂构造块数为 142899 块，如图 8.14 所示。

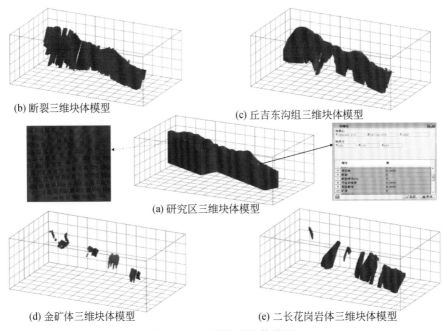

(b) 断裂三维块体模型　　　　　　(c) 丘吉东沟组三维块体模型

(a) 研究区三维块体模型

(d) 金矿体三维块体模型　　　　　(e) 二长花岗岩体三维块体模型

图 8.14　三维地质块体模型

8.4.2　成矿信息分析与提取

基于对找矿模型的总结,其列举的每个关乎成矿的地质单元对隐伏矿体的预测评价工作都有一定的意义。本节从地层、岩体、构造三方面分析控矿要素含矿性,从而总结定量预测模型。

8.4.2.1　地层信息提取

根据该区的三维实体模型,对研究区内的不同地层与已知矿体进行相关性分析(图 8.15),结果表明,产于地层中的金矿块个数为 4728 块,其中产于古生界奥陶系祁漫塔格群变火山岩组的金矿块数约占产于地层已知矿块数目的 48.1%,因此该研究区内古生界奥陶系祁漫塔格群变火山岩组为本研究区内金矿形成的有利成矿地层。

8.4.2.2　岩体信息提取

1)有利岩体

对研究区内岩体三维实体模型进行块体划分后,与已知矿体进行叠加分析,其中石英片岩、黑云斜长片麻岩、斜长花岗岩、碎裂岩是成矿有利岩体,其含矿数约占岩体已知矿体数目的 82.3%(图 8.16)。因此认定石英片岩、黑云斜长片麻岩、斜长花岗岩、碎裂岩为成矿的有利岩体。

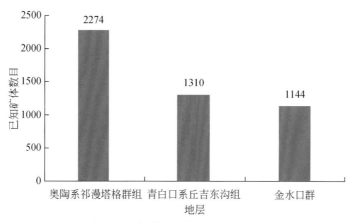

图 8.15　地层与已知矿体数目叠加统计分析（小庙组未统计）

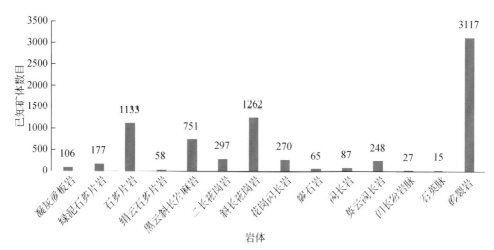

图 8.16　岩体与已知矿体数目叠加统计分析

2）岩体缓冲区

从研究区内产出的已知金矿体看，金矿体多分布于岩体的边部或者距离岩体一定范围的空间里，Ⅶ、Ⅸ号含矿蚀变带及金矿体产出的位置与岩体存在一定的距离（0～200m），Ⅹ、Ⅺ号含矿蚀变带上的金矿体所表现的这种特征尤为显著。因此计算不同尺度下的岩体缓冲区范围与已知金矿体单元的关系，从而分析出研究区内有利于成矿的最佳岩体的缓冲区范围。如图 8.17～图 8.19 所示（块数指该范围内对应岩体及其缓冲区内的单元块数；含矿块数指该范围内对应岩体及其缓冲区内的单元块数所含金矿体的块数；比率指该范围内对应岩体及其缓冲区内的单元块数所含金矿体的块数占总金矿体块数的比率；含矿比指含矿块数与块数的比率），由不同岩体缓冲区内的含矿块数特征分析可知，碎裂岩 20m 缓冲区是碎裂岩最佳成矿有利范围，石英片岩的 80m 缓冲区是石英片岩的最佳成矿有利范围，斜长花岗岩 140m 缓冲区是斜长花岗岩的最佳成矿有利范围。

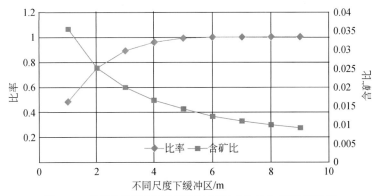

图 8.17　不同尺度下碎裂岩缓冲区与矿体叠加统计折线图

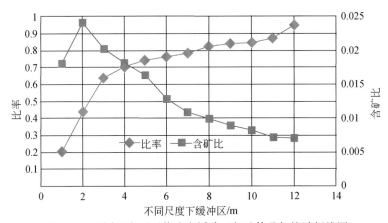

图 8.18　不同尺度下石英片岩缓冲区与矿体叠加统计折线图

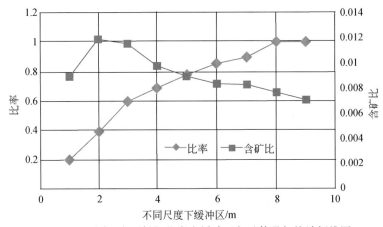

图 8.19　不同尺度下斜长花岗岩缓冲区与矿体叠加统计折线图

8.4.2.3　构造信息提取

1）断裂及缓冲区

该地区构造活动强烈，区内的深大断裂为矿源物质移动提供运移通道，大型断裂周围一定空间内形成的大量脆性断裂，构成了封闭性良好的成矿空间。因此，断裂构造及断裂构造周边一定范围的立体空间对该区的金矿体形成起到重要的作用，统计分析不同尺度下断裂缓冲区与矿体叠加结果，如图 8.20 所示，由统计结果分析选定断裂的 20m 缓冲区是最佳成矿缓冲区范围。因此，选定断裂及断裂 20m 缓冲区作为有利成矿因子。

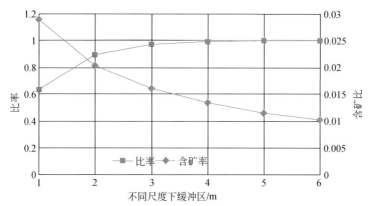

图 8.20　不同尺度下断裂缓冲区与矿体叠加分析统计折线图

　　在对不同矿床的研究中，断裂控制成矿的作用过程较为常见。同时，不同断裂的交叉处、断裂产状的变化处、断裂中圈闭较好的区域、断裂构造与有利岩层交汇处等也都是容易成矿的区域（赵鹏大等，2006），对已经建立的断裂二维实体模型，提取不同深度上的断裂线分布文件数据，共提取到区域内高程 2500 ~ 4800m 的 12 层断裂中断分布的数据信息，通过隐伏矿体定量预测系统（3DMP）对 12 层中断平面分布数据信息进行插值处理，对区域的构造特征进行定量化提取即断裂交点数、断裂等密度、中心对称度等。

　　2）断裂交点数

　　通过提取每层断裂线性的交汇部分来定量表征断裂的交汇特征，将计算得到的断裂交点数值等间隔划分为 200 个数据区间，与矿体叠加进行统计分析，根据统计结果，区间（0.00000097，21.79838618341］范围内的矿体块数约占总矿体块数的 60.4%（3922/6496），因此选定该区间的值作为断裂交点数的成矿有利区间，如图 8.21 所示。

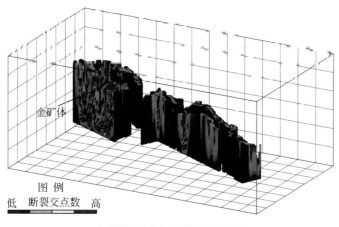

(a) 有利区间分布与矿体叠加立体图

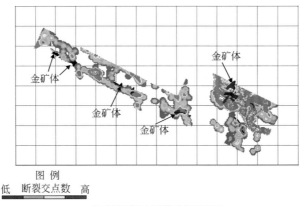

图 例
低　断裂交点数　高

(b) 有利区间与矿体叠加平面图
图 8.21　断裂交点数

3）断裂等密度

　　断裂等密度值越高的区域即构造发育越强烈的地方，也是矿化特征相对集中的部位。对计算后得到的断裂等密度值等间隔划分为 200 个数据区间，与矿体叠加进行统计分析，根据统计结果，区间（2.6767045712，8.3684659992］或（27.9818941582，69.854283013］范围内的矿体块数约占总矿体块数的 81.6%（5302/6496），因此选定该区间值作为断裂等密度的成矿有利区间，如图 8.22 所示。

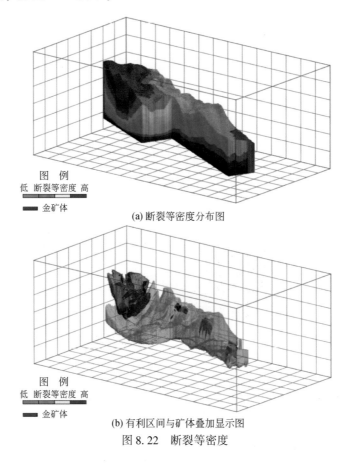

图 例
低　断裂等密度　高
■■　金矿体

(a) 断裂等密度分布图

图 例
低　断裂等密度　高
■■　金矿体

(b) 有利区间与矿体叠加显示图
图 8.22　断裂等密度

4）中心对称度

对计算后得到的中心对称度值等间隔划分为 200 个数据区间，与矿体叠加进行统计分析，根据统计结果，区间（0.904761628，1.713747981］范围内的矿体块数约占总矿体块数的 53%（3445/6496），因此选定该区间值作为中心对称度的成矿有利区间，如图 8.23 所示。

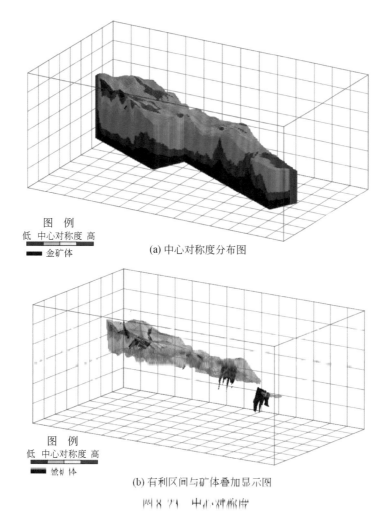

图 例
低 中心对称度 高
金矿体

(a) 中心对称度分布图

图 例
低 中心对称度 高
金矿体

(b) 有利区间与矿体叠加显示图

图 8.23 中心对称度

8.5 三维预测与评价

8.5.1 定量预测模型

基于建立的找矿模型，结合对地层、岩体、构造等控矿条件的提取与分析，选取奥陶系祁漫塔格群变火山岩组、断裂、断裂 20m 缓冲区、断裂交点数、断裂等密度、中心对称度、碎裂岩、黑云斜长片麻岩、石英片岩、斜长花岗岩以及碎裂岩 20m 缓冲区、石英片岩 80m 缓冲区、斜长花岗岩 140m 缓冲区 13 个变量作为成矿有利因子来建立五龙沟金矿区找矿预测模型，见表 8.3。

表 8.3　研究区找矿预测模型

控矿要素	预测因子	特征变量
地层	有利地层	奥陶系祁漫塔格群变火山岩组
构造	有利构造	断裂
	断裂缓冲区	断裂 20m 缓冲区
	构造交汇特征	断裂交点数 （0.00000097，21.79838618341]
	构造展布特征	断裂等密度 （2.6767045712，8.3684659992] 或 （27.9818941582，69.854283013]
	构造岩浆活动	中心对称度 （0.904761628，1.713747981]
岩浆岩	岩体含矿性分析	碎裂岩
		石英片岩
		黑云斜长片麻岩
		斜长花岗岩
	岩体缓冲区	碎裂岩 20m 缓冲区
		石英片岩 80m 缓冲区
		斜长花岗岩 140m 缓冲区

8.5.2　三维成矿预测

8.5.2.1　信息量计算

本次成矿预测研究采用的是找矿信息量法。根据信息量的计算结果对信息量进行进一步的统计分析，从而确定对信息量进行分级的临界值，主要分析方法包括主观的选择、统计以及作图指导等，得到成矿有利的块体单元后进行找矿靶区圈定。不同控矿要素进行计算的信息量值见表 8.4。

表 8.4　成矿有利要素信息量

信息层名	含标志单元数	信息层单元数	信息量值
断裂	4134	142899	0.64217206
断裂等密度	5302	432659	0.26912476
中心对称度	3445	122305	0.63057579
断裂交点数	3922	404617	0.16729424
断裂 20m 缓冲区	5834	285542	0.4911272
石英片岩 80m 缓冲区	4532	248370	0.44202154
石英片岩	1133	55049	0.49431125
碎裂岩 20m 缓冲区	4876	193930	0.58124948

续表

信息层名	含标志单元数	信息层单元数	信息量值
斜长花岗岩 140m 缓冲区	5022	563304	0.13096465
斜长花岗岩	1262	141967	0.12970273
碎裂岩	3117	87834	0.73090492
黑云斜长片麻岩	751	70977	0.20535307
奥陶系祁漫塔格群变火山岩组	2274	313028	−0.03054734

　　将计算的信息量值导入块体模型中作为研究区内三维实体模型的一个属性，采用分级显示的方法对整个研究区的信息量进行显示（红色代表信息量高值区，蓝色代表信息量低值区）。图 8.24 为计算的信息量在三维实体模型中与已知金矿体的叠加显示，从图中可知，研究区已知金矿体的产出位置与研究区内计算的信息量较高值区域在空间位置上重叠一致，因此说明找矿信息量法用于隐伏矿体预测切实可行。

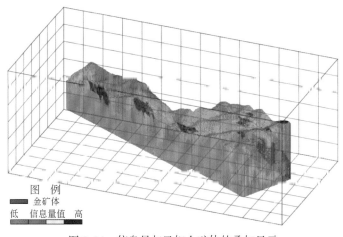

图 8.24　信息量与已知金矿体的叠加显示

8.5.2.2　信息量分级

　　隐伏矿体的定位预测是在于圈定找矿靶区，而找矿靶区的圈定是依据研究区内计算出的信息量值。根据计算的信息量值，采用统计的方法对研究区的信息量进行分析，将其均等划分为 10 个信息量区间，统计每个区间内所含模型块数、含矿单元块数，进而分别计算出累积块比和累积矿比、累积矿比/累积块比（表 8.5），并绘制折线图（图 8.25）。

表 8.5　三维信息量区间统计分析

信息量区间	信息量起始值	累积块数	累积矿块	累积块数比	累积矿块比	累积矿比/累积块比
1	0.030547343	882315	6240	1	1	1
2	0.381050855	652623	6230	0.739671206	0.998397436	1.349785456

信息量区间	信息量起始值	累积块数	累积矿块	累积块数比	累积矿块比	累积矿比/累积块比
3	0.792649052	414379	6024	0.469649728	0.965384615	2.055541731
4	1.204247249	287471	5804	0.325814477	0.930128205	2.854778626
5	1.615845446	173372	5331	0.196496716	0.854326923	4.347792372
6	2.027443644	101764	4896	0.115337493	0.784615385	6.802778217
7	2.439041841	55817	3977	0.063261987	0.637339744	10.07460837
8	2.850640038	30862	3042	0.034978437	0.4875	13.93715791
9	3.262238236	13382	1932	0.015166919	0.309615385	20.41386158
10	3.673836433	1849	425	0.002095623	0.068108974	32.50058527

图 8.25 累积块比折线、累积矿比折线和累积矿比/累积块比折线的分析显示，累积矿比/累积块比折线与累积矿比折线的交点在第 8 区间起始值处，故选取第 8 区间的临界值（2.850640038）作为信息量第 Ⅰ 等级（图 8.26）；累积矿比/累积块比折线与累积块比折线的交点在第 5 区间起始值与第 6 区间起始值中间，依据利用信息量筛选出的块体单元越少，则找矿靶区定位越精确的特性，选择信息量介于第 6 区间起始值与第 8 区间的值（2.027443644<信息量值<2.850640038）作为信息量第 Ⅱ 等级（图 8.27）。此外，研究区范围较小，已知矿体相对集中，信息量计算结果的极差较小且信息量值分布呈现出由中心向四周逐渐减小的特征（信息量较小值包围较大值）。因此，本研究不考虑信息量第 Ⅲ 等级的划分。

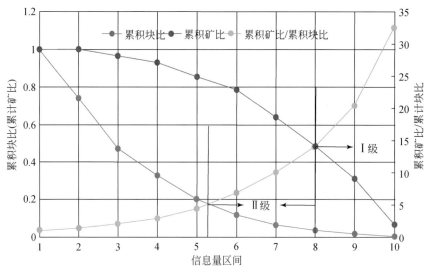

图 8.25　信息量分析

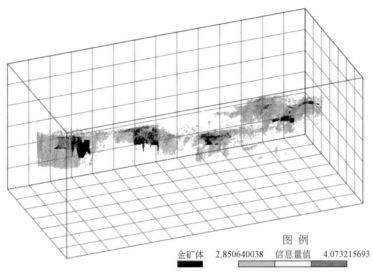

图 8.26 信息量第 I 等级

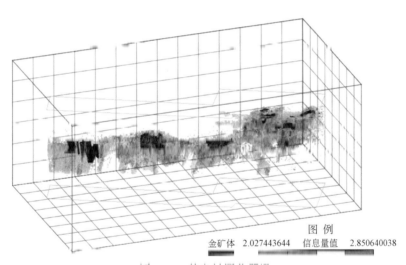

图 8.27 信息量第 II 等级

8.5.2.3 找矿靶区定位

以研究区三维实体模型为研究对象，根据成矿有利区圈定的结果生成立方体模型约束文件，结合找矿信息量法计算的属性值，进行信息量块体模型的约束。在信息量分级中讨论了信息量的两级划分，因此找矿靶区的圈定也同样划分为第 I 等级、第 II 等级两级找矿靶区，但是在对信息量结果的分析发现，信息量数值的整体分布情况是沿着构造线出现高值分布的，以构造线为中心向四周信息量值逐减，信息量值高的块体被信息量值低的块体包围在中间。因此，对于信息量分布的包围状特征，本次只研究信息量第 I 等级的找矿靶区位置的圈定。

在三维实体模型中，以信息量第Ⅰ等级为约束，生成符合第Ⅰ等级信息量数值区间的块体单元空间分布［图8.28（a）］，再以基于非线性推测模型所圈定的成矿有利区，对信息量第Ⅰ等级的块体单元进行再约束，从而得到成矿有利区内信息量第Ⅰ等级的块体单元分布［图8.28（b）］，这些经二次约束后筛选的块体单元即第Ⅰ等级找矿靶区圈定的重要依据。

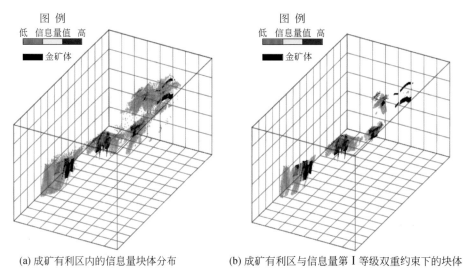

(a) 成矿有利区内的信息量块体分布　　　　(b) 成矿有利区与信息量第Ⅰ等级双重约束下的块体

图8.28　圈定找矿靶区依据

二维平面的成矿预测发展到三维空间的成矿预测，其最主要的优势就是成矿预测中的一切因素都具有深度方向（Z向）的信息，从而摆脱了二维平面上缺乏深度信息的弊端。同样，三维成矿预测指导下的找矿靶区圈定不应该仅仅是按照顶面的平面形态自上而下直接连通，而是应该根据预测的结果再按照在不同高度层面的分布形态，逐层连接构成三维空间下的立体找矿靶区。因此，为了保证所圈定找矿靶区的空间形态与三维成矿预测结果的单元块体在空间上的分布特征保持最大程度的契合，对每个矿段内成矿有利区与信息量第Ⅰ等级双重约束下的块体单元进行切剖面处理，如图8.29所示。

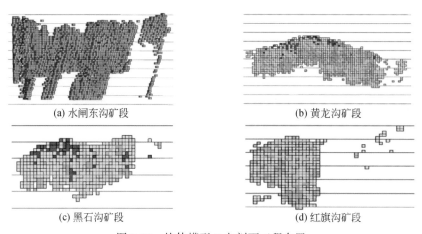

(a) 水闸东沟矿段　　　　　　　　　(b) 黄龙沟矿段

(c) 黑石沟矿段　　　　　　　　　(d) 红旗沟矿段

图8.29　块体模型Z向剖面工程布置

　　按照深度方向 100m 的间距对三维实体模型进行逐层逐高度切剖面，获取每个深度层面的块体单元分布形态特征，对逐层的结果进行平面找矿靶区的圈定，最终对每一层面的找矿靶区范围进行上下连通，构成三维空间下的找矿靶区，如图 8.30 所示。

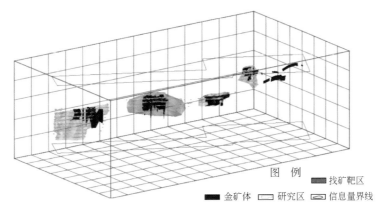

图 8.30　三维找矿靶区和已知金矿体

8.5.3　预测精度评价

　　成矿预测研究是繁杂的、多阶段的过程，它在进行的每一阶段都可能产生不确定性。因此，成矿预测评价不应终止于靶区的圈定，还应该在实现定位预测之后开展矿产资源预测的评价工作，对整个成矿预测过程中的不确定性进行分析评价。评价主要分为 5 个部分：定位预测结果评价、预测结果分级排序、预测资源量评价、找矿概率评价、勘查部署建议。

8.5.3.1　定位预测结果评价

　　本次研究在整个研究区共定位出 4 处找矿靶区，其中红旗沟矿段 1 处，水闸东沟矿段 1 处，黑石沟矿段 1 处，黄龙沟矿段 1 处。通过分析可知，采用非线性的离散推测方法圈定成矿有利区的研究中，未将已知矿体作为已知条件，只根据找矿地质模型以及找矿预测模型中分析的成矿有利因素进行分析，从而得到成矿有利区的范围，而找矿靶区圈定是在基于三维找矿信息量高值区、成矿有利区的双重约束下进行的定位预测，因此可将研究区的已知矿体作为验证因子，参与定位预测的评价。分别对 4 个不同矿段内的矿体块数、4 个矿段上所圈定的找矿靶区内矿体块数，以及靶区所含块数进行统计，根据在各个矿段内统计结果（图 8.31），红旗沟矿段的找矿靶区内矿体块数约占该矿段矿体块数的 62.6%；黑石沟矿段的找矿靶区内矿体块数约占该矿段矿体块数的 82.4%；黄龙沟矿段的找矿靶区内矿体块数约占该矿段矿体块数的 92.5%；水闸东沟矿段找矿靶区内矿体块数约占该矿段矿体块数的 68.6%；所圈定的四个找矿靶区内总共含有的矿体块数约占已知矿体的 78%。

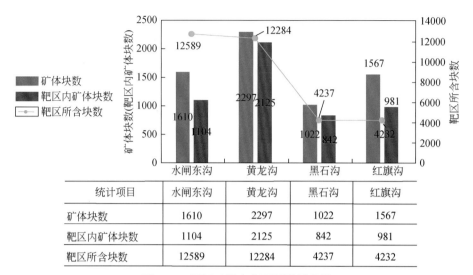

统计项目	水闸东沟	黄龙沟	黑石沟	红旗沟
矿体块数	1610	2297	1022	1567
靶区内矿体块数	1104	2125	842	981
靶区所含块数	12589	12284	4237	4232

图 8.31　不同矿段定位预测结果分析

8.5.3.2　预测结果分级评价

找矿靶区定位研究中，找矿靶区的圈定是基于成矿有利区与信息量高值区相互约束的结果，而采用非线性推测模型圈定的 4 个成矿有利区是由相同的变量组合个数、相同的收缩距离两个因素控制，没有级别高低的区分。因此对于预测结果的分级评价就是基于成矿有利区与信息量高值区双重约束下对找矿靶区中块体的信息量进行统计分析，从而实现靶区的分级。找矿靶区的圈定是将高于信息量第 8 区间的临界值（2.850640038）作为信息量第 I 等级，即信息量第 I 等级中包含 3 个信息量分区间，信息量值介于 2.850640038 ~ 3.262238236 的第 8 区间、信息量介于 3.262238236 ~ 3.673836433 的第 9 区间、信息量大于 3.673836433 的第 10 区间，通过分别对 4 个找矿靶区内的不同信息量区间的块体个数进行统计从而对所圈定的找矿靶区进行级别划分（图 8.32）。根据统计结果，信息量高值区（信息量第 10 区间）只分布在黄龙沟矿段和黑石沟矿段，因此将位于黄龙沟矿段和黑石沟矿段的找矿靶区确定为 I 级找矿靶区（黄龙沟找矿靶区：I -1；黑石沟找矿靶区：I -1），将位于红旗沟矿段和水闸东沟矿段的找矿靶区确定为 II 级找矿靶区（水闸东沟找矿靶区 II -1；红旗沟找矿靶区 II -2）。各靶区在走向上与该区的构造线方向一致，在深部方向也显现出与构造倾向近似的倾斜特征（图 8.33）。

8.5.3.3　预测资源量评价

研究区所圈定的 4 处靶区的资源量预测主要结合前人对区内钻孔数据的统计分析结果完成。根据钻孔中的采样信息，对圈定的靶区分别进行资源量的估算，详见第 1 章。

青海省第一地质矿产勘查院对红旗沟矿段、黄龙沟矿段、水闸东沟矿段、黑石沟矿段 4 个勘查区的体重样品进行了统计分析（表 8.6），本次预测资源量评价参考了其统计分析结果。

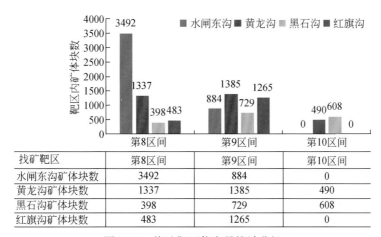

找矿靶区	第8区间	第9区间	第10区间
水闸东沟矿体块数	3492	884	0
黄龙沟矿体块数	1337	1385	490
黑石沟矿体块数	398	729	608
红旗沟矿体块数	483	1265	0

图 8.32　找矿靶区信息量统计分级

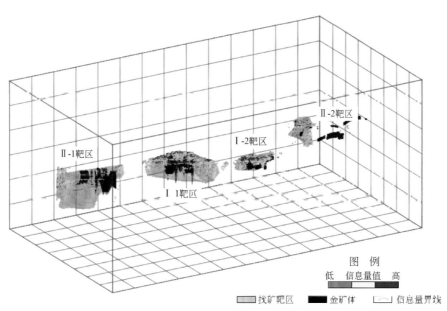

图 8.33　三维找矿靶区分级

表 8.6　勘查区体重样品统计表

区段	含矿岩石类型	样品数量/件	平均体重/(g/cm³)
红旗沟	黑云石英片岩、斜长花岗岩、碎裂岩、石英片岩、黄铁矿化石英脉、黑云斜长片麻岩、糜棱岩化石英片岩等	31	2.49
黑石沟	辉石岩、碎裂岩、硅化大理岩、糜棱岩化绢云石英片岩、碎裂状斜长花岗岩、蚀变岩等	39	2.60
黄龙沟–水闸东沟	黄铁矿化黑云石英片岩、糜棱岩化黑云斜长片麻岩、糜棱岩、碎裂岩、碎裂状斜长花岗岩、糜棱岩化斜长花岗岩等	62	2.60

　　以统计分析得出的矿石平均体重作为 4 处找矿靶区的矿石平均体重 ρ 参与计算。此外，参考前人对该区的样品核算，研究区内合计录入样品总件数 31333 件，达到边界品位以上的样品共 3189 件，且样品长度正态分布直方图如图 8.34 所示，绝大多数样品长度分布在 1m 左右，因此将达到边界品位的样品数与总计样品数的比值作为资源储量估算的含矿率 m，结合对不同矿段的靶区体积的统计，从而估算出本区金矿资源量约为 165t，见表 8.7。

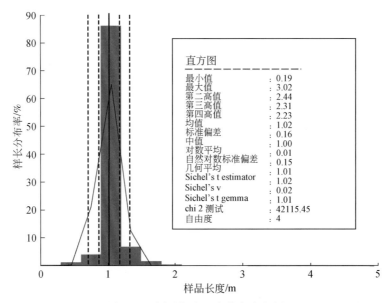

图 8.34　样品长度正态分布直方图

表 8.7　各有利区资源量统计

靶区名称	体积 V/m^3	矿石密度/(kg/m³)	品位/(g/t)	含矿率 m	资源量/kg
红旗沟	24711738	2490	4.08	0.101778	25551.51842
黑石沟	24719101	2600	2.99	0.101778	19558.30078
黄龙沟	71950450	2600	3.23	0.101778	61498.32642
水闸东沟	64624029	2600	3.42	0.101778	58485.39093
总计	—	—	—	—	165093.5366

　　由于在研究中所圈定的找矿靶区中已经包含了较大部分的已知矿体，根据预测资源量（334）类别划分的定义，本区所预测的金矿资源量（约 165t）为 334-1 资源量。

8.5.3.4　找矿概率评价

　　本研究采用专家打分权重法来对研究区的整个三维成矿预测过程进行评价，专家打分权重法是从资料基础、工作程度以及找矿模型等若干方面进行的可靠性定量评估。根据专家打分权重法以及各评价因子的赋值情况（表 8.8），对该研究区内三维成矿预测精度进行评价，计算可以得到找矿概率精度评价值为 73.1%。研究工作所用到的资料数据类型相对较少，故预测评价工作存在一定的风险，但是总体来说预测结果信任度高，可以在该区进行找矿勘查实践。

表 8.8　评价因子赋值及权重表

评价因子	赋值（V_i）	权重（W_i）
资料基础	0.8	0.25
工作程度	0.9	0.2
预测单元	0.6	0.1
找矿模型	0.58	0.3
定位预测精度	0.78	0.15
找矿概率精度评价值/%	73.1	

8.5.3.5　勘查部署建议

根据红旗沟–深水潭金矿区三维成矿预测的研究结果，并针对三维预测整个流程的评价分析，对该地区下一步的矿产勘查提出勘查部署建议如下。

黄龙沟 I-1 找矿靶区在走向上与研究区的断裂构造走向一致，通过对该找矿靶区内的不同控矿因子进行精度评价，该区在碎裂岩 20m 缓冲区范围内、石英片岩 80m 缓冲区范围内、斜长花岗岩 140m 缓冲区范围内包含了几乎全部的已知金矿体，所以该找矿靶区应该重点勘查在碎裂岩、斜长花岗岩以及石英片岩边部的区域。另外，该区内找矿信息量高值块体均覆落在近地表处，因此地表找矿在该区也具有很大潜力。

黑石沟 I-2 找矿靶区在走向上与区内的断裂构造走向一致，且垂直方向与走向上厚度增加，通过对该找矿靶区内的不同控矿因子进行精度评价，该区在断裂缓冲区、碎裂岩 20m 缓冲区、石英片岩 80m 缓冲区以及斜长花岗岩 140m 缓冲区内包含了大量的已知矿体，因此本区金矿勘查应该侧重于向已知矿体的边部、向东西两侧布设勘查工程，此外在该区找矿还应该选择断裂密度大的区域以及构造交汇特征强烈的区域进行勘查。

水闸东沟 II-1 找矿靶区在走向上与区内断裂构造走向一致，包含范围主要围绕区内已知矿体向西侧及深部延伸。通过对该找矿靶区内的不同控矿因子进行精度评价，该区内断裂构造内部及断裂 20m 缓冲区范围内控矿作用明显，此外，石英片岩 80m 缓冲区范围内包含了全部的已知矿体，因此石英片岩 80m 缓冲区、断裂及其 20m 缓冲区范围区域应该是该区找矿重点勘查的地段。

红旗沟 II-2 找矿靶区与区内断裂构造交汇特征明显的部位吻合较好，且在垂直于断裂构造走向上厚度增加，表明在该区内断裂构造的边部成矿潜力大，应该对构造边部区域进行重点勘查。但在红旗沟矿段东部有少量已知矿体未圈定在靶区范围之内，另外预测块体分布相对稀疏，可能是本研究的缺陷所在，因此红旗沟 II-2 找矿靶区东段也应该适当加大工程布置，扩大红旗沟矿区的找矿成果。

从宏观上说，东侧以黑石沟矿段左端至黄龙沟矿段右端之间出现隐约连续的特征，表明介于黄龙沟与黑石沟矿段之间的部位（中段剖面黑石沟 44 线与黄龙沟 16 线之间）成矿条件好，有相应的预测块体分布，该区段应该加密工程布置，以发掘隐伏矿体。

8.6 小 结

本章结合对成矿预测理论的掌握与找矿预测方法的实践，在五龙沟地区红旗沟–深水潭金矿床开展三维成矿预测研究工作，在成矿预测研究过程中取得了如下的成果：

（1）通过对五龙沟地区红旗沟–深水潭金矿床基本地质概况的了解与分析，完成了研究区三维成矿空间的重建。尤其是对研究区的岩浆岩体进行了全面化建模，且对研究区的主矿体严格按照该区地质勘查资料中的矿体产状及厚度等属性信息进行了细致建模。

（2）通过对构造蚀变型金矿矿床成因、成矿规律的分析，总结出找矿模型，并进一步根据找矿模型分析确定成矿要素因子，得到研究区的找矿模型及其成矿要素因子特征值。

（3）基于三维实体模型来对整个研究区进行块体划分，从而构建立方体模型，实现了对研究区成矿要素因子特征值定量化提取与分析，总结出该区金成矿的定量化预测模型。

（4）基于隐伏矿体定量预测系统（3DMP），采用非线性推测模型方法圈定了成矿有利区 4 处，并根据连续插值模型的方法圈定找矿靶区 4 处，其中 I 级找矿靶区 2 处，II 级找矿靶区 2 处。

（5）完成 4 处找矿靶区内的资源储量估算，总计金储量约为 165t。同时，系统地对研究区的预测工作进行了概率评价，本次预测工作的找矿概率精度评价值为 73.1%。

第9章 云南个旧高松矿田锡多金属成矿过程模拟三维预测

云南个旧锡矿是中国最大的锡矿床，占全国锡储量的三分之一，矿区具有 2000 多年的开发历史，地质勘探工作程度高，基础地质资料丰富。高松矿田位于个旧东区中部，为锡、铅、银、铜富集程度较高的大型锡多金属矿田，是矿产储量巨大，找矿潜力较大的地区。本章选择个旧高松矿田进行三维形态模拟和成矿地质演化的力-热-流耦合过程的数值模拟研究，对矿体与相关地质要素的形态及空间关系进行理解，揭示主要的控矿要素和矿体的空间定位，深入了解其成矿机制和演化过程，为隐伏矿体的预测提供重要参考。

9.1 区域地质背景

个旧矿集区位于云南省个旧市东南部，云贵高原南缘，地质构造复杂，东、西和中部众山丛错，山脉连绵，区内 95% 以上面积为山区，多是喀斯特地貌，属亚热带气候，具体地理位置处于 102°52′E ~ 103°21′E，22°59′N ~ 23°38′N。个旧矿区是以生产锡为主并产铅、锌、铜等多种有色金属的超大型多金属矿集区，是中外闻名的锡都，由五个小的矿集区组成，从北至南依次为马拉格、松树脚、高松、老厂及其卡房矿田。

本次重点研究的高松矿集区位于个旧矿群东区，是个旧五大矿集区之一。高松矿集区内出露的地层主要为中二叠统个旧组碳酸盐岩岩层，也是主要的含矿层。矿田内褶皱和断裂十分发育，而且具有多期活动的特点。其中，NE、NNE、EW、NWW 方向的褶皱、断裂是主要的控岩控矿构造。与个旧锡多金属矿有直接成因关系的花岗岩岩体隐伏于高松矿集区 1 ~ 3km 深度范围之内，属燕山期晚期的产物，为壳源重熔型黑云母花岗岩（庄永秋等，1996）。

本次研究的首要任务是分析个旧区域地质特征及成矿-地质演化-构造动力学演化耦合关系，然后重点总结高松矿集区的成矿过程和成矿模型，明确区域成矿的主次成矿期，并针对主成矿期建立成矿过程模型。具体来说，对个旧地质特征的深入分析是准确建立模型的基础和关键，其通常包括地层条件分析、构造条件分析、岩浆岩条件分析以及上述三个地质条件相互作用关系。在此基础上，根据高松矿集区具体的矿床类型和主要控矿要素，同时结合研究区多元地质信息建立对应的成矿地质模型。

9.1.1 地层

个旧矿集区出露地层主要为中三叠统碳酸盐岩类，下三叠统和上三叠统碎屑岩、上二叠统含煤碎屑岩仅有零星出露。然而，矿区分布最为广泛的地层为中三叠统个旧组和法郎组，也是主要的赋矿层。高松矿田出露的地层主要为个旧组碳酸盐岩，其中以马拉格段分布最广。除西部大箐–对门山一带为卡房段 $T_2g_1^3$ 灰岩，个松断裂南盘出露约 $4km^2$ 的 $T_2g_1^2$ 以及 $T_2g_1^6$ 地层以外，其余均为马拉格段（T_2g_2）地层，如图9.1为个旧东矿区地质简图。

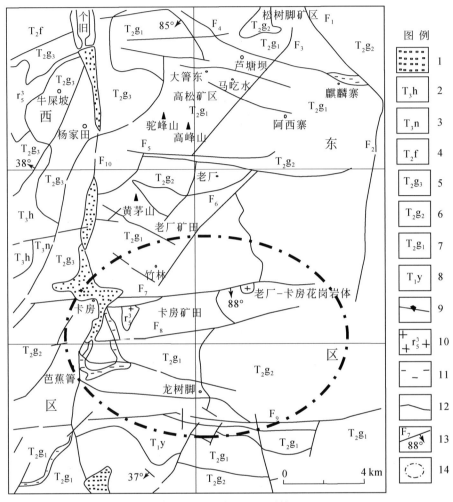

图 9.1　个旧东矿区地质简图

1. 全新统；2. 上三叠统火把冲组砂砾岩和页岩；3. 上三叠统鸟格组砂页岩；4. 中三叠统法郎组砂页岩、灰岩夹玄武岩；5. 中三叠统个旧组白泥硐段灰岩、白云岩夹玄武岩；6. 中三叠统个旧组马拉格段白云岩、灰质白云岩夹灰岩；7. 中三叠统个旧组卡房段灰岩、白云岩；8. 下三叠统永宁镇组砂页岩夹灰岩；9. 大箐–阿西寨向斜；10. 燕山期花岗岩；11. 印支期玄武岩；12. 地层界线；13. 断裂编号及产状；14. 研究区范围

　　研究发现，以锡为主的金属硫化物对岩性具有明显的选择性，矿体主要赋存于中三叠统个旧组碳酸盐岩地层中，更具体来说，其赋存于个旧组含膏盐、藻碳酸盐岩相及由这些岩相组成的白云岩和灰岩互层中。矿体多呈似层状、透镜状，沿层并且多在岩性转换部位产出。另外，卡房段和马拉格段岩相对矿质的活化、迁移、沉淀富集起着重要的作用，为成矿提供了部分成矿物质。

　　如图9.2所示，已探明的锡、铅、铜多金属矿体在不同地层分布的统计结果显示，绝大部分的矿体分布在中三叠统个旧组中，其中主要分布在中段和下段。锡矿主要分布在个旧组卡房段的第 5 层（$T_2g_1^5$）和第 6 层（$T_2g_1^6$）中；铜矿主要赋存于个旧组卡房段的第 1～第 3 层（$T_2g_1^1$、$T_2g_1^2$ 和 $T_2g_1^3$）中；铅矿主要赋存于个旧组卡房段的第 6 层（$T_2g_1^6$）和马拉格段的第 3 层（$T_2g_2^3$）中。

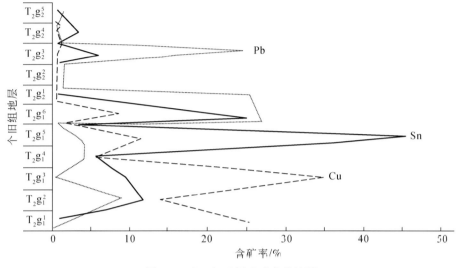

图 9.2　个旧组地层含矿率统计图

　　不同的矿床类型会在特定的地层中出现，如夕卡岩型硫化物矿床主要产于花岗岩接触带的碳酸盐岩层中，其中灰岩和白云岩的互层带为矿体富集层位；层间氧化型矿床的矿体呈层状、似层状和透镜状产出，特别是沿地层的分界面产出；砂锡型矿床主要分布在卡房段地层上，特别是在卡房段第 6 层（$T_2g_1^6$）的表面，矿区地表只要有 $T_2g_1^6$ 出露的地段，几乎都有砂锡矿存在，这与层间氧化矿在各地层中的统计数字是吻合的。以上现象说明矿体的产出对地层和岩相有明显的选择性。

9.1.2　构造

　　高松矿田位于个旧矿区五子山复式背斜的中部，整体的展布方向为 EW 向，北陡南缓的大箐–阿西寨向斜构造中，东部为 SE 向逐渐散开的宽缓褶皱带，西部为近 EW 向的人箐褶皱带，中部叠加 NE 向展布的驼峰山背斜。高松矿田内，断裂构造发育，呈网状展布，主要有 EW 向、SN 向、NE 向、NW 向 4 组断裂。构造分布与高松矿田的成矿作用密切相关，主要控矿褶皱构造包括近 EW 向轴面倾斜的大箐向斜和阿西寨向斜、次级的 NE 向尾矿库背斜和驼峰山背斜；主要控矿断裂包括 NE 向和 NW 向两组断裂。其中，NE 向的芦塘坝断裂贯穿了整个矿田，起主要的导矿作用，控制着矿床的分布。断裂构造部位发育了大量的构造岩，主要包括角砾岩、断层泥以及白云质碎裂岩，其成矿元素的含量明显高于围岩，说明断裂构造是层间锡石硫化物矿的有利赋存部位。

　　高松矿田位于五子山复式背斜北中部，其上横跨大箐–阿西寨向斜。矿田 EW 向被一级构造甲介山断裂和个旧断裂所夹持，SN 向被二级构造背阴山断裂和个松断裂所控制。其间发育有一系列方向各异、规模不等的断裂。对高松矿田主要断裂构造的破碎带、旁侧派生伴生构造、结构面及其蚀变矿化等特征进行深入观察、系统研究并分析构造应力场，推断高松矿田自中生代以来经历了 4 期的构造运动，包括印支期→燕山中晚期→喜马拉雅早期→挽近期构造活动。其中，印支期构造活动为成矿前构造；燕山中晚期的构造活动为成矿构造，对成矿有重要的控制作用；后两期为成矿后构造，对矿体有破坏作用。各期构造应力场主压应力方向分别为 SN 向→EW 向→SE 向→NE 向，形成了 EW 向褶皱断裂组、NE 向褶皱断裂组、NW 向断裂组和 SN 向断裂组（孙绍有，2004）。表 9.1 为高松矿田典型断裂在不同时期的构造性质变化情况。

表 9.1　高松矿田典型断裂在不同时期的构造性质变化情况

断裂组方向	典型断裂	印支期	燕山中晚期	喜马拉雅早期	挽近期
EW 向	麒麟山断裂	EW 向挤压	右行扭性，成矿前	左行扭性	张性
NE 向	芦塘坝断裂	左行扭性	左行压扭性，成矿前	部分张性	右行扭性
NW 向	放牛坡断裂	右行扭性	张性，成矿前	压性	左行扭性
SN 向	个旧断裂	张性	左行扭性	右行扭性	压性

通过各种宏观和微观手段分析高松矿田的断裂构造形迹特征，认为矿田内各组断裂均经历了上述 4 期活动，结合矿田内的褶皱构造，对这些断裂构造的力学性质进行分期配套，得到不同时期断裂构造的形迹组合，表示各期构造的应力场特征。其中，EW 向断裂组向南或向北陡倾，倾角为 75°~85°，多期活动特征明显。EW 向断裂结构面的力学性质经历了挤压—右行扭性—左行扭性—张性的转变过程。其中，第 2 期活动与成矿有关，第 4 期构造活动有南强北弱的特点。NE 向断裂组的分布较为均匀，断裂走向为 NE 35°~60°，总体向 NW 倾斜，倾角为 65°~85°，多期活动特征明显。NE 向断裂结构面的力学性质显示出左行扭性—压扭性—张性—右行扭性的转变过程。其中，第 2 期活动与成矿关系密切，第 3 期和第 4 期活动破坏矿体。NW 向断裂组不很发育，走向多为 NW25°~40°，倾向为 NE 向或 SW 向，倾角为 75°~85°。规模较 EW 向和 NE 向断裂组小，但其破碎带的宽度、破碎的强度以及力学性质的复杂度等较高。NW 向断裂组先后经历了右行扭性—张性—压性—左行扭性的发展转化过程。其中，第 2 期的张性活动与矿化有关。SN 向断裂组极不发育，矿田内未见 SN 走向长超过 1km 的断裂，通过分析个旧断裂，认为 SN 向断裂经历了张性—左行扭性—右行扭性—压性的演化过程。

综上所述，高松矿田的 4 期构造活动中，只有第 2 期的构造为控矿构造，与矿化及成矿有关，即 NE 向燕山中晚期的构造活动带与成矿有关；第 1 期的 EW 向印支期构造带为成矿前构造，受燕山中晚期的构造活动带叠加改造，对成矿起一定控制作用；喜马拉雅早期和挽近期的构造活动，对已形成的矿体起到了改造和破坏作用。

9.1.3　岩浆岩

个旧矿区所处的不同大地构造单元的汇聚地和多方向深大断裂的交汇部位造成了该地

区多旋回、多类型的强烈岩浆活动。按岩浆活动的时间序列有海西旋回、印支旋回及燕山旋回。其中，前两个旋回主要以基性玄武岩系列喷溢为特征，主导性控岩断裂为 NE 向。而燕山旋回以岩浆侵入为特征，早–中期主要发育基性岩和偏基性的花岗岩系列，主导性控岩断裂为近 EW 向；燕山晚期主要发育碱性岩和富碱的酸性–超酸性花岗岩系列，主导性控岩断裂为 SN 向。

　　岩体的形成时代对于研究矿体的空间展布特征至关重要。前人对个旧地区花岗岩岩体形成时代和成矿的年龄进行了广泛研究，包括 K-Ar 和 Rb-Sr 法。结果表明个旧地区的花岗质岩石形成于燕山晚期。为了更加精确地确定个旧各个岩体的年代学特征，程彦博等（2009）运用 SHRIMP 及 LA-ICP-MS 锆石 U-Pb 法，选取区内具代表性的花岗质岩石开展了系统的年代学研究。结果表明，龙岔河似斑状花岗岩形成于距今（83.2±1.4）~（82.0±0.3）Ma、马拉格–松树脚似斑状花岗岩形成于距今（82.8±1.7）Ma、老厂似斑状花岗岩形成于距今（83.3±1.6）Ma、白沙冲等粒花岗岩形成于距今（77.4±2.5）Ma。另外，根据本区其他的最新岩体年代学数据，可以得出，成岩与成矿时代近于同步，表明花岗岩和成矿有直接的关系，即成矿物质部分来源于花岗岩体。同时，结合个旧最后一期岩浆作用——白云山碱性岩 76Ma、煌斑岩（77.2±2.4）Ma（程彦博等，2008），可以推测个旧地区与成矿有关的花岗质岩浆活动在距今 85~80Ma 达到高峰值，图 9.3 为个旧主要岩体年龄统计图。

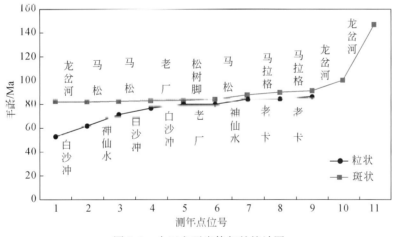

图 9.3　个旧主要岩体年龄统计图

　　高松矿田内地表岩体出露不多，仅在东北部见有玄武岩，面积约为 1.5km²。深部隐伏大面积花岗岩体，岩体顶面高低悬殊，凹凸不平，总体形态受五子山复背斜和大菁–阿西寨向斜的控制，表面形态受 NE 向断裂的控制，即花岗岩体沿断裂带形成脊状小突起或岩株小突起。矿集区北侧为马松斑状黑云母花岗岩，经深部探测推断其与已出露的粒状花岗岩在矿田的北中部相连。

　　花岗岩与围岩的接触带易形成矿体，其产出位置同时受地质构造和围岩条件的控制：①花岗岩突起的形态及其变化的部位，如接触面陡、缓起伏的交替部位，以及岩脉、岩支与主体花岗岩的交截部位；②断裂与花岗岩的交截部位；③地层有利成矿的岩性与花岗岩的交截部位，如白云岩与灰岩的互层带等层位。

9.2　矿床地质特征与找矿模型

　　高松矿田是一个以锡为主,并伴有铜、铅、银、锌、钨、铍、铟、铋等多种金属组分产出的大型矿田,具有成矿物质来源多元化以及复合成矿作用等特征。矿床类型主要有层间氧化矿床、断裂带锡-铅-银矿床以及夕卡岩型硫化物矿床三种类型,其中前两者是目前矿山开采利用的重要对象。

9.2.1　矿床地质特征

　　研究区主要包括层间氧化矿床、断裂带锡-铅-银矿床和深部花岗岩接触带的夕卡岩型硫化物矿床三种矿床类型。

　　1)层间氧化矿床

　　层间锡石-硫化物矿床在个旧矿区的各大矿田均有发育,主要产于中三叠统个旧组 $T_2g_1^5$、$T_2g_1^6$、$T_2g_2^2$、$T_2g_2^4$ 的白云岩、灰岩及硅质碳酸盐岩中,埋深 300~1000m,距下伏花岗岩体 400~600m,距地表 1200~1400m。其中,高松矿田的大箐东-芦塘坝-马吃水矿段的 10 号矿群是最具代表性的矿床。矿体形态呈层状、似层状和透镜状,呈多层平行与围岩整合产出,一般有 3~5 层,多达 8~9 层。矿体与围岩的界线清晰,与围岩地层形成同步褶曲。矿体的规模大小不等,走向长从数十米至数百米,倾向延伸从数十米至数百米,厚度为 1~10m。

　　层间氧化矿床产于花岗岩外接触带的碳酸盐岩地层中,是目前矿山开采的主要对象。原生硫化物矿石的绝大部分都已被氧化,金属矿物主要由赤铁矿、褐铁矿和针铁矿组成,其次还有锡石、铅矾和白铅矿等。矿体的空间定位和赋存状态主要受地层岩性及构造控制,按其产状又可分为缓倾斜似层状矿体和陡倾斜脉状矿体。

　　2)断裂带锡-铅-银矿床

　　断裂带锡-铅-银矿床主要产于 NE 向的压扭性断裂带中。断裂带在花岗岩侵入过程中为含矿热液的活动提供了通道和沉积富集的场所,成矿以充填作用为主,伴有交代作用,矿石中的金属矿物以褐铁矿和赤铁矿为主,其次夹有锡石、白铅矿、铅矾、砷铅矿、自然银、辉银矿、辉铅矿等。矿石具有胶状、土状及多孔状构造;呈自形、半自形、他形粒状、隐晶质及压碎结构;矿石平均品位: $w(Sn)$ 为 0.3%,$w(Pb)$ 为 4.0%,$w(Ag)$ 为 1.2×10^{-4} 以上,可构成中到大型锡-铅-银多金属矿床。

　　3)夕卡岩型硫化物矿床

　　据钻孔资料,矿集区内深部花岗岩接触带的夕卡岩型硫化物矿床主要分布在标高 1200~1760m,矿体埋深在标高 800~1200m。深部隐伏的黑云母花岗岩是成矿母岩,成矿物质主要来源于岩浆期后分异的含矿热液。因此,在岩株与围岩的接触带上,矿体成群成带地产出,尤其是岩体呈岩枝状和岩舌状而形成的拗陷部位以及沿 EW 向、NE 向、SW 向的深大断裂呈脊状突起的部位,更是有利的成矿部位。矿体常呈层状、似层状、透镜状产出,厚度为 2~30m,走向长度达数百米,可构成中至大型矿床。矿石中的金属矿物主要为锡石、黄铁矿、磁黄铁矿、黄铜矿和毒砂等，呈细脉状和浸染状散布，组成网脉状致密块状硫化物矿石。

4）矿产成因

在个旧锡矿成因研究方面，很多学者对个旧锡矿不同地区、不同类型矿床的地质特征和成矿规律与过程及有关的花岗岩类岩石进行了不同程度的研究和总结，认为矿床均属燕山期花岗岩岩浆期后热液成因，花岗岩提供成矿物质来源，并建立了个旧锡多金属矿区的岩浆热液成矿模式，个旧锡矿是由燕山中晚期携带含矿热液的中酸性花岗岩岩浆上涌到中三叠统个旧组碳酸盐岩岩层中后，岩浆期后热液与围岩发生交代作用，各种成矿元素依次在花岗岩与个旧组围岩接触的有利部位沉淀结晶所形成的夕卡岩型（热液型）矿床。

长期以来对不同矿床成因的认识，使个旧锡多金属矿床成因探索再度成为现今的研究热点。然而，通过以上讨论可以清楚地认识到，三叠纪海底喷流成矿迄今仅限于推论，与成矿时空关系最密切的仍然是白垩纪等粒花岗岩和似斑状花岗岩。另外，关于层间矿得出的海底喷流沉积成矿理论也有不统一的认识。多数人认为是原生锡石–硫化物氧化的产物，而罗君烈认为个旧地区大量的层间氧化矿——土状含锡赤铁矿有很多，不一定是锡石–硫化物的氧化产物，而是常温热水充填的岩溶型矿床。於崇文等（1988）认为层间多金属元素与本区变质火山岩之间有关系，但对变质火山岩的地质、地球化学特征仍有待于进一步的研究。因此，个旧地区锡多金属矿床与燕山期花岗岩的相互关系才应该是本区成矿的主要成因，即岩浆热液成因（图9.4）。

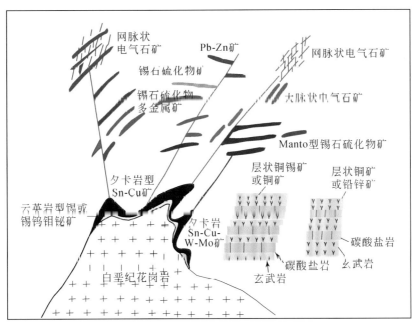

图9.4　个旧地区锡多金属矿床模型（据毛景文等，2008）

9.2.2　找矿模型

本节主要围绕主成矿期的成矿过程和对应的控矿特征进行总结，形成成矿过程的找矿
地质模型。

1）燕山期热液成矿过程

本研究认为个旧锡多金属矿区的主成矿期为燕山期花岗岩岩浆期后热液成因，花岗岩
提供成矿重要驱动、物质来源和热液来源。本节围绕燕山期热液成矿过程进行总结论述。
个旧锡矿是由燕山中晚期携带含矿热液的中酸性花岗岩岩浆上涌到中三叠统个旧组碳酸盐
岩岩层中后，岩浆期后热液与围岩发生交代作用，各种成矿元素依次在花岗岩与个旧组围
岩接触的有利部位沉淀结晶所形成的夕卡岩型矿床。燕山晚期花岗岩上侵，对地层进行重
熔改造，成矿流体形成于重熔花岗岩冷凝成岩过程和期后，在岩体内部集聚并在温度和压
力的驱动下向岩体的边部和顶部运移，在侵入岩与碳酸盐围岩的接触带部位形成夕卡岩型
矿床。

在成岩冷凝过程中或成岩后的各种地质事件形成的多成因裂隙中充填沉淀成矿，形成
锡石–石英脉状花岗岩型矿床。部分含矿热液渗入裂隙之外的岩石中，交代或萃取暗色矿
物——黑云母等中的锡，形成浸染状锡矿化。当温度逐渐降低又有大量含矿热液的补充
时，发生了第二次高–中温成矿作用，形成较宽的充填型锡石硫化物脉。岩浆期后热液使
岩体自身发生交代作用，花岗岩中该黑云母发生白云母化而形成褪色蚀变，并使岩体局部
发生云英岩化，气成组分硼和氟与锡密切相随，蚀变作用与矿化作用相伴，形成了以浅色
蚀变花岗岩为赋矿岩体的矿床。如图9.5为个旧成矿过程示意图。

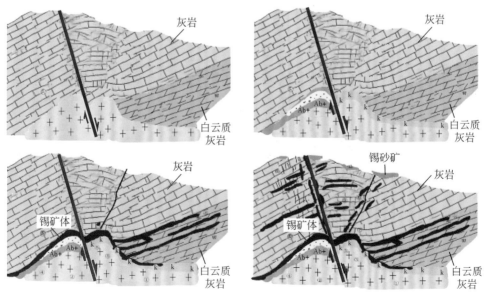

图9.5　个旧成矿过程示意图

2) 主要控矿特征

研究区的构造事件及岩浆活动比较频繁且强烈，大小侵入体多期次、多方位地侵入围岩中，有多种地质体的叠加和复合现象，具体在一个矿田或矿段中，常表现为复合成矿特征，成矿作用复杂多样，但以热液型成矿为主要特征，形成了个旧以锡为主的多种有色金属的超大型多金属成矿带。矿床在时间演化、空间分布和成矿物质组成上都受到构造、地层、岩浆作用等因素的制约，并表现出明显的规律性。构造、岩浆和地层三者的有机组合和综合作用，控制了个旧以锡为主的多金属成矿带的形成和分布。矿田内次级褶皱构造和花岗岩株控制着矿段或矿床的产出，古生代到早中生代沉积形成的以碳酸盐岩为主的地层是重要的赋矿场所。在有利的岩浆和构造条件下，互层带以及不同地层岩性的转换界面是层间矿体的有利产出部位。其中，构造是控制区域中地质特征和演化的主导因素，对岩浆活动和地层沉积起着重要的控制作用。个旧矿区受贾沙复式向斜和 NE 向五子山复式背斜的控制，各类矿床几乎都分布在这两个褶皱构造中。其中，五子山复式背斜控制了个旧东区几乎所有的矿床，横跨五子山复式背斜之上的近 EW 向断裂构造，其东西两端受 SN 向断裂的控制，形成了"梯子格"式，每一个"梯子格"控制着一个矿田。另外，燕山期花岗岩岩浆活动是成矿因素的关键，每个矿田中都有 1 个或 2 个以上的花岗岩株，并且以花岗岩为中心，从内向外依次形成了夕卡岩锡矿床，锡、铅矿床，锡、铜矿床，银、铅、锌等矿床。按照控矿特征可以具体地归纳为以下 6 类。①背突式：上部为背斜构造，下部有花岗岩小岩株突起，沿岩株与围岩的接触带常形成夕卡岩型硫化物矿床，在其外侧的有利成矿层位常产出层间矿床。②向断凹式：上部为向斜构造，轴部发育纵、横断裂构造，下部花岗岩呈凹槽状，沿断裂带及有利成矿层位产出层间矿床。③断裂式：成矿热液沿着断裂构造充填交代形成脉状矿体。④断皱式：由断裂构造和陡立岩层组成的挠曲带中赋存的层间矿床。⑤断裂互层式：成矿前、成矿期断裂构造切割个旧组灰岩与白云岩的互层带，成矿热液充填交代层间破碎带或滑动构造，形成层间整合式矿床。⑥塔松式：在花岗岩株与围岩的接触带，由于花岗岩舌和岩枝沿着不同岩性界面贯入，形成多层拗陷构造，围绕岩株的四周发育，呈塔松状。在这类接触带的构造中充填了厚大的夕卡岩型硫化物矿床。岩浆和地层两者相互作用从而使分散的金属矿物质富集于特定的构造部位，形成了一定规模的矿床，因此地层、构造、岩体三者在成矿过程中起到的作用缺一不可。

高松矿田是断裂与褶皱构造，再加上有利的地层层位（中三叠统个旧组是重要的赋矿层位）和岩浆热液活动相互配置的作用，形成了矿集区内丰富的以夕卡岩型锡矿床为主的多金属矿床。高松矿田整个矿集区位于 NNE 向的五子山背斜的中部，处于近 EW 向北陡南缓的大菁–阿西寨向斜构造中；东部为向 SE 逐渐散开的宽缓褶皱带；西部为近 EW 向的大菁褶皱带；中部叠加 NE 向展布的尾矿池背斜和驼峰山背斜。高松矿田断裂构造十分发育，主要有 EW 向、NE 向、NW 向、SN 向 4 组断裂构造系。这 4 组断裂并非都与成矿有关，只是其中的第 2 期断裂构造，即呈现 NE 向燕山中晚期的构造活动带与成岩成矿有关。后来的几期构造活动，是对已形成矿体的改造破坏作用。高松矿田内的地表岩浆岩出露不多，而深部隐伏了大面积的花岗岩体，其总体形态受五子山复式背斜和大菁–阿西寨向斜所控制，表面形态则受三个 NE 向断裂的控制。总之，岩浆期后成矿热液首先在岩体与围岩的接触带上形成了夕卡岩–锡多金属硫化物矿床，然后矿液从花岗岩顶面沿断裂、节理和裂隙等通道向上、向外逐渐扩散，并在有利构造、有利岩层部位充填交代成矿，呈脉状、层状等锡石-硫化物矿体产出。因此，花岗岩突起及形态变化部位，断裂与花岗岩交截部位，有利成矿的地层岩性与花岗岩的交截部位等都是高松矿田中最有利的成矿部位。

9.3　三维实体模型的建立

成矿地质过程中数值模拟首先要解决的是地质体三维实体模型的构建，现有的数值模拟软件多把重点放在动力学计算方面，建模功能相对简单，往往都是规则的几何体，无法满足建立尽可能真实地质条件实体模型的需求，从而不能实现对研究区尽可能真实地数值模拟来指导找矿勘探。

本节主要根据收集的工作区的地质图、中段平面图、工程部署图、实测勘探线剖面、大中比例尺地质平面图以及图切剖面，提取出地层、矿体、岩体、构造等地质体的轮廓线，并对各勘探线剖面进行连接、平滑，完成了个旧高松矿田的三维实体建模，为后续数值模拟工作奠定良好基础。

9.3.1　资料收集与整理

系统地收集研究区的地质与矿产勘探、科研等方面的数据与资料，包括遥感影像、地形高程数据、不同比例尺的地质图、地质手图（产状）、实测地质剖面图、中段平面图、钻孔编录资料、探槽、勘探线剖面以及地质调查报告等。其中，钻孔编录资料、不同比例尺的地质图、实测地质剖面图和中段平面图是建立近地表三维实体模型的重要图件。

本研究从高松矿田地质背景入手，结合经典成矿理论，对该区地质模型进行系统地梳理及分析，在此基础上充分应用已有勘探资料及多元信息数据，借助三维建模技术，利用Surpac、3Ds Max和ArcGIS软件平台，建立精确的高松数字矿田模型。基础数据包括30m分辨率的DEM影像、1:10000区域地质图、78个剖面图、35个中段平面图、岩体等深线数据等，为建立较为精确的地层三维实体模型提供充分的条件。

9.3.2　三维实体模型

1）地形三维实体模型

本研究通过ArcScene利用DEM数据叠加遥感影像构建的基于GRID表达的地表三维实体模型与地表的真实自然形态非常接近，能够很好地反映矿区的总体地形。

2）地层三维实体模型

剖面资料为建立较为精确的地层三维实体模型提供充分的条件。在剖面数据不足的情况下，要根据研究区地层特征来推断和完善地层模型。如图9.6为研究区地层三维实体模型。

3）构造三维实体模型

建立研究区构造三维实体模型主要是根据收集到的剖面进行实体连接，在此基础上，

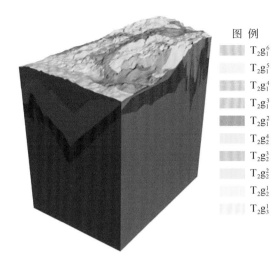

图　例	
	$T_2g_1^6$
	$T_2g_1^5$
	$T_2g_1^4$
	$T_2g_1^3$
	$T_2g_1^2$
	$T_2g_2^4$
	$T_2g_2^3$
	$T_2g_2^2$
	$T_2g_2^1$
	$T_2g_3^1$

图 9.6　研究区地层三维实体模型

再结合相关报告和资料进一步修改和完善，使其能够更准确地反映实际断裂形态。如图 9.7 为研究区构造三维实体模型。

图 9.7　研究区构造三维实体模型

4）岩体三维实体模型

岩体一般被认为是在成矿期为成矿作用提供成矿物质、成矿热液和热源的证据。对于隐伏岩体来说，矿体一般发现于岩体周边及表面一定区域内，建立岩体三维实体模型对于矿体位置有较大的指示作用。岩体三维实体模型一般可用钻孔的岩性资料进行推断，本研究是根据物探岩体等深线资料插值生成的。如图 9.8 为研究区岩体三维实体模型。

5）矿体三维实体模型

构建矿体三维实体模型能准确掌握矿体的几何空间形态与位置，且为品位估值奠定基础。圈定矿体在更大程度上属于地质专业的范畴，其处理方案要以满足地质工作的要求为原则。为了建立实用的矿体三维实体模型，需要采用交互式的建模方法。一是根据原始探矿工程数据，如钻孔数据，在三维建模软件的支持下，按工业指标和矿石类型在钻孔剖面上交互式连接出矿体的轮廓线，或根据岩石类型交互式连接岩体轮廓线；二是在已有地质

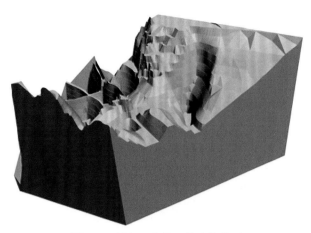

图 9.8　研究区岩体三维实体模型

剖面图的情况下，通过建模软件进行转换，并提取岩石或矿体等的轮廓线。如图 9.9 为研究区矿体三维实体模型。

图 9.9　研究区矿体三维实体模型

9.4　热液成矿过程的数值模拟

传统的方法对于成矿系统的研究停留在以经验性和描述性为主的矿床特征归纳、成因分类和理论推演上，缺乏有效的手段再现成矿系统的形成与演化。对此，数值模拟是解决上述问题的有效手段。

本节将以个旧高松矿田为研究对象，通过收集岩石测试、流体包裹体等资料，利用 FLAC[3D] 3.0 软件，对岩体侵入后固化冷却过程中，热液成矿系统的应力变形–传热–流体流动的耦合物理过程进行数值模拟。

9.4.1　地质体性质

选择合适的本构材料模型是模拟合理性的重要保证。经典的莫尔–库仑材料最适合表达中、上地壳的流变性特征（Ord and Oliver，1997）。由于热液成矿作用主要发生在岩体侵入基本冷却固化以后，此时整个岩体和围岩体系可以看成一个黏弹性的多孔介质，其力学行为遵循莫尔-库仑弹塑性本构定律。

莫尔-库仑材料在应力情况下，表现出弹性变形，直到压力达到屈服应力临界点后，开始表现为塑性变形，是一种不可逆的大应变（McLellan et al.，2004）。这种材料的屈服特点可以用屈服函数来表达：

$$f = \tau_m + \sigma_m \sin\varphi - C\cos\varphi \tag{9.1}$$

式中，τ_m 为最大剪应力；σ_m 为平均应力；φ 为摩擦角；C 为内聚力。如果 $f<0$（压力没有达到屈服面），材料则处于弹性状态；如果 $f=0$（压力达到屈服面），则处于塑性状态。塑性势函数 g 表达为

$$g = \tau_m + \sigma_m \sin\psi - C\cos\psi \tag{9.2}$$

式中，ψ 为膨胀角。现代模型采用 $\varphi \neq \psi$，形成无关联流动法则。当莫尔-库仑弹塑性材料塑性变形时，表现为体积变形。膨胀量（塑性体积变化量）由膨胀角决定。莫尔-库仑各向同性弹塑性模型，是 FLAC^{3D} 软件中常用的一个本构材料模型，涉及的机械参数包括剪切模量（G）、体积模量（K）、内聚力（C）、抗张强度（T）、摩擦角（φ）和膨胀角（ψ）。

莫尔-库仑模型的破坏包络线由莫尔-库仑准则确定。塑性增量理论假定岩石的应变增量可分解为弹性应变增量 e_i^e 和塑性应变增量 e_i^p，即

$$\Delta e_i = \Delta e_i^e + \Delta e_i^p \tag{9.3}$$

（1）由胡克定律，得出弹性应变增量表达式为

$$\left.\begin{array}{l} \Delta\sigma_1 = \alpha_1\Delta e_1^e + \alpha_2\,(\Delta e_2^e + \Delta e_3^e) \\ \Delta\sigma_2 = \alpha_1\Delta e_2^e + \alpha_2\,(\Delta e_1^e + \Delta e_3^e) \\ \Delta\sigma_3 = \alpha_1\Delta e_3^e + \alpha_2\,(\Delta e_1^e + \Delta e_2^e) \end{array}\right\} \tag{9.4}$$

式中，$\alpha_1 = K + 4/3G$；$\alpha_2 = K - 2/3G$。

（2）塑性应变增量：

莫尔-库仑条件为

$$\tau = c + \sigma_n\tan\varphi\;;\;(\sigma_1 - \sigma_3)/2 = c + \cos\varphi + (\sigma_1 - \sigma_3)/2\sin\varphi$$

式中，c 为凝聚力；φ 为内摩擦角；σ_n 为剪切面上的法向应力。在（$\sigma_1 - \sigma_3$）平面上，AB 为破坏包络线，莫尔-库仑屈服方程为

$$f = \sigma_1 - \sigma_3 N_\varphi + 2c\sqrt{N_\varphi} \tag{9.5}$$

式中，$N_\varphi = (1+\sin\varphi)/(1-\sin\varphi)$。

由非相关流动法则得出

$$g = \sigma_1 - \sigma_3\frac{1+\sin\varphi}{1-\sin\varphi} \tag{9.6}$$

式中，g 为塑性势面；φ 为膨胀角。

塑性应变增量为

$$\Delta e_i^p = \lambda^s\frac{\partial g}{\partial\sigma_i}\;(i=1,2,3,\cdots) \tag{9.7}$$

式中，λ^s 为确定塑性应变大小的函数，是非负的塑性因子。而 $\Delta\sigma_i = \Delta\sigma_i^N - \Delta\sigma_i^O$，N，O 分

布表示新的和原来的应力状态。令

$$
\left.
\begin{array}{l}
\sigma_1' = \sigma_1^0 + E\Delta e_1 + \gamma(\Delta e_2 + \Delta e_3) \\
\sigma_2' = \sigma_2^0 + E\Delta e_2 + \gamma(\Delta e_1 + \Delta e_3) \\
\sigma_3' = \sigma_3^0 + E\Delta e_3 + \gamma(\Delta e_1 + \Delta e_2)
\end{array}
\right\}
\tag{9.8}
$$

则
$$
\lambda^s = \frac{f(\sigma_1',\ \Delta\sigma_3')}{(E-\gamma N_\varphi) - (\gamma - E N_\varphi)\ N_\varphi}
$$

式中，$N_\varphi = (1+\sin\varphi)/(1-\sin\varphi)$；$\varphi$ 为膨胀角（龚纪文等，2002）。

9.4.2　构建几何模型

几何模型对后续模拟的效果和效率有重要影响。根据研究目的，确定模型的数据来源和详略程度。由于 FLAC^{3D} 模拟软件在复杂模型建立方面存在不足，因此，本研究通过 ArcGIS、AutoCAD 以及 ANSYS 软件建立几何模型，并通过格式转换方式导入模拟软件中。

1. 图切剖面的设计与实施

虽然收集的勘探线剖面资料数据相对准确，但已知矿体数量较少且形态单一，不具有概括性和典型性。因此，在研究区三维实体模型（地层模型、断裂模型、岩体模型、矿体模型）构建和集成的基础上 [图 9.10（a）]，设计了模拟剖面的位置、方位和尺度，利用集成管理系统的切制剖面工具，形成二维图切剖面底图 [图 9.10（b）]。考虑到本研究的主要目的是根据已知矿体的位置，正演成矿环境和热液运移过程，因此，模拟的位置和尺度定位在存在已知矿体的芦塘坝矿段，设计的模拟剖面在矿体集中的地方且与矿体延伸方向一致，使剖面中包括尽可能多的已知矿体数量。矿体实体建模时采用剖面间连接或缓冲扩大方式，切制方式尽量平行于勘探线剖面的方向，使矿体形态分明。考虑燕山成矿期的构造应力场是 NW—SE 向，因此，剖面方向尽可能与应力场方向平行或垂直，方便应力场边界条件的设置和结果解释。

2. 剖面处理

图切剖面中包括研究区各个地层的边界、岩体的形态、断裂的展布以及矿体的分布等内容作为数值模拟的几何模型参考。但剖面中仍存在一些细节问题，还不能直接作为数值模拟的几何模型，需要结合地质资料进一步处理。

1）断裂筛选

控制矿床的地质构造是成矿构造应力场作用下发生活动的构造，包括新生构造和被利用改造的先存构造。本研究区个旧的矿床类型为岩浆热液型矿床，断裂构造是主要的控矿要素，而断裂构造的形成、活动时期及与成矿的关系，决定了各条断裂的保留和删除。含矿断裂可能是成矿期的活动断裂，也可能是在矿体形成后，恰好在矿体处形成的；不含矿的断裂在成矿期是不活动的，或者是在成矿后没有在矿体位置形成的，对成矿期不起主要控矿作用的断裂。本研究根据勘探线剖面资料所建立的三维实体模型是地质作用所反映的结果，在此基础上切制的剖面中的断裂构造是现今矿区的地质构造背景，而非成矿时期的，因此，在现今模型的剖面基础上，需要根据各个构造的活动期和含矿性，筛选出控

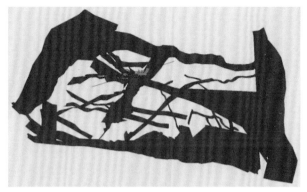

(a) 三维实体模型

(b) 二维图切剖面底图

图　例

■ $T_2g_2^3$　■ $T_2g_2^2$　■ $T_2g_2^1$　□ $T_2g_1^6$　■ $T_2g_1^5$　■ 断裂

图 9.10　三维实体模型及二维图切剖面底图

构造，删除与成矿无关的断裂，使模拟更有地质意义。

图 9.10（b）中从左到右分别是麒麟山断裂、大箐东断裂、131 断裂、坝西断裂、1 号断裂和芦塘坝断裂。表 9.2 为断裂属性表，对各主要断裂的延伸长度和宽度、产状、力学性质、矿化特征及隐伏/出露状态进行了归纳总结。

表 9.2　主要断裂属性表

断裂名称	延伸长度，宽度/m	产状			力学性质	矿化特征	隐伏/出露状态
		走向	倾向	倾角			
麒麟山断裂	1500，5~30	NW70°~80°	NE	56°~86°	压扭	深部含矿	出露
大箐东断裂	300~600	NW55°	NE	77°	张性	深部含矿	出露
坝西断裂	—	EW	N	60°~70°	压扭	—	出露
1 号断裂	—	NE25°~35°	NW	45°~80°	张性	富锡脉状矿体	隐伏
芦塘坝断裂	1500，60	NE40°~45°	NW	70°~85°	压扭	深部含矿	出露

根据地质资料描述的各个断裂的性质，得知坝西断裂没有矿化特征，作者认为在成矿期，该断裂没有作为导矿的通道和储矿的空间，即不是控矿构造，故删除了坝西断裂模型，

剖面模型中从左至右分别为麒麟山断裂、大箐东断裂、131 断裂、1 号断裂和芦塘坝断裂。

2）简化和细化

本研究是基于矿区的勘探线剖面、钻孔编录、地质图、中段平面等基础资料建立的三维实体模型，剖面间的数据是线性插值，致使模型的边界不够圆滑，尤其表现在地层褶皱的突变，在数值模拟三角剖分的过程中，会出现网格疏密不均，降低模拟效率，还会造成模拟过程出现应力应变异常点等问题。因此，需要进一步对剖面中的局部突兀平滑细化，使其更加符合实际情况，也可使模拟结果更加合理。

图切剖面与各断裂构造形成不同的夹角，造成剖面中断裂构造带的宽度并不是其实际宽度，因此需要根据实际地质资料进行调整。断裂的宽度（破碎带）与断裂的空间、互通关系为：根据矿区的地质资料中对于断裂带的描述，确定断裂的宽度，即破碎带范围，并根据本身断裂的形态，形成断裂的几何模型。实验设计的剖面与各断裂成不同的夹角，形成剖面上的断裂宽度不是各个断裂真实的宽度，因此，根据地质上对于断裂形态宽度的认识和数据，建立断裂模型。表 9.3 为断裂在剖面中的宽度修正。

表 9.3　断裂在剖面中的宽度修正

断裂名称	走向	实际宽度/m	与剖面夹角/(°)	剖面上宽度/m
麒麟山断裂	近 EW 向	6 ~ 30	约 30	12 ~ 60
大箐东断裂	NNW 向	0.5 ~ 20	约 45	1 ~ 30
1 号断裂	NNE 向	0.2 ~ 10	约 45	1 ~ 20
芦塘坝断裂	NNE 向	5 ~ 30，局部达 50 ~ 60	约 45	10 ~ 100

3）模型完善

三维建模过程中，在数据资料不足的情况下，通常会采用人为推测延伸的方式，其往往与实际情况不符，如在剖面中存在个别断裂的垂直上延或下延，部分地层边界的垂直上延等情况，因此有必要根据地质资料中断裂构造的产状和隐伏/出露状态等信息，对其进行修改和完善。另外，根据断裂的地质描述判断它们的空间连通关系，根据断裂构造间相通情况，将断裂模型进行合并。

热液运移过程属于物理学的渗流过程，对此，另一个重要的控矿要素是围岩的性质，其主要是不同地层，更确切地说，是不同的岩性对于成矿热液形成后运移、沉淀的影响，因此，还包括根据不同地层的岩性特征进行合并与分解，如将相同或类似岩性的地层合并，或将同一地层中存在不同岩性的互层进行细化分段建模。另外，还需要根据断裂构造的性质，判断两侧的地层是否产生错动，并进行修正，使其更符合实际地质情况。

4）矢量化和格式转化

对简化细化好的剖面图片进行数字化处理，按照不同的地质体类型、单元边界分别形成不同的文件图层，相同节点通过捕捉功能保证各模型单元边界重叠无缝。

将矢量化好的文件保存或转换成 dxf 格式，利用 DXF to ANSYS 软件，提取关键点（key points）的坐标信息以及组成每条线段对应的关键点信息，并生成 ANSYS 软件可识别的 lgw 文件格式。在 ANSYS 软件中，为方便模型的移植、可重复操作和工作记录，可采用命令语句（.txt）和文件保存（.db）相结合的方式。在文件转换的过程中，有时会出现部分点、线信息丢失的现象，必要时要进行手动添加和修改。图 9.11 为数字化后的几何模型。

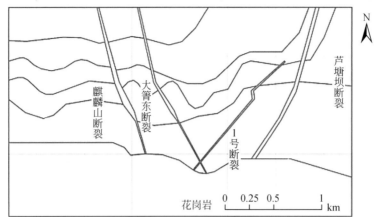

图 9.11　数字化后的几何模型

3. 建立模拟模型

在 ANSYS 软件中，通过 read input form 菜单，打开上述 lgw 格式文件，或利用输入建立点、建立线命令的方式建模，并通过关键点或直线建立面模型。图 9.12 为导入 ANSYS 中建立的面模型。

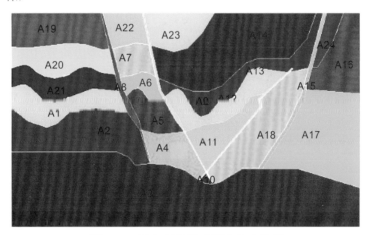

图 9.12　导入 ANSYS 中建立的面模型

本研究将二维平面模型增加一定的厚度，使之形式上成为一个三维模型，这样做的目的在于模型的 X，Y，Z 三轴长度相当，使厚度 Z 不影响剖分网格的疏密，有利于后续边界条件的施加和模拟的顺利进行。

初步赋予材料属性作为不同模型的属性区分，也是打网格的前一步骤。首先，对应于 FLAC^{3D} 中的四面体单元，选择单元类型为 solid brick 8node 45；然后，选择弹性模型，分别设置杨氏模量 E，泊松比 ν，并将材料分别指定给各个体模型。

自动网格剖分。根据模型的形态，网格剖分的疏密程度不同，在断裂带或尖端部分，网格较密，在大范围形态缓和部分，网格较疏，利用表达细节，提高计算效率。自动剖分网格模型共包括60004个单元（elements），15228个节点（nodes）。

完成模型的网格剖分后，利用 ANSYS 11.0 版本的 civilfem 模块或利用 ANSYS to FLAC³ᴰ插件，将 ANSYS 中建好的模型，进行格式转换并导入 FLAC³ᴰ中，根据设置的材料性质进行自动分组（group），如图9.13为建立的几何模型。

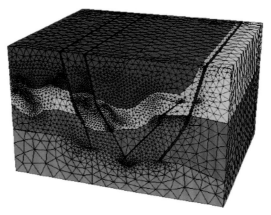

图9.13　几何模型

9.4.3　参数和条件设置

根据收集的研究区地质实测资料和物理实验数据，综合考虑研究区具体情况，设置了模拟参数、初始条件和边界条件，并对其进行了可视化表达，形成了模拟模型。表9.4为地质模型转换模拟模型简表，图9.14为模拟模型设计简图。

表9.4　地质模型转换模拟模型简表

地质模型	模拟模型
地质体形态及空间关系	三维实体模型/剖面形成几何模型
活动断裂及性质	筛选控矿断裂
围岩和岩体岩性	莫尔–库仑本构模型
围岩流体性质	孔隙度和渗透率
流体性质	对应温压下水的性质
成矿环境	设置对应深度的温压条件，400℃，$1.5 \times 10^8 \mathrm{Pa}$
应力场：NW—SE 向，挤压	边界条件为速度$1 \times 10^{-8} \mathrm{m/s}$
岩体温度	流体包裹体数据，400℃
围岩温度场变化	热传导定律，固定热通量冷却 $30\mathrm{mW/m^2}$
地表温度及地温梯度	一般地，20℃，25℃/km
围岩孔隙压力	静水压力
岩体孔隙压力	围岩孔隙压力的2倍
围岩空隙中流体填充度	饱和
地层褶皱	模型长度10%的短缩量，推算施加载荷时间
区域与外界关系	底部 z 向固定且不渗透，四周和顶部自由

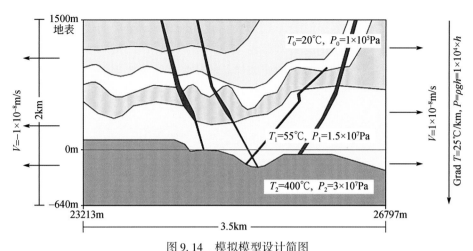

图 9.14　模拟模型设计简图

V 为边界条件速度；P 为静水压力；GradT 为地温梯度

1. 地质体参数设置

利用密度、体积模量、剪切模量、黏聚力、抗张强度、内摩擦角、膨胀角这 7 个参数来表征莫尔-库仑本构模型的力学性质，利用孔隙度和渗透率表征流体模型的流体性质，利用热导率、比热容和热膨胀系数表征热模型的热力学性质。

根据收集研究区岩石样品物理性质的实测数据和托鲁基安等（1990）提供的实验数据，同时考虑到岩石样品与地层的区别，参考国内外模拟相关文献，借鉴前人采用的模拟参数和数量级，综合考虑本研究区具体岩性特征和各地质体间性质的差别与联系，分别设置了各地质体的性质参数，具体依据如下说明。

密度：根据前人对个旧矿区的样品实测数据，个旧矿区地层平均密度为 2800kg/m³，断裂带平均密度为 2300kg/m³，花岗岩基的密度为 2600 kg/m³。考虑高松矿田的不同地质体之间具体岩体的区别，根据实验室测得结果，花岗岩的密度大于白云岩和灰岩，且白云岩比灰岩的密度略大，因此，对不同地质体的密度参数进行了相对调整，表 9.5 第 4 列为各地质体模型的密度参数。

体积模量：收集的资料中没有个旧矿区样品的体积模量的实测数据。实验结果表明，白云岩和灰岩的体积模量大于花岗岩的，且白云岩的体积模量大于灰岩的。由于岩石在线弹性区域内，材料的体积模量 K 与杨氏模量 E 和泊松比 ν 有以下关系：$K=E/3(1-2\nu)$，因此，已知岩石的杨氏模量和泊松比，就可以计算得到对应的体积模量。根据前人在不同地区测得的白云岩、灰岩、花岗岩、角砾岩杨氏模量和泊松比的实测数据，计算出不同地质体对应的体积模量，表 9.5 第 5 列为各地质体模型的体积模量参数。

剪切模量：收集的资料中没有个旧矿区样品的剪切模量的实测数据。参考国内外发表的文献资料中所采用的数据，得到白云岩和灰岩的剪切模量约为 2×10^{10}Pa，且白云岩的剪切模量略大于灰岩的；花岗岩的剪切模量略小；断裂带的剪切模量相对最小。对此，设置了不同地质体对应的剪切模量，表 9.5 第 6 列为各地质体模型的剪切模量参数。

黏聚力：收集的资料中没有个旧矿区样品的黏聚力的实测数据。查阅国内外发表的文献资料中所采用的数据，得到岩石黏聚力的大小约为 $5×10^7Pa$。由于黏聚力的大小与对应剪切模量的大小成正比例关系，结合不同地质体之间剪切模量的大小对应设置了黏聚力，表 9.5 第 7 列为各地质体模型的黏聚力参数。

抗张强度：收集的资料中没有个旧矿区样品的拉张强度的实测数据。前人采用原板裂开法分别测得白云岩为 $8.7×10^6Pa$，灰岩为 $7.5×10^6Pa$，花岗岩为 $13.8×10^6Pa$。由于岩体的强度一般都比实测岩石样本的强度低得多，岩体强度值是岩石强度的 50%。因此，对应设置了不同地质体的抗张强度，表 9.5 第 8 列为各地质体模型的抗张强度参数。

内摩擦角：收集的资料中没有个旧矿区样品的内摩擦角的实测数据。查阅国内外发表的文献资料中所采用的数据，得到岩石内摩擦角的大小约为 30°。花岗岩的内摩擦角大于地层围岩，且二者都大于断裂带，由于内摩擦角的大小与对应的剪切模量的大小成正比例关系，结合不同地质体之间剪切模量的大小对应设置了内摩擦角，表 9.5 第 9 列为各地质体模型的内摩擦角参数。

膨胀角：收集的资料中没有个旧矿区样品的膨胀角的实测数据。查阅国内外发表的文献资料中所采用的数据，结合膨胀角的定义和性质，得到岩石膨胀角的大小为 2°~3°，相对来说，断裂体的膨胀角较大，且花岗岩的膨胀角大于地层围岩，因此对应设置了膨胀角，表 9.5 第 10 列为各地质体模型的膨胀角参数。

孔隙度：根据前人对个旧矿区的样品实测数据（於崇文等，1988；罗荣生等，2008），实测灰岩的孔隙度约为 1.42，白云岩的约为 2.12，参考国内外发表的文献资料中所采用的数据（Ju and Yang，2011），对应设置了不同地质体的孔隙度，表 9.5 第 11 列为各地质体模型的孔隙度参数。

渗透率：根据前人对个旧矿区的样品实测数据（於崇文等，1988；罗荣生等，2008），实测灰岩的渗透率为 10~20，白云岩的渗透率为 10~18，参考国内外发表的文献资料中所采用的数据（Ju and Yang，2011），结合不同地质体的孔隙度大小并考虑到地层岩性存在互层性，对应设置了不同地质体的渗透率，表 9.5 第 12 列为各地质体模型的渗透率参数。

热导率：收集的资料中没有个旧矿区样品的热导率的实测数据。参考不同岩石类型热导率的实测数据，查阅国内外发表的文献资料中所采用的数据（Ju and Yang，2011），花岗岩的热导率要高于灰岩和白云岩的，并对应设置了不同地质体的热导率，表 9.5 第 13 列为各地质体模型的热导率参数。

比热容：收集的资料中没有个旧矿区样品的比热容的实测数据。参考不同岩石类型比热容的实测数据，查阅国内外发表的文献资料中所采用的数据（Ju and Yang，2011），花岗岩的比热容要低于灰岩和白云岩的，并对应设置了不同地质体的比热容，表 9.5 第 14 列为各地质体模型的比热容参数。

热膨胀系数：收集的资料中没有个旧矿区样品的热膨胀系数的实测数据。参考不同岩石类型热膨胀系数的实测数据，查阅国内外发表的文献资料中所采用的数据（Ju and Yang，2011），花岗岩的热膨胀系数要低于灰岩和白云岩的，并对应设置了不同地质体的比热容，表 9.5 第 15 列为各地质体模型的热膨胀系数参数。

另外，关于流体的其他性质参数，如密度、体积模量、抗拉强度等，本研究采用了常温常压下的水的性质。表 9.5 为研究区地质体模型性质和参数表。

表 9.5　研究区地质体模型地质和参数表

地质体类型	主要岩性	具体岩性	密度/(kg/m³)	莫尔-库仑模型·本构模型						流体模型		热模型		
				体积模量/Pa	剪切模量/Pa	黏聚力/Pa	抗张强度/Pa	内摩擦角/(°)	膨胀角/(°)	孔隙度/%	渗透率/m²	热导率/[W/(m·K)]	比热容/[J/(kg·K)]	热膨胀系数/(m/K)
$T_2g_2^3$	灰质白云岩	白云岩，下云夹灰云岩上部加灰云三或云灰岩	2700	$4×10^{10}$	$2.5×10^{10}$	$6×10^7$	$5×10^6$	30	2	0.2	$2×10^{-19}$	2.5	$1×10^3$	$10×10^{-6}$
$T_2g_2^2$	灰质白云岩	白云质灰岩与白云岩互层	2650	$4×10^{10}$	$2.2×10^{10}$	$5.5×10^7$	$5×10^6$	30	3	0.2	$2×10^{-17}$	2.5	$1×10^3$	$10×10^{-6}$
$T_2g_2^1$	白云岩	灰质，粉晶白云岩局部夹灰岩	2670	$3.8×10^{10}$	$2.4×10^{10}$	$5.5×10^7$	$4×10^6$	30	2	0.2	$2×10^{-19}$	2.5	$1×10^3$	$10×10^{-6}$
$T_1g_1^6$	灰云岩	砂屑灰云岩与臀屑灰岩互层	2600	$3.8×10^{10}$	$2.2×10^{10}$	$5×10^7$	$3.5×10^6$	30	3	0.2	$1×10^{-16}$	2.5	$1×10^3$	$10×10^{-6}$
$T_1g_1^5$	灰岩	一二部为灰岩灰岩下部为灰岩夹少量灰云岩	2500	$3.6×10^{10}$	$2.2×10^{10}$	$5×10^7$	$2.8×10^6$	30	2	0.2	$1×10^{-18}$	2.5	$1×10^3$	$10×10^{-6}$
断裂	破碎带	拜解岩-蹭掉岩	2100	$2×10^8$	$1×10^8$	$1×10^7$	$1×10^6$	20	5	0.3	$1×10^{-15}$	2	$2×10^3$	$14×10^{-6}$
岩体	花岗岩	汪伏黑云母花岗岩	2750	$3.5×10^{10}$	$1×10^{10}$	$3×10^7$	$6×10^6$	40	3	0.2	$1×10^{-20}$	3	$8×10^2$	$8×10^{-6}$

2. 初始条件和边界条件

对于瞬态问题，要知道边界条件和初始条件才能解方程组。本研究初始条件主要包括压力场（地表大气压力、地压梯度、流体压力）、温度场（地表温度、地热梯度、岩体温度）分布；边界条件主要是施加在模型边界的应力场或变形速度，以及持续的时间。下面结合研究区的地质资料和实验数据，对应地说明模型的初始条件和边界条件设置情况。

1）温度场

温度场的设置包括地表温度、地热梯度和岩体温度三个部分，并通过对岩体温度的分析，进一步确定成岩深度和压力。根据资料，地壳的近似平均地热梯度是 25℃/km，因此，本研究将地表温度设置为 20℃，施加在模型的顶部，对所有地层和断裂模型施加 25℃/km 的地温梯度。

对应研究区地质实测资料和实验数据（表 9.6），通过分析成岩成矿的温度条件，选择与成矿关系密切的状态，故将模型中岩体模型的温度设置为 400℃，岩体的侵位深度约为 1.5km。

表 9.6　成矿温度范围

岩体包裹体	相态	均一温度/℃	与矿化关系
第一组	气液比不稳定 花岗岩残浆温度	500～700	不明显
第二组	气相	300～440	密切，矿化地段附近出现
第三组	气液比变化较大	220～360	密切
第四组	气液比小	160～220	成矿后次生

2）压力场

压力场的设置包括地表大气压力、地压梯度和流体压力三个部分。大气压力采用平均值为 $1\times10^5\mathrm{Pa}$，施加在模型的顶部。通过对所有地层和断裂模型施加 $1\times10^4\mathrm{Pa/m}$ 表示地压梯度，可自动计算出模型对应深度的静水压力（$P=\rho_{水}gh$）。

流体压力（孔隙压力）直接关系到流体流动的动力问题，在地下深处，液体所受到的压力，相当于其上覆全部岩石的重量，根据岩石密度和水密度的比例，受到的静压力约等于这个深度静水压力的 2～3 倍，当压力条件发生变化时，特别是地壳发生裂隙时，这种压力会使热液受到挤压而到裂隙中去。根据测得的成岩压力数据，将流体压力设置为此深度下静水压力的 2 倍，即 $3\times10^7\mathrm{Pa}$，并施加在岩体顶面。

3）边界条件

对模型施加边界条件有两种方式：应力场和位移。本研究建立的剖面模型与成矿期的应力场方向垂直，且研究区没有可靠的应力场实测或估计数据。同时，应力的结果是产生形变，因此，采用位移边界条件，即模型边界处向两侧一定地位移，实际上可通过对模型边界施加变形的速度和时间来代替。

根据研究区地层褶皱的形态和规模，推断研究区变形缩短量约为 10%。考虑研究区当时所在的大地构造背景、板块运动速度和构造变形速度，将本模型的边界变形速度设置为

1×10^{-8}m/s，认为地质构造演化是以均变式发展的，计算得到的持续时间为 3×10^{10}s。由于燕山期成矿期的构造应力场是 NW—SE 向，那么 NE—SW 向为伸展构造，模型的边界条件设置应为拉伸形变，即速度的方向为向两侧拉伸。另外，由于该模型实际上是 2.5 维，故将模型的厚度设置为固定不产生形变。

9.4.4　模拟结果及分析

本节主要围绕模拟结果中流体的运移路径演化和作为流体运移直接动力的孔隙压力进行结果分析。从结果现象到原因剖析，再到规律总结，包括随时间演化的模拟结果描述，与研究区的地质现象对比，提高对成矿过程的认识，剖析成矿原因并总结控矿规律性。

图 9.15 ~ 图 9.17 为流体流速和孔隙压力随时间的演化过程系列图，由于孔隙压力是流体运移的直接动力，二者叠加显示，能直观地反映出流体运移方式的直接原因，从而进一步分析产生这种现象的原因和规律。

图 9.15 中，地质体在应力场作用下转换成为有效应力，以及岩体侵入使温度升高，流体体积膨胀，形成了大于该深度下静水压力的驱动力，使岩体表面，尤其是断裂之间岩体部分的流体向上覆围岩中渗流；断裂比地层围岩的孔隙度大、渗透率高，流体会大量集中在与岩体相交的断裂处，并沿着断裂向上方及两侧运移。

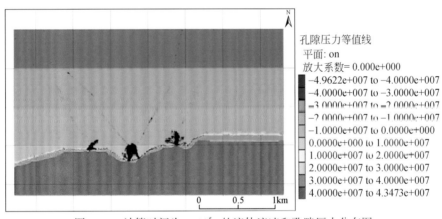

图 9.15　计算时间为 1×10^5s 的流体流速和孔隙压力分布图

图 9.16 中，由应力和热量转换的孔隙压力发生了变化，岩体底部的孔隙压力逐渐减小，岩体顶部一定范围内的孔隙压力逐渐增加，形成了几百米的区带，驱动着流体不断地向上运移。其中，离断裂带距离较远的流体仍缓慢地向上覆地层渗入，与地层围岩发生化学反应形成蚀变带；在断裂带附近的流体则沿着断裂通道大量地、快速地向上方运移；在应力场的作用下，断裂带产生了较大变形，使断裂带两侧几十米范围内孔隙压力减小，部分流体由断裂通道向两侧区域，尤其是断裂带夹持的地层中渗流。

图 9.17 中，流体沿着断裂向上运移到 $T_2g_1^5$ 地层时，由于该地层岩性是灰岩与白云岩互层，在参数设置时，该地层模型的孔隙度和渗透率高于其他地层模型，当流体运移到 $T_2g_1^5$ 层位时，大量流体横向流入该地层断裂所夹持部分并充填其中，在背斜处有明显汇聚

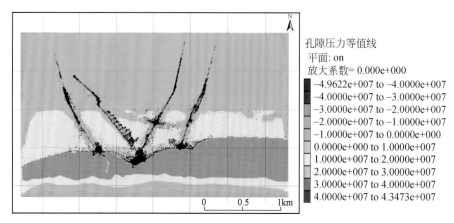

图 9.16　计算时间为 $1×10^6$ s 的流体流速和孔隙压力分布图

趋势，少量流体继续沿断裂向上运移；随着时间的推移，孔隙压力分布逐渐均匀，直到压力、温度达到新的平衡状态，流体将停止运移。

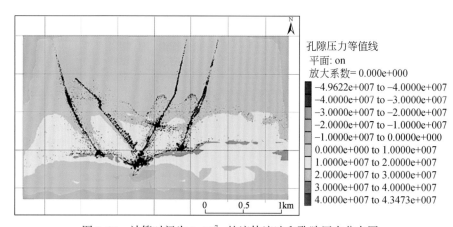

图 9.17　计算时间为 $1×10^7$ s 的流体流速和孔隙压力分布图

9.5　基于成矿过程的找矿靶区模拟预测评价

9.4 节实现了矿液运移过程的数值模拟并得到了该研究区的数值模拟模型。本节在此基础上探讨热液成矿系统的力-热-流耦合过程对矿体定位的控制作用，从模拟结果中分析控矿机制，总结控矿规律性，挖掘分析有利成矿部位，并对高松矿田区域剖面模型进行有利成矿靶区的预测评价。

9.5.1　有利成矿部位分析

本节主要从构造控矿、扩容空间控矿和温度梯度控矿三个方面，剖析控矿机理，寻找有利成矿部位。

1）构造控矿

热液型矿床中断裂构造控制着岩浆的侵入，也控制着热液的运移，对矿体的空间展布起着至关重要的作用。本节主要研究矿体分布和富集的有利构造部位，总结构造控矿规律，分析矿体在时间和空间上受哪些构造体系的控制及其控制机制。单独进行应力–应变场的模拟，对数值模拟结果的孔隙压力（pore pressure）分布特点及演化过程进行分析，可以明显地看出断裂构造的控矿作用；对断裂的展布特征进行分析，能更好地指明找矿方向。如图9.18~图9.20为模拟过程中不同计算时间的孔隙压力分布。

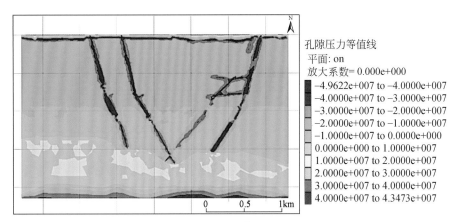

图9.18 计算时间为1×10^5s的孔隙压力分布图

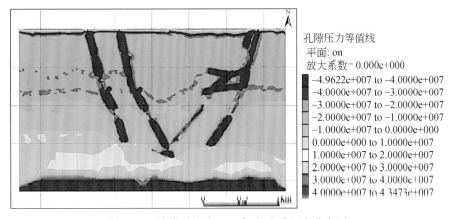

图9.19 计算时间为1×10^6s的孔隙压力分布图

在应力场、热力场的作用下，由于断裂带的性质与地层和岩体模型的不同，应变在断裂带及附近较为集中，引起断裂及周围岩体的渗透率增加，孔隙压力降低，增加了断裂带的宽度和对流体的流通能力，同时，周围地层的孔隙压力相对较大，使成矿流体向压力较小的断裂带附近位置运移和集中。另外，由于各个地层的岩性差异，部分地层边界也出现了孔隙压力降低情况。

从图9.18~图9.20可以看出，麒麟山断裂、大箐东断裂、1号断裂和芦塘坝断裂两侧均出现不同范围的孔隙压力负值区带，随着模拟的进行，断裂带两侧的孔隙压力负值区

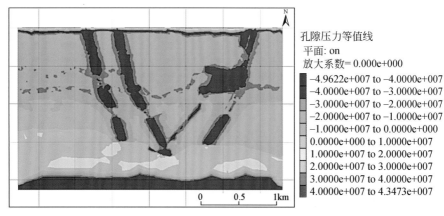

图 9.20　计算时间为 1×10^7 s 的孔隙压力分布图

带发生不同程度的拓宽，达到几十米至数百米，这些部位均是很好的容矿空间。其中，麒麟山断裂、大箐东断裂和芦塘坝断裂发育较为均匀，而 1 号断裂的孔隙压力负值区带较窄且随模拟的进行两侧没有明显的拓宽趋势，这与其原有的宽度和隐伏断裂的性质有关。另外，大箐东断裂和 1 号断裂底端相交的部位附近以及 1 号断裂顶端和芦塘坝断裂之间的区域均形成了低孔隙压力空间，说明断裂交汇处和隐伏断裂端部的分布位置和空间关系，更有利于含矿热液的汇集，是成矿的有利空间。这个模拟的结果与地质现象中断裂带、断裂交汇处的一定范围内存在矿体或矿化蚀变相吻合。另外，模拟得到的断裂控矿范围可作为建立断裂缓冲区的定量化参考依据。

　　2）扩容空间控矿

　　对数值模拟结果的体积应变增量（volumetric strain increment）分布特点及演化过程进行分析，可以看出汇流扩容空间的控矿作用；对汇流扩容空间的分布特征进行分析，能更好地指明找矿方向。如图 9.21～图 9.26 为模拟过程中不同计算时间的体积应变增量分布。

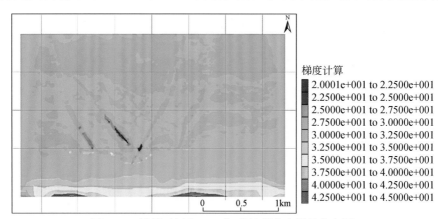

图 9.21　计算时间为 1×10^5 s 的体积应变增量分布图

　　汇流扩容空间是热液成矿的重要条件，为矿液流动、矿体沉淀提供空间，在数值模拟结果中由体积应变增量来表示，体积应变增大部分往往是矿化或矿体赋存部位。扩容空间

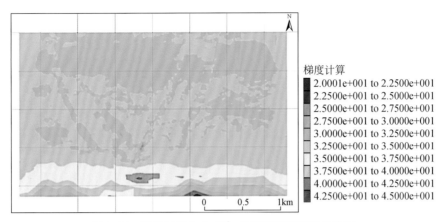

图 9.22   计算时间为 $5×10^5$ s 的体积应变增量分布图

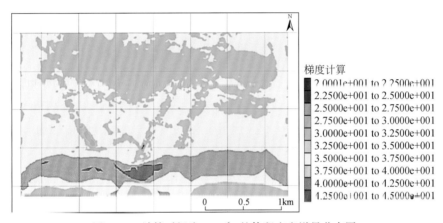

图 9.23   计算时间为 $1×10^6$ s 的体积应变增量分布图

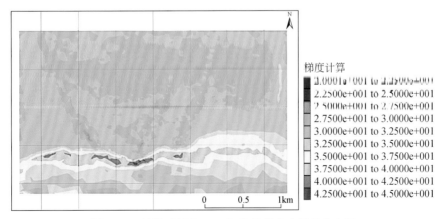

图 9.24   计算时间为 $5×10^6$ s 的体积应变增量分布图

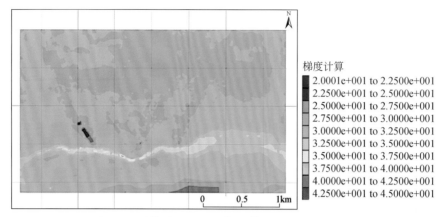

图 9.25　计算时间为 1×10^7 s 的体积应变增量分布图

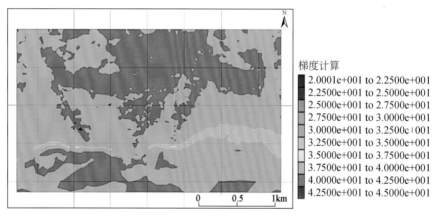

图 9.26　计算时间为 5×10^7 s 的体积应变增量分布图

的控矿机制是有序的自组织演化过程，矿液在多孔岩石介质中处于平衡状态，在构造应力和热应力作用下，局部发生塑性膨胀甚至破裂，增加孔隙容积，降低孔隙流体的压力，使含成矿物质流体有可能向扩容空间汇流，而流体的汇聚又会造成流体增压，通过液压致裂增加岩石孔隙度，增加扩容量，促进流体进一步汇流，如此循环反复，矿石则有可能在这个空间形成大规模沉淀堆积。

　　从图 9.21 ～ 图 9.26 可以看出，扩容空间首先在岩体底部产生，随着模拟的进行，最大扩容空间的位置逐渐向上移动，到达岩体顶部后，逐渐减小至消失。理论上，汇流扩容空间的形成是构造应力、岩浆热应力以及流体水压致裂共同作用的结果，从本研究模拟结果来看，体积应变增量的范围和最大值都主要集中在岩体内部和顶部，因此认为汇流扩容空间的形成和演化主要受岩浆热应力的影响。从图 9.22、图 9.23 中可以看出，体积应变增量的最大值主要集中在大菁东断裂和 1 号断裂交汇且延伸至岩体顶面的部位，主要原因在于这个部位形态比较复杂，容易发生应力集中，体积膨胀，引起岩石破裂，从而形成扩容空间。随着时间的推移，汇流扩容空间最终集中分布于距岩体顶面数十米的接触带上，且与断裂相交的部位最为突出，同时汇聚来自岩体和围岩的流体。因此，岩体顶面的接触带是容矿的有利部位。

3）温度梯度控矿

花岗岩侵入体的温度场和与它有关的热液矿床的空间分布有一定联系。一般认为，温度梯度大且温度值稳定的地段是成矿的有利部位。温度变化会使一些成矿元素的溶解度减小，导致元素沉淀，也会使一些化学反应得以进行。

对数值模拟结果的温度场（temperature）分布特点及随时间的演化过程进行分析，图9.27～图9.29为模拟花岗岩体冷却固化过程中不同计算时间的温度场分布。

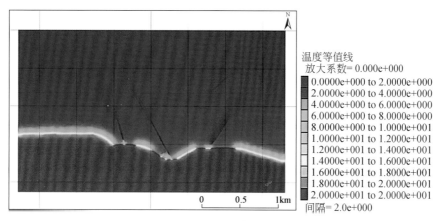

图9.27 计算时间为 1×10^5 s 的温度场分布图

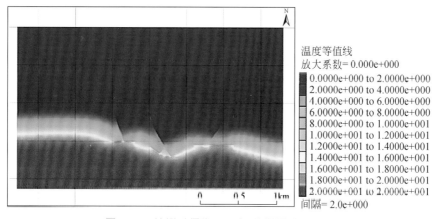

图9.28 计算时间为 1×10^6 s 的温度场分布图

地温梯度和岩浆侵入均会产生温度梯度。相对来说，地温梯度对整个温度场的分布影响和对成矿的控制作用较小，因此，结果主要体现花岗岩体的热传导作用，随时间的推移形成的温度分布。图9.27为岩体侵入后初始时期的温度场分布，可以看出，断裂带温度较低，高温岩体向地层进行热传导，使接触带温度升高。图9.28和图9.29分别为计算时间为 1×10^6 s 和 1×10^7 s 时的温度分布情况，由于温差的存在，热传导作用持续进行，使得数百米的地层逐渐升温，整个传导过程和温度分布较为均匀。但值得注意的是，在断裂两侧温度场不连续，出现温度梯度，说明断裂对于热传导作用和温度的分布有一定影响。通

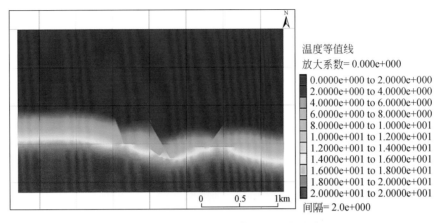

图 9.29   计算时间为 $1 \times 10^7 \mathrm{s}$ 的温度场分布图

过对温度场的模拟分析，得到岩体顶部接触带和断裂带存在温度梯度，是成矿的有利部位。

利用侵入体温度场的特点，除了矿体的分布与温度场的空间位置一致外，矿体的形成时间与温度稳定带存在的时间是否一致，矿床的形成温度和等温线温度是否一致，是判断矿床与侵入体之间是否有成因关系的重要依据。

通过对芦塘坝矿段的数值模拟，根据已知矿体位置，调整模拟参数，使模拟结果尽可能与地质现象相吻合，从而得到该研究区的数值模拟模型，并根据模拟结果分析了有利成矿部位及其原因和规律性。

9.5.2   找矿靶区模拟预测评价

在上述工作的基础上，本节从矿段局部拓展到矿田区域，利用得到的研究区数值模拟模型，对高松矿田区域进行成矿过程的数值模拟和矿体位置预测，为进行隐伏矿体预测和提高预测可信度提供依据，为寻得找矿方向和有利靶区优选提供思路。

这部分工作是对同一地质背景的矿区进行模拟，因此将各地质体的性质参数、成矿环境条件视为相同，除了建立的几何模型为 NW—SE 向穿越高松矿田的剖面外，其他的模型参数、命令流和技术路线同上述工作，在此不再赘述。如图 9.30 为高松矿田三维地质体模型集成效果及设计的剖面位置，图 9.31 为根据地质资料修正并矢量化的几何模型。

热液型金属矿床受断裂构造控制，有些矿床产在构造中，但有很多构造是无矿的。如果能够判断区域内哪些构造最可能发生矿化，将对找矿勘探很有意义。一般认为，流体长时间汇聚流过的构造部位较容易发生矿化。数值模拟可以对流体汇聚区进行模拟，通过对比已知矿床的分布与数值模拟的结果，获取与已知矿床具有类似的流体动力学特征的部位，从而进行矿化区域预测。图 9.32 ~ 图 9.37 为流体运移和孔隙压力随时间演化过程的模拟结果。

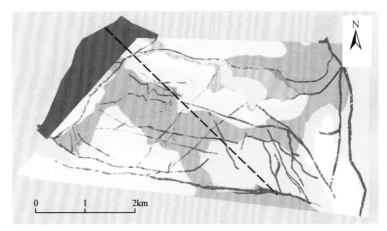

图 9.30　高松矿田三维地质体模型集成效果及设计的剖面位置

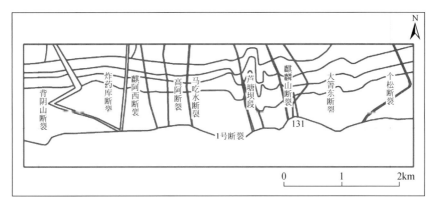

图 9.31　根据地质资料修正并矢量化的几何模型

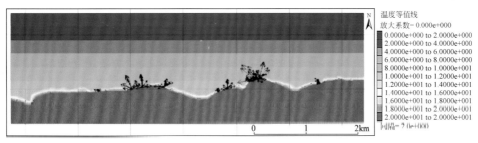

图 9.32　计算时间为 1×10^5 s 的流体运移和孔隙压力分布图

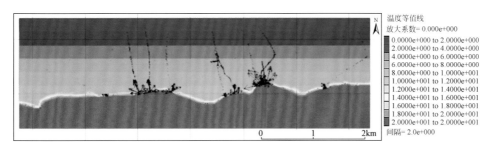

图 9.33　计算时间为 5×10^5 s 的流体运移和孔隙压力分布图

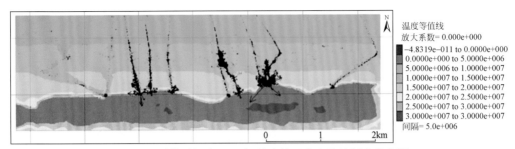

图 9.34　计算时间为 1×10^6 s 的流体运移和孔隙压力分布图

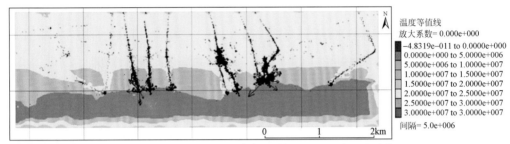

图 9.35　计算时间为 5×10^6 s 的流体运移和孔隙压力分布图

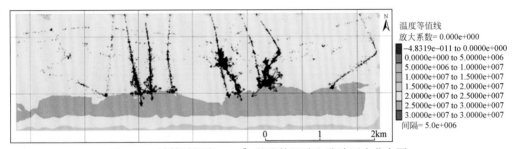

图 9.36　计算时间为 1×10^7 s 的流体运移和孔隙压力分布图

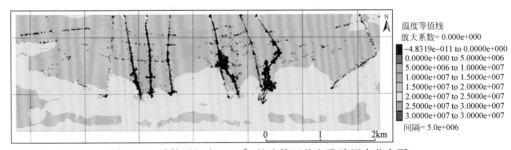

图 9.37　计算时间为 5×10^7 s 的流体运移和孔隙压力分布图

　　从模拟结果中可以看出，高松矿田区域的流体运移和孔隙压力变化的过程及规律与芦塘坝矿段的相类似。从断裂带的分布位置可以看出，岩体突出的位置往往是断裂的一端，这与岩浆上侵造成围岩破裂形成断裂或已有断裂部分相对薄弱给岩浆侵入提供空间有一定关系；初始时，地质体在应力场作用下转换成为有效应力，以及岩体侵入使温度升高，流体体积膨胀，形成了大于该深度下的静水压力的驱动力，使岩体表面的流体向上覆围岩中渗流；由于断裂比地层围岩的孔隙度大、渗透率高，流体会大量集中在与岩体相交的断裂处，并沿着断裂向上方及两侧运移；由应力和热量转换的孔隙压力发生了变化，在断裂带附近的流体则沿着断裂通道大量地、快速地向上方运移，并在断裂交汇处和拐角处汇聚，部分流体有沿断裂反向岩体内部运移的趋势；流体沿着断裂向上运移到不同地层的分界带时，该地层岩性是灰岩与白云岩互层，故在参数设置时，该地层模型的孔隙度和渗透率高于其他地层模型，当流体运移到层间破碎带时，大量流体横向流入该地层并充填其中，少量流体继续沿断裂向上运移；随着时间的推移，孔隙压力分布逐渐均匀，直到压力、温度达到新的平衡状态，流体将停止运移。

　　根据模拟结果从流体动力学角度概括高松矿田的成矿模式和成矿过程，包括：①成矿元素主要来自岩浆侵入熔融的地层和岩浆房；②成矿元素通过岩浆分异流体出溶和流体与围岩的交代反应进入热液中；③温度降低和水岩反应的影响，一部分流体会在侵入体接触带附近沉淀富集，另外，流体出溶导致体积膨胀，形成流体超压，一部分流体会沿着压力较小的断裂通道运移，在层间破碎带沉淀富集，形成矿化或蚀变带。

　　根据模拟结果对高松矿田进行找矿靶区预测评价。将模拟预测结果与二维图切剖面叠加，分析流体运移和汇聚位置与地层、断裂、岩体的空间关系，如图 9.38 所示。将模拟预测结果以剖面的形式嵌入三维实体模型中，通过与已知矿体的空间叠加对模拟预测结果进行评价，如图 9.39 所示。芦塘坝断裂起着导矿作用，层间剥离空间及纵向张性小断裂发育，控制着矿床的分布。其中，大箐东矿段为已知矿床分布（图 9.39 中灰色矿体模型），处于大箐东断裂、131 断裂、麒麟山断裂以及 EW 向层间剥离空间，矿体分布主要沿 NWW 向大箐东断裂分布。另有矿区资料显示，芦塘坝矿段也已探明，位于芦塘坝断裂与 131 断裂相交切部位的锐夹角地带，矿体分布于两断裂夹持带的 $T_2g_1^6$ 层间剥离带。这两个已知矿床分布与图 9.38 和图 9.39 中流体多汇聚于此处的模拟结果相符。由此推断，麒阿西断裂、高阿断裂和马吃水断裂及其附近的层间破碎带中表现出较强的流体汇聚特点，有较大可能的矿体赋存；各断裂间的地层分界面，尤其是背斜位置，有较明显的汇流趋势；而位于矿田边缘的背阴山断裂、炸药库断裂和个松断裂，几乎没有流体运移经过，表现出较弱的成矿可能性。另外，流体有沿着大箐东断裂和 131 断裂反向岩体内部运移的趋势，推测此处岩体内部一定范围有含矿可能性。

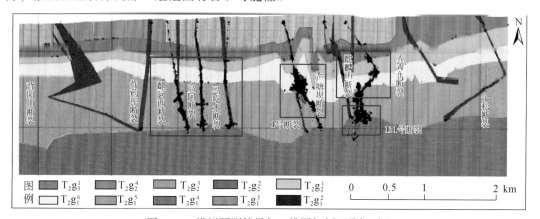

图 9.38　模拟预测结果与二维图切剖面叠加对比

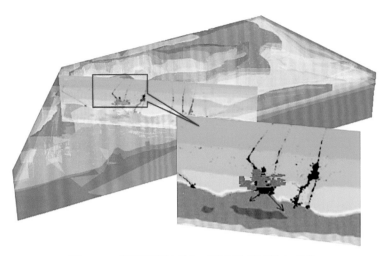

图 9.39　模拟预测结果与三维实体模型叠加对比

9.6　小　　结

流体的流动是热液矿床形成不可或缺的组成部分，通过数值模拟方法研究流体驱动力、流动方向、流速的分布特点和演化过程以及与矿体定位的关系，从物理条件和过程演化的角度进一步分析其形成原因，总结规律性认识，更好地理解热液矿床的形成过程，并对找矿勘探起到提供有利成矿条件信息的间接作用和用于预测矿化地段的直接作用。本研究取得的主要成果和创新点如下：

（1）总结了热液型矿床成矿过程的数理模型。总结了热液型矿床的成矿地质过程和成矿机制，构建了热液型矿床的地质模型，并将热液成矿系统分解为应力场、热力场、流体渗流场三个单独的子系统；依据人们认识的自然规律和科学规律所建立的数学物理方程组，整理了各子系统对应的数学公式及耦合公式，建立了热液型矿床的数理模型，定量地表达了相关的地质过程，将地质科学纳入定量的科学理论范畴。

（2）实现了对个旧高松矿田成矿过程的动态模拟。建立并集成了个旧高松矿田三维实体模型，实现了对研究区深部三维形态的模拟；总结研究区成矿地质背景和成矿机制，梳理了成矿过程及成矿作用的环境和条件资料；对芦塘坝矿段和高松矿田进行了数值模拟，实现了成矿过程的动态模拟，直观显示了含矿热液流体在地质环境中的运移过程，同时得到成矿时期的古应力场、温度场、汇流扩容空间等分布，结合模拟结果分析形成机制，提取有利成矿条件，预测隐伏矿体分布，探讨动力驱动矿液运移的规律，进行成矿动力学机制分析。

（3）形成了模拟热液型矿床成矿过程的技术方法流程。在了解数值模拟原理的基础上，以及在对研究区进行数值模拟实验的过程中，理清了数值模拟中各个模型、参数和命令的含义，掌握了模拟操作的关键技术环节，编写了命令流文件，形成了模拟热液型矿床成矿过程的技术方法流程，为后续研究工作奠定了基础。

　　模拟结果不但能够印证预期想法，同时也会带来一些新的启示，在思考原因和挖掘规律性的过程中，提高对成矿机制和成矿过程的认识。对成矿过程进行数值模拟的方法可以为找矿勘探提供一些有价值的参考，有助于减少圈定靶区所带来的风险，是一种有效且值得推广的手段。

第10章 青海卡尔却卡铜多金属成矿过程模拟三维预测

东昆仑祁漫塔格成矿带位于青藏高原东北部，柴达木盆地西南缘，东昆仑复合造山带西段。卡尔却卡铜多金属矿床是近年在祁漫塔格地区发现的中型矿床，成矿时代为中晚三叠世，矿区中部具有典型夕卡岩成矿的特征。本章全面收集整理工作区内地质、物探、化探、遥感、矿产勘查及科研工作所取得的成果和资料；剖析区域大型-超大型矿床成矿作用，聚焦成矿作用的地球动力学背景，查明主要成矿系统的时空结构，构建区域成矿地球动力学背景的数学定量模型；分析大型-超大型多金属矿床形成机理，阐明区域主要矿床类型、成矿规律，揭示构造、岩浆、流体等作用对成矿作用的控制，构建铜等多金属矿床成矿模型。

本章采用隐伏矿体的联合评价实现三维预测，即通过成矿过程模拟分析致矿地质异常，通过综合信息定量分析矿致地质异常。成矿过程模拟，通过讨论影响地质过程发展的各种因素在空间和时间上的演化，运用数值分析模拟的方法构建力-热-流的耦合模型来说明成矿地质过程和成矿机制，最终提取有利的成矿地质条件，预测隐伏矿体位置分布。它基于物化实验结果，遵循自然定律和客观规律，不受时间和空间尺度的约束，具有可视化和科学性。综合信息定量分析，是在了解卡尔却卡地质背景的基础上，根据收集的地质、地理、遥感及化探等找矿信息，运用计算机建模技术（Surpac 软件）建立数字矿田，应用"立方体预测模型"找矿方法并结合地质统计学的相关理论和方法，对成矿有利信息进行提取，选出成矿远景区。对隐伏矿体进行联合预测评价，探讨卡尔却卡铜多金属矿床的最有利成矿地段，圈定成矿靶区，实现三维成矿预测的突破，提出隐伏矿体预测评价的新方法。

10.1 区域地质背景

研究区行政区划隶属格尔木市乌图美仁乡管辖，位于柴达木盆地西南缘那陵郭勒河上游南岸。南与玉树州相邻，北与大柴旦、茫崖接壤，东至中灶火，西至甘森。大地构造位置隶属于青海省东昆仑祁漫塔格早古生代裂陷槽（张雪亭等，2005）。区内各个时代地层均有出露，以古生代和中生代地层为主，第四系覆盖较厚。构造活动显著，NW 向和近 EW 向深大断裂将本区划分为不同构造单元。岩浆侵入活动强烈，加里东期、海西期、印支期、燕山期岩浆侵入岩均有出现，印支期与成矿作用密切相关。

10.1.1 地层

矿区内除古元古界金水口岩群（Pt_1J）、上三叠统鄂拉山组（T_3e）及第四系外，出露地层主要为下古生界火山岩−碎屑岩−大理岩组合的滩间山群（ЄOT），孤岛状顶垂体或捕房体呈 NWW 向残留于花岗岩侵入体中，其岩性由安山质凝灰岩、安山岩、灰岩等岩石组成。这些地层与成矿侵入岩体接触的部位通常遭受强烈的接触热变质作用或接触交代作用，部分地层被交代成一套由典型钙夕卡岩矿物组成的夕卡岩化或夕卡岩类岩石或角岩类岩石（苏海伦等，2015）。

10.1.2　构造

研究区主要受昆北断裂、昆中断裂和昆南断裂复合控制作用，按展布方向可划分为 NWW 向断裂组、NE 向断裂组。NWW 向断裂由一系列相互平行、近等间距 NWW 向断裂组成，倾向 NE，倾角 50°～70°，走向 130°～160°，显示出强烈的挤压破碎特征，为区内的主干构造，与成矿关系密切。NE 向断裂组仅在研究区内北西部表现比较强烈，形成 10～50m 宽的断层破碎带，为脆性逆断层。研究区褶皱构造不发育，滩间山群火山岩−碎屑岩−大理岩地层呈单斜构造，一般以走向 NWW、倾向 NE 为主，倾角 75°～85°，层面较为平直。

10.1.3　岩浆岩

祁漫塔格地区岩浆活动强烈，持续时间长，活动时代从晚古生代到晚三叠世，岩性及岩浆作用多种多样，从基性岩至酸性岩均有出露，其中海西期和印支期岩浆活动强烈，与成矿关系密切。

矿区地表出露岩石主要是印支期花岗岩类，以印支期花岗闪长岩和似斑状黑云母二长花岗岩为主（苏海伦等，2015），地表面积约占 65%，后者呈大岩基状包裹前者，两者时空关系密切。两类侵入体接触部分常出现冷凝边或边缘相的细粒花岗岩，因此推测两者属于同源不同期次的岩浆演化产物。另外，还在区内发现闪长玢岩、辉长岩、石英闪长岩等小岩株和钾长花岗岩等岩脉局部产出。

似斑状二长花岗岩呈浅肉红色，基质中粒结构，块状构造，以中−粗粒似斑状结构为主，与成矿关系最为密切，是矿床成矿的主要母岩。石英 20%～25%，斜长石 30%～34%，钾长石 29%～35%，黑云母具浅黄色−褐色多色性，含量 5%，其他矿物有少量白云母、磷灰石、锆石、金属矿物等。

10.2　找矿模型

随着找矿工作的不断推进，卡尔却卡地区找矿工作也取得了较大进展，已经发现了多处热液型铜多金属矿床，包括野拉塞铜矿和索拉吉尔夕卡岩型铜多金属矿等。

找矿模型的建立就是以矿床成矿理论作为理论依据，在综合研究区各类勘查数据资料、文献资料的基础上对成矿类型、成矿过程、矿床模型进行系统分析，继而开展找矿预测工作。结合研究区的实际情况以及文献资料，综合考虑总结出研究区的找矿模型

（表 10.1）。

表 10.1　找矿模型

控矿要素	地质特征描述	变量类型	定量表征
地层	地层含矿特征	赋矿地层	地层含矿性分析
	地层构造特征	地层断裂控矿表征	地层组合熵
	地层复杂程度	地层出露复杂地段	地层复杂度
	特殊岩性层位	成矿有利岩性特征	特殊岩性段
	蚀变特征	蚀变带	有利围岩蚀变
构造	构造含矿特征	有利成矿构造	构造含矿性分析
	构造带特征	断裂影响范围	断裂缓冲区
	构造发育及展布特征	主干构造	断裂优益度
		局部构造	方位异常度
	构造导矿容矿特征	构造交汇特征	构造交点数
		构造岩浆活动特征	中心对称度
岩体	岩体含矿特征	成矿有利岩体	岩体含矿性分析
	岩体影响范围	岩体影响范围	岩体缓冲区
	岩浆活动特征	脉岩	脉岩
	岩浆分异特征	岩体复杂程度	岩体分异系数

10.3　三维实体模型的建立

在对卡尔却卡铜多金属矿床进行系统研究的基础上，应用主流地质三维建模软件 Surpac，对研究区地表、地层、矿体、岩体、钻孔等进行三维实体建模，从而实现数字矿床的建立，并为后续的成矿过程模拟和三维预测分析做好模型准备工作。

10.3.1　资料收集与整理

本次三维成矿预测研究及资源储量估算主要依据矿区的原始勘探数据及各种图件和报告等资料，收集的资料包括矿区的综合地质图、地质剖面图、地质矿产图、综合剖面图等。在卡尔却卡矿区内，共收集到 2008 年、2009 年、2011 年地质剖面图 15 张（Ⅶ号脉 12 条，Ⅷ号脉 3 条）、综合地质图（附工作部署，包含地形地质及地质剖面位置信息）1 张以及其他相关资料若干，这些资料是建立三维实体模型的主要依据（吕鹏，2007）。另外，从收集到的地质剖面图上提取出钻孔共 36 个，这些钻孔数据是建立矿区钻孔模型及资源储量估算的依据。

10.3.2　三维实体模型构建

1) 研究区地表三维实体模型

利用 Aster 30m 分辨率 DEM, 根据实际精度需要, 处理生成 2m 间距的等高线, 然后导入 Surpac 软件中, 生成 DTM 模型表示卡尔却卡铜矿区Ⅶ、Ⅷ号矿带模型形态 (图 10.1)。研究区范围较小,因此所生成的地表三维实体模型高程起伏变化比较突兀。

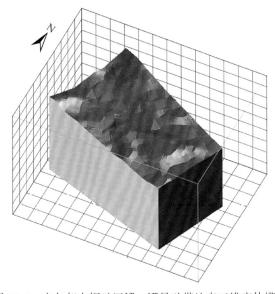

图 10.1　卡尔却卡铜矿区Ⅶ、Ⅷ号矿带地表三维实体模型

2) 地层三维实体模型

对照研究区工程部署图 (卡尔却卡铜矿区Ⅶ、Ⅷ号矿带地质草图) 整理研究区的剖面资料, 卡尔却卡 B 区地层三维实体建模实际共用到 15 条剖面。这些剖面为建立较为精确的地层三维实体模型提供充分的条件。此外, 还参考研究区地质图和其他文字资料来推测完善地层三维实体模型。如图 10.2 可以看出中部残留的奥陶系—志留系的滩间山群大理岩被印支期侵入的似斑状黑云母二长花岗岩和花岗闪长岩包围在接触带部位发生夕卡岩化。

3) 夕卡岩三维实体模型

在岩浆热作用过程中, 金属元素活化形成含矿热液, 含矿热液在迁移和演化过程中与岩体接触的围岩物理化学性质发生急剧变化, 矿物质不断冷却结晶, 促使矿质沉淀和富集, 形成了 B 区的夕卡岩型多金属矿床。从图 10.3 可以看出夕卡岩主要分布在中部残留的奥陶系—志留系的滩间山群大理岩与印支期侵入的似斑状黑云母二长花岗岩和花岗闪长岩的接触部位。

4) 矿体三维实体模型

卡尔却卡矿区产出铜、铁等多种金属矿物, 矿区夕卡岩接触带上可见绿泥石化、绿帘

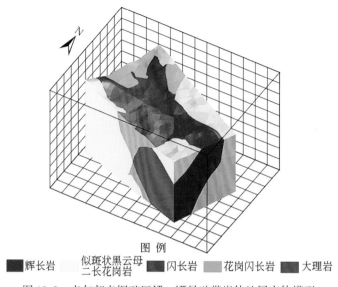

图 例

■辉长岩　　似斑状黑云母　　■闪长岩　　花岗闪长岩　　■大理岩
　　　　　　二长花岗岩

图 10.2　卡尔却卡铜矿区Ⅶ、Ⅷ号矿带岩体地层实体模型

石化等蚀变，主要见黄铜矿、斑铜矿、辉铜矿、磁铁矿、黄铁矿等矿化（宋文彬等，2012）。如图 10.4 为卡尔却卡铜矿区Ⅶ、Ⅷ号矿带铜矿体三维实体模型。

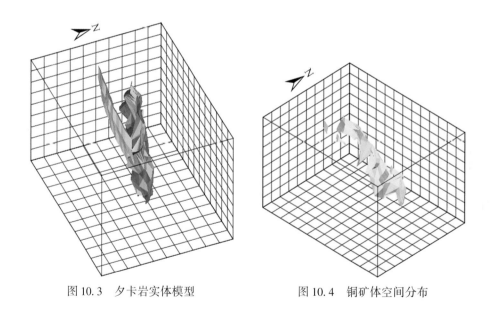

图 10.3　夕卡岩实体模型　　　　　　　图 10.4　铜矿体空间分布

10.4　成矿过程模拟——致矿地质异常分析

本研究在找矿模型的指导下，通过收集岩石测试、流体包裹体等资料，利用 FLAC³ᴰ 软件，构建力–热–流的耦合模型来进行地质体在温度场、压力场以及应力作用下的成矿过程模拟再现，探讨其形成机制并分析控矿规律。

成矿过程模拟主要包括以下几个技术环节：①建立地质模型；②根据岩石测试资料或实验数据确定参数范围，选择莫尔-库仑本构模型作为实验模型；③依据区域地质资料和实验资料等，设置模型的初始条件和边界条件；④编写和导入命令流文件，进行初步模拟实验；⑤对模拟结果进行分析和调整，图 10.5 为数值模拟的总体技术流程图。

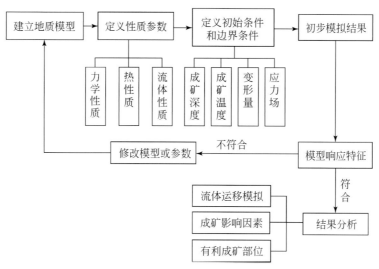

图 10.5　FLAC^{3D}模拟方法流程图

10.4.1　构建几何模型

成矿地质过程的数值模拟首要解决的问题是地质体三维实体模型的构建，常用的三维地质建模方法包括基于钻孔建模、基于平行剖面建模、基于多源数据建模等。运用FLAC^{3D}建立复杂模型难以实现，而 Surpac 建模具有简单、接近真实的特点，因此，可先通过 Surpac 生成三维实体模型再转换为 FLAC^{3D} 所支持的格式。在 Surpac 中建立三维实体模型，赋值到块体模型中，再通过块体模型转为 FLAC^{3D} 模型，两种软件相应的数据均为六面体单元划分，因此转换是可以实现的。

通过 Surpac 块体模型导出 csv 文件，该文件记录了块体网格的中心点坐标以及属性值。FLAC^{3D} 软件记录的是六面体节点的坐标，编制程序实现坐标转换及不同属性的分组，以及模型单元数据的转换。地层按岩性可以分为上部的白云岩和下部的灰岩，断裂和岩体为主要的控矿要素，玄武岩对矿体的分布位置也有影响，因此，模拟的时候主要考虑大理岩、花岗岩、花岗闪长岩、辉长岩、闪长岩、夕卡岩以及断裂。

典型的热液型矿床，采用 FLAC^{3D} 软件为平台，对热液的运移以及矿体的富集过程进行模拟，分析构造、岩体因素对矿体富集的影响，可以实现过程再现。图 10.6 为由Surpac 软件建模转换得到的 FLAC^{3D} 实体模型。

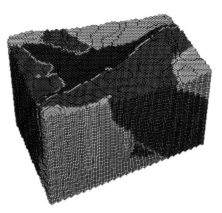

图 10.6　由 Surpac 软件建模转换得到的 FLAC^{3D}实体模型

10.4.2　参数和条件设置

根据收集整理到的研究区已知的物理实验数据和地质资料，设置研究区成矿过程模拟的初始条件和边界条件，总结模型模拟时应考虑的地质体的物理参数，并且进行了定量化的表达，形成研究区数值分析模拟的模型。表 10.2 为地质模型转换模拟模型简表。

表 10.2　地质模型转换模拟模型简表

地质模型	模拟模型
地质体形态及空间关系	三维实体模型/剖面形成几何模型
活动断裂及性质	筛选控矿断裂
围岩和岩体岩性	莫尔-库仑本构模型
围岩流体性质	孔隙度和渗透率
流体性质	对应温压下水的性质
应力场：北-南挤压	边界条件为速度 1×10^{-10} m/s
岩体温度	流体包裹体数据，500℃
成矿深度	流体包裹体推算，1km
围岩温度场变化	热传导定律，固定热通量冷却 30mW/m^2
地表温度及地温梯度	一般地，0℃，25℃/km
围岩孔隙压力	静水压力，$P=\rho_水 gh$
岩体孔隙压力	围岩孔隙压力的 2 倍

利用密度、体积模量、剪切模量、黏聚力、抗张强度、内摩擦角、膨胀角这 7 个参数来表征莫尔-库仑本构模型的力学性质，孔隙度和渗透率表征流体模型的流体性质，热导率、比热容和热膨胀系数表征热模型的热力学性质。

成矿过程模拟是建立在充分熟悉矿区基本条件的基础上开展的。整理收集研究区岩石样品的物理性质实测数据，并且查找托鲁基安等（1990）的《岩石和矿物的物理性质》中提供的实验数据，同时考虑到岩石样品与地层的区别，借鉴前人采用的模拟参数和数量级，参考国内外模拟相关文献，综合考虑本研究区具体岩性特征和各地质体间性质的差别与联系，分别设置了各地质体的性质参数，具体值见表 10.3。

表 10.3　模拟模型中地质体的性质参数

岩性/构造	莫尔–库仑本构模型							流体模型		热模型		
	密度/(kg/m³)	体积模量/Pa	剪切模量/Pa	黏聚力/Pa	抗拉强度/Pa	内摩擦角/(°)	膨胀角/(°)	孔隙度/%	渗透率/m²	热导率/[W/(m·K)]	比热容/[J/(kg·K)]	热膨胀系数/(m/K)
辉长岩	2870	3.5×10^{10}	2.5×10^{10}	6×10^{7}	8.7×10^{6}	35	2	2	1×10^{-17}	3.5	750	2×10^{-6}
断裂	2100	2×10^{8}	1×10^{8}	1×10^{7}	1×10^{6}	20	5	3	1×10^{-16}	2	2000	14×10^{-6}
花岗岩	2900	3.7×10^{10}	1×10^{10}	5.5×10^{7}	13.6×10^{6}	45	3	0.4	1×10^{-20}	2.7	782	6×10^{-6}
大理岩	2710	3×10^{10}	2.5×10^{10}	5.9×10^{7}	5.8×10^{6}	35	2	1.8	1×10^{-18}	2	908	3×10^{-6}
闪长岩	2990	8.1×10^{10}	1.1×10^{10}	6.6×10^{7}	15×10^{6}	33	2	0.5	1×10^{-20}	3	800	8×10^{-6}
花岗闪长岩	2700	5.7×10^{10}	1×10^{10}	5.5×10^{7}	13.6×10^{6}	42	3	0.4	1×10^{-20}	2.5	754	7×10^{-6}
夕卡岩	2290	7.1×10^{10}	1×10^{10}	5.6×10^{7}	13×10^{6}	30	2	1.5	1×10^{-20}	3	700	8×10^{-6}

动态过程的数值分析模拟是一个瞬时问题，确定边界条件和初始条件才能设定模拟的动力条件。本研究初始条件主要包括压力场（地表大气压力、地压梯度、流体压力）、温度场（地表温度、地热梯度、岩体温度）分布；边界条件主要是施加在模型边界的应力场或变形速度，以及持续的时间。根据研究区相关的地质资料和实验数据，下面对模型的初始条件和边界条件进行设置。

1）温度场

温度场的设置主要考虑了地表温度、地热梯度以及花岗闪长岩等岩体的温度三个部分。根据已知的统计分析，地壳的地热梯度变化为每往下延伸 1000m，温度升高 25℃。地表温度的设置采用的是全年的平均温度 0℃，施加在模型的顶部，对所有地层和断裂模型施加 25℃/km 的地温梯度。地温梯度的设置如图 10.7 所示。

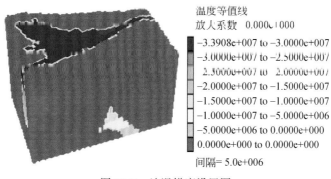

温度等值线
放大系数　0.0000e+000

　　　　　−3.3908e+007 to −3.0000e+007
　　　　　−3.0000e+007 to −2.5000e+007
　　　　　−2.5000e+007 to −2.0000e+007
　　　　　−2.0000e+007 to −1.5000e+007
　　　　　−1.5000e+007 to −1.0000e+007
　　　　　−1.0000e+007 to −5.0000e+006
　　　　　−5.0000e+006 to 0.0000e+000
　　　　　0.0000e+000 to 0.0000e+000

间隔= 5.0e+006

图 10.7　地温梯度设置图

宋文彬从卡尔却卡铜多金属矿床流体包裹体入手，测得矿区流体来源于富含 Na^{+} 及成矿物质的高温（达 500℃）、高盐度（达 60%）的岩浆流体，估算成矿压力在 7.0 ~ 10.8MPa，对应成矿深度为 0.7 ~ 1.1km，为浅层环境。对应研究区地质实测资料和实验数据，通过分析成岩成矿的温度条件，将模型中岩体模型的温度设置为 500℃，岩体的侵位深度约为 1km。研究区的岩体温度设置如图 10.8 所示。

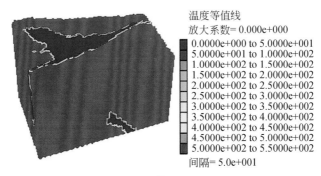

图 10.8　岩体温度设置图

2）压力场

本研究主要涉及地压梯度、地表大气压力和流体压力三个部分。地压梯度采用的是 $1 \times 10^4 Pa/m$ 的变化来表示，地表大气压力采用大气压的平均值为 $1 \times 10^5 Pa$，通过公式 $P = \rho_水 gh$（$h = 1650m$）可计算出模型对应深度的静水压力。流体压力（孔隙压力）直接关系到流体流动的动力问题，在地下深处，液体所受到的压力，相当于其上覆全部岩石的重量，根据岩石密度和水密度的比例，受到的静压力等于这个深度的静水压力的 2 ~ 3 倍，当压力条件发生变化时，特别是地壳发生裂隙时，这种压力会使热液受到挤压而到裂隙中去。根据测得的成岩压力数据，本研究将流体压力设置为此深度下静水压力的 2 倍，即 $3.3 \times 10^7 Pa$，并施加在岩体顶面。研究区的地压梯度设置如图 10.9 所示。

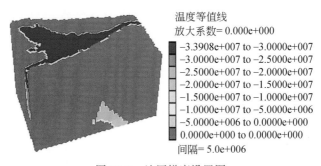

图 10.9　地压梯度设置图

3）边界条件

本次研究区没有可靠的应力场实测或估计数据，考虑到应力的结果是产生形变，因此通过位移来表示边界条件。由于研究区受到南北方向的构造挤压，在 Y 轴方向模型两侧边界向内部一定的位移，实际上可以通过对模型边界施加变形的速度和时间来代替，如图 10.10 所示。

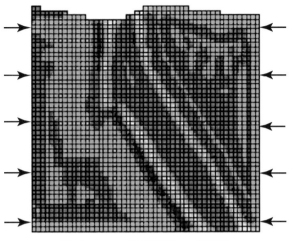

图 10.10　Y 轴两侧施加一定速度

10.4.3　模拟结果及分析

　　模拟过程的分析主要是通过流体运移的路径、孔隙水压力的变化以及反映成矿空间位置的体积应变值来说明。孔隙水压力和体积应变的变化间接反映了成矿的位置信息，通过总结这些因素，分析了时间作用下的动态模拟。

　　孔隙水压力作为流体运移的直接动力，它的变化间接反映了流体运移的变化，通过数值分析模拟软件对孔隙水压力的变化进行模拟，当孔隙水压力的值趋于稳定的时候，间接地反映了矿液汇聚的有利区。岩体的侵入使温度升高，流体体积膨胀，形成了大于某深度下静水压力的驱动力，使岩体表面尤其是断裂之间岩体部分的流体向上覆围岩中渗流，断裂附近的流体沿着断裂通道向上移动，部分流体由断裂通道向两侧区域渗流。图 10.11 和图 10.12 分别为 $X=324000$ 位置上初始状态和计算时间为 $9 \times 10^9 \mathrm{s}$ 时孔隙水压力分布图。

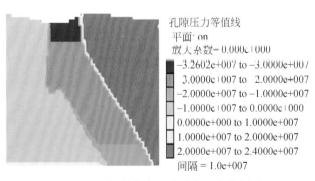

孔隙压力等值线
平面·on
放大系数=0.000e+000

█　−3.2602e+007 to −3.0000e+007
░　3.0000e+007 to　2.0000e+007
▓　−2.0000e+007 to −1.0000e+007
░　−1.0000e+007 to 0.0000e+000
░　0.0000e+000 to 1.0000e+007
░　1.0000e+007 to 2.0000e+007
█　2.0000e+007 to 2.4000e+007

间隔 = 1.0e+007

图 10.11　初始状态下孔隙水压力分布图

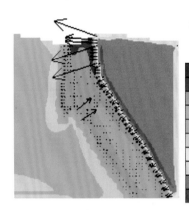

图 10.12　计算时间为 9×10^9 s 时孔隙水压力分布图

　　在应力的作用下，岩体会发生破裂，导致孔隙容积增加，流体逐渐向体积应变大的区域汇聚，从而使该处液压致裂，体积应变值更加增大，流体进一步汇聚。岩体的接触带附近表现为正的体积应变值，岩体内部表现为负的体积应变，从而在岩体的接触带上形成了正和负的体积应变转换带，地质现象上为接触带的体积膨胀。汇流扩容空间是热液成矿的重要条件，为矿液流动、矿体沉淀提供空间，在数值模拟结果中由体积应变增量来表示，体积应变增大的局部往往是矿化或矿体赋存部位。图 10.13、图 10.14 分别为 $X=324000$ 位置上初始状态和计算时间为 9×10^9 s 时体积应变效果图。

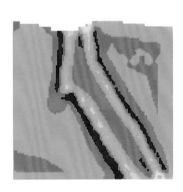

图 10.13　初始状态下体积应变效果图

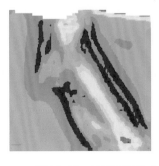

图 10.14　计算时间为 9×10^9 s 时体积应变效果图

以上分析了致矿地质异常模拟过程中的孔隙水压力和体积应变值的动态变化过程，要实现数值分析过程找矿，需要定量化反映成矿特征的孔隙水压力和体积应变值，通过输出这些值，转入 Surpac 的三维实体模型中，再通过地质统计学方法对其进行分析，为下一步正反演联合成矿预测做准备。

10.5　矿致地质异常分析

根据现有地质资料，特别是勘探线的分布，结合研究区的研究范围以及收集资料的情况确定了立方体建模的范围和基本参数。模型区形态范围值为 91°00′41″E ~ 91°02′25″E，36°45′15″N ~ 36°45′58″N，高程为 3000 ~ 4650m，模型块大小为 10m×10m×10m，模型包括共计 5269129 个单元块。建立立方体模型后，根据建立的卡尔却卡矿区找矿地质模型进行控矿要素的提取与统计分析，由此确定矿区的预测模型，并将所确定的预测参数作为属性赋给每一个单元块。

10.5.1　成矿地质体要素信息提取

根据建立的地质体立方体模型，统计不同地层所包含的立方体数目，以及已知矿体的三维实体模型剖分为立方体后的数目，叠加分析不同地层中的立方体数和已知矿体数。研究区地质体有大理岩、花岗岩、花岗闪长岩、辉长岩、闪长岩、夕卡岩 6 个变量，其中大理岩立方体数目共计 924785 个、花岗岩立方体数目共计 2403768 个、花岗闪长岩立方体数目共计 608327 个、辉长岩立方体数目共计 490601 个、闪长岩立方体数目共计 633352 个、夕卡岩立方体数目共计 211544 个，研究区内建立地层块体共计 5269129 个，总已知矿体数 73320 个，表 10.4、图 10.15 分别为各成矿地质体要素与已知矿体的数量统计表及柱状图。

表 10.4　各成矿地质体要素与已知矿体的数量统计表

要素	立方体数目	含矿块数	占总已知矿体数比例/%
夕卡岩	211544	61913	84.44
大理岩	924785	6873	9.37
花岗闪长岩	608327	5857	7.99
花岗岩	2403768	4536	6.19
辉长岩	490601	672	0.92
闪长岩	633352	715	0.98

由此可得各地质体要素的含矿性，夕卡岩型矿床的矿体多产在岩体与碳酸盐岩的接触带即夕卡岩中，且成矿与大理岩、花岗闪长岩、花岗岩等岩体关系密切。

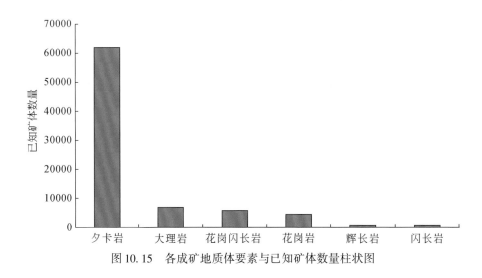

图 10.15　各成矿地质体要素与已知矿体数量柱状图

10.5.2　成矿构造信息提取

1. 断裂及断裂缓冲

区域性的断裂构造控制着岩浆岩的侵入，同时也控制了热液的运移，对成矿起着至关重要的作用。强烈构造活动区域是成矿流体运移的通道，而矿质沉积需要一个相对平静的环境，因此构造活动相对弱一点的部位即在主干断裂的旁侧构造发育相对较强的区域是矿体就位的有利区（董庆吉等，2010）。根据实际情况对断裂做一定范围内的缓冲区处理，取断裂面两侧各 20m 建立断裂缓冲区。图 10.16 为使用断裂及其缓冲区三维实体模型对立方体模型进行限定，划分出的断裂及其缓冲立方块。

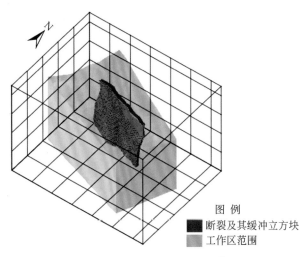

图 例
■ 断裂及其缓冲立方块
■ 工作区范围

图 10.16　断裂及其缓冲三维块体模型

2. 构造定量化信息

成矿预测研究中的断裂构造信息的定量化分析主要有构造等密度、构造中心对称度等，这些变量从不同的角度反映线性构造的特征，通过定量化后的变量，与已知矿体叠加分析，提取出最有利成矿的变量区间值，为下一步找矿提供数据支撑（董庆吉，2009）。

1）构造等密度

构造等密度反映出线性构造的发育程度，等密度值最高的区域是成矿后构造发育最强烈的区域，其对成矿起着破坏性作用，因此矿化强烈区可能更多地分布于密度次高值的区域，构造等密度公式为

$$l = \sum_{i=1}^{n_j} S_i \tag{10.1}$$

式中，l 为等密度；S_i 为第 i 条线形体的长度；n_j 为第 j 单元中的总线形体数。

2）构造频数

构造频数即单元网格中断裂构造产出的条数，相当于断裂密度指数，反映了区域线形构造的复杂程度，体现了区域构造格架的主体特征。

3）区域主干断裂分析

区域主干断裂是指垂向上延深大，平面上延伸长的断裂构造。采用断裂等密度与断裂频数之比来定量化分析主干断裂发育区，其特征即单位面积内断裂长而条数少（刘汉栋等，2015）。近 NWW 向断裂为卡尔却卡矿床内的主干断裂。如图10.17所示，经统计选取（0.084，0.120）区间作为成矿有利因子，图10.18为主干断裂（有利区间截取的块体）与断裂实体模型相叠合的图，从图上可看出断裂活动强烈的地区即主干断裂有利块体分布区与主要断裂的分布吻合，表明选取的区间较符合实际地质情况。

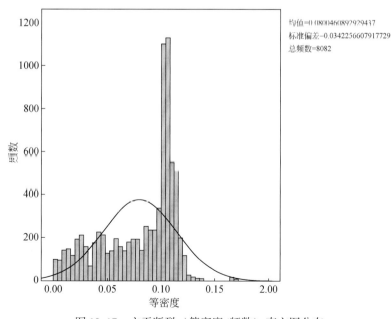

图10.17　主干断裂（等密度/频数）直方图分布

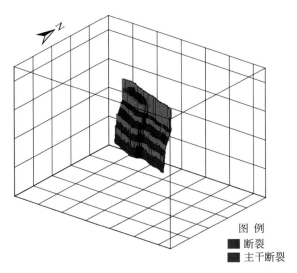

图 10.18　主干断裂与断裂叠合

4）局部构造

局部构造采用断裂频数与等密度之比来定量化表示，其特征即单位面积内条数多而断裂短。从构造学上来讲，矿体的沉积需要一个相对稳定的环境，因此对局部构造和已知矿体叠加分析，经统计选取（0.01，63.34）区间作为成矿有利因子（图 10.19）。图 10.20分别从立体和平面的角度观察了局部构造所选取有利区间的块体与断裂、断裂缓冲叠合的情况。

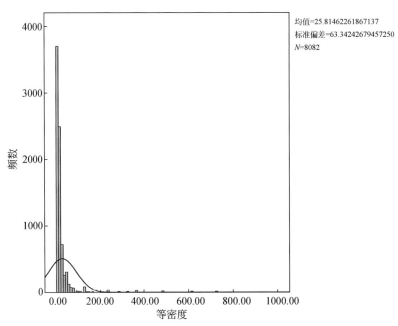

图 10.19　局部构造（等密度/频数）直方图分布

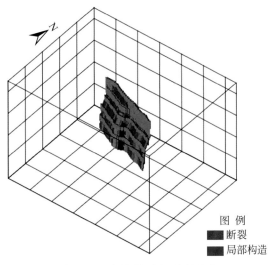

图 10.20　局部构造与断裂叠合

5）构造中心对称度

构造中心对称度代表了构造对称的特征，在实际地质情况中，主要有火山口、侵入岩体等造成构造呈对称性分布的地质现象。构造中心对称度对上述两类情况都有很好的反映，因此该参数可以用来预测侵入岩体的存在。图 10.21 为中心对称度直方图分布，图 10.22 为中心对称度有利区间与断裂叠合图。

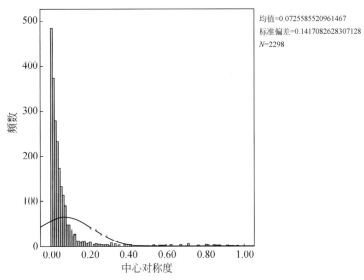

图 10.21　中心对称度直方图分布

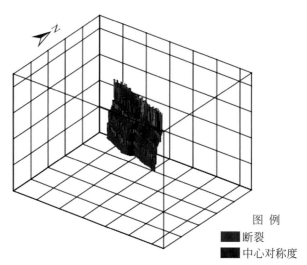

图 10.22　中心对称度有利区间与断裂叠合图

10.5.3　定量预测模型构建

根据收集到的研究区的勘查资料，依据研究区地质背景和成矿模型，控矿地质要素主要分为三类，即地层、构造和岩体。地层主要选择已知矿体赋存较多的层位（矿体周围的岩石），也就是成矿有利层位，在典型的夕卡岩型矿床当中，碳酸盐岩围岩提供部分成矿物质，因此在这里的围岩也是母岩。构造条件主要指的是断裂，它是岩浆热液上移的通道，是成矿的重要因素，通过主干构造和局部构造分析可以得到构造的空间展布特征。各种资料证实卡尔却卡矿床断裂跟本区的成矿关系不是特别密切，但仍然可以作为预测过程中的一个因素。岩体特征表现了研究区岩浆条件，岩体缓冲区指示了岩体影响范围，是岩浆热液活动的标志特征；此外岩体表面凹凸度及复杂度的变化对预测也有一定的影响。据此，建立了研究区预测模型（表 10.5）。

表 10.5　研究区预测模型

控矿要素	成矿预测因子	特征变量	特征值
地层	有利地层信息	有利成矿地层	大理岩地层
构造	构造展布特征分析	主干断裂分析	（0.084，0.120）
		局部断裂分析	（0.01，63.34）
	构造对称特征	构造中心对称度	（0.01，1.0）
	断裂影响范围	断裂影响范围	断裂缓冲区
夕卡岩	成矿有利蚀变岩体	成矿有利蚀变岩体	夕卡岩
岩体	岩浆热液活动标志	岩体推断区域	花岗闪长岩体

根据建立的预测模型选取统计分析变量的 7 个标志，分别是地层（大理岩）、构造中心对称度、主干断裂、局部断裂、断裂缓冲、夕卡岩、花岗闪长岩，并约定各标志在单元中存在取值为 1，不存在取 0，统计各标志在各单元的分布（表 10.6）。

表 10.6 各标志立方体预测模型统计表

找矿标志	标志所占立方体数	标志内氧化矿立方体数
大理岩	924785	6873
构造中心对称度	6298	1815
主干断裂	16187	4559
局部构造	26618	7599
断裂缓冲	105848	25171
夕卡岩	211544	61913
花岗闪长岩	608327	5857

10.5.4 成矿有利度计算

本研究通过进行成矿有利度计算，首先得到研究区各个找矿标志的综合权重值，再将综合权重值分标志属性赋予每个块体，最终得到每个单元块体中的综合信息值，其大小反映了该单元块体相对的找矿意义，即成矿有利度，用以评价找矿远景区。

应用上述的矿体文件和证据权公式，筛选出本次研究中卡尔却卡矿区各证据因子的最终权重值见表 10.7，可以看出夕卡岩、断裂和岩体的权重由高到低，说明对矿体的形成相关性也是由高到低。

表 10.7 各找矿标志的权重值表

证据项	正权重值（W^+）	方差 S（W^+）	负权重值（W^-）	方差 S（W^-）	综合权重值（C）
夕卡岩	4.118783	0.004779	−1.76617	0.008927	5.884953
中心对称度	4.330993	0.028378	−0.02519	0.003724	4.356187
断裂缓冲	3.836465	0.00722	−0.40514	0.004514	4.241605
局部断裂	4.053858	0.014966	−0.08542	0.003839	4.139274
断裂	4.017658	0.015797	−0.07547	0.00382	4.093132
主干断裂	4.024015	0.019629	−0.04829	0.003768	4.072307
花岗闪长岩	0.367833	0.01313	−0.02593	0.00383	0.393762
大理岩	0.106731	0.012107	−0.01024	0.003859	0.116969

续表

证据项	正权重值（W^+）	方差 S（W^+）	负权重值（W^-）	方差 S（W^-）	综合权重值（C）
花岗岩	−1.26962	0.014862	0.181527	0.003797	−1.45115
辉长岩	−1.59046	0.038601	0.036217	0.003694	−1.62668
闪长岩	−1.78408	0.037418	0.049219	0.003695	−1.83329

10.6　联合成矿预测评价

前面分别通过数值分析模拟和有利成矿信息定量化实现了卡尔却卡矿床的成矿预测分析。若要实现联合预测评价，还需要通过定量化数值分析模拟结果及有利成矿信息定量化的结果进行联合评价，为下一步找矿提出意见。

10.6.1　致矿地质异常定量预测

本节在成矿过程模拟的基础上探讨热液成矿系统的力-热-流耦合过程对矿体定位的控制作用，从模拟结果中分析控矿机制，总结控矿规律性，挖掘分析有利成矿部位，并对卡尔却卡矿床进行有利成矿靶区的预测评价。

孔隙水压力作为流体运移的直接动力，它的变化间接反映了流体运移的变化，当孔隙水压力的值趋于稳定的时候，其间接地反映了矿液汇聚的有利区。图 10.23～图 10.26 为成矿模拟过程中的孔隙水压力分布图，从图上可以看出，断裂两侧出现孔隙水压力的负值区带，随着模拟的进行，断裂带两侧的孔隙水压力负值区带发生拓宽，这些部位均是很好的容矿空间。通过将孔隙水压力值定量化地导出再导入 Surpac 的块体模型（立方体模型）中，统计不同区间的孔隙水压力值与已知矿体的数量，利用直方图分析（图 10.27），孔隙水压力的值分布在（$-4.2×10^7$，$-2.8×10^7$）区间时，为成矿的有利区间，依此为下限值的成矿有利区如图 10.28 所示。

孔隙压力等值线
平面: on
放大系数= 0.000e+000

- −2.8276e+007 to −2.0000e+007
- −2.0000e+007 to −1.0000e+007
- −1.0000e+007 to 0.0000e+000
- 0.0000e+000 to 1.0000e+007
- 1.0000e+007 to 2.0000e+007
- 2.0000e+007 to 3.0000e+007
- 3.0000e+007 to 3.3050e+007

图 10.23　计算时间为 $1×10^9$s 时孔隙水压力分布图

图 10.24　计算时间为 $1×10^{10}$ s 时孔隙水压力分布图

图 10.25　计算时间为 $5×10^{10}$ s 时孔隙水压力分布图

图 10.26　孔隙水压力运算结束时分布图

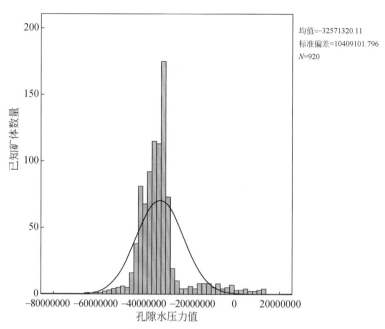

均值=-32571320.11
标准偏差=10409101.796
N=920

图 10.27　孔隙水压力值与已知矿体统计直方图

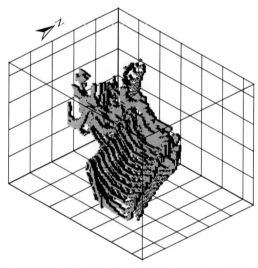

图 10.28　孔隙水压力阈值区间圈定的成矿有利区

　　汇流扩容空间是热液成矿的重要条件，为矿液流动、矿体沉淀提供空间，在数值模拟结果中由体积应变增量来表示，体积应变局部增大部分往往是矿化或矿体赋存部位。体积应变的阈值选取方法也是通过将对数值分析模拟的结果导出到 Surpac 块体模型里，该值反映了成矿空间的特征。图 10.29 ~ 图 10.32 为模拟过程中体积应变变化图，从图上可以看出，在岩体边部会形成一层体积应变高值区，也就是蚀变围岩的区域。通过在块体模型里对体积应变的值与已知矿体叠加统计分析生成直方图（图 10.33），可以看到，圈定成矿有利区时选择体积应变值应在（8.33×10^{-15}，5.0×10^{-14}）区间，依此为阈值圈定的成矿有利区如图 10.34 所示。

将致矿地质异常定量化分析中的孔隙水压力和体积应变两个预测因子圈定的共同有利成矿区提取出来，为下一步进行联合预测评价提供成矿过程模拟定量化分析的指导性意见，图 10.35 为正演成矿模型的孔隙水压力和体积应变联合圈定的成矿有利区，图 10.36 为孔隙水压力和体积应变联合圈定的成矿有利区与大理岩、夕卡岩叠加效果图，从图 10.36 上可以看出成矿过程模拟的预测结果与大理岩、夕卡岩密切相关，这和地质调查的结果是一致的。

体积应变速率等值线
平面: on
放大系数= 0.000e+000
梯度计算
$-1.9754\text{e}-013$ to $-1.0000-013$
$-1.0000\text{e}-013$ to $0.0000\text{e}+000$
$0.0000\text{e}+000$ to $1.0000\text{e}-013$
$1.0000\text{e}-013$ to $2.0000\text{e}-013$
$2.0000\text{e}-013$ to $3.0000\text{e}-013$
$3.0000\text{e}-013$ to $4.0000\text{e}-013$
$4.0000\text{e}-013$ to $4.5310\text{e}-013$

图 10.29　计算时间为 1×10^9 s 时体积应变变化图

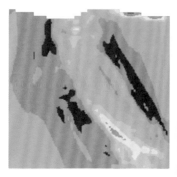

体积应变速率等值线
平面: on
放大系数= 0.000e+000
梯度计算
$-4.1558\text{e}-013$ to $-4.0000\text{c}-013$
$-4.0000\text{e}-013$ to $-2.0000\text{e}-013$
$-2.0000\text{e}-013$ to $0.0000\text{e}+000$
$0.0000\text{e}+000$ to $2.0000\text{e}-013$
$2.0000\text{e}-013$ to $4.0000\text{e}-013$
$4.0000\text{e}-013$ to $6.0000\text{e}-013$
$6.0000\text{e}-013$ to $8.0000\text{e}-013$
$8.0000\text{e}-013$ to $1.0000\text{e}-012$
$1.0000\text{e}-012$ to $1.0485\text{e}-012$

图 10.30　计算时间为 1×10^{10} s 时体积应变变化图

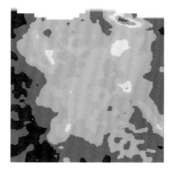

体积应变速率等值线
平面: on
放大系数= 0.000e+000
梯度计算
$-4.1901\text{e}-014$ to $0.0000\text{e}+000$
$0.0000\text{e}+000$ to $5.0000\text{e}-014$
$5.0000\text{e}-014$ to $1.0000\text{e}-013$
$1.0000\text{e}-013$ to $1.5000\text{e}-013$
$1.5000\text{e}-013$ to $2.0000\text{e}-013$
$2.0000\text{e}-013$ to $2.5000\text{e}-013$
$2.5000\text{e}-013$ to $2.9373\text{e}-013$

图 10.31　计算时间为 5×10^{10} s 时体积应变变化图

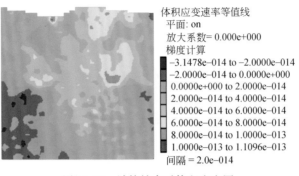

体积应变速率等值线
平面: on
放大系数= 0.000e+000
梯度计算
　－3.1478e－014 to －2.0000e－014
　－2.0000e－014 to 0.0000e+000
　0.0000e+000 to 2.0000e－014
　2.0000e－014 to 4.0000e－014
　4.0000e－014 to 6.0000e－014
　6.0000e－014 to 8.0000e－014
　8.0000e－014 to 1.0000e－013
　1.0000e－013 to 1.1096e－013
间隔 = 2.0e－014

图 10.32　计算结束时体积应变图

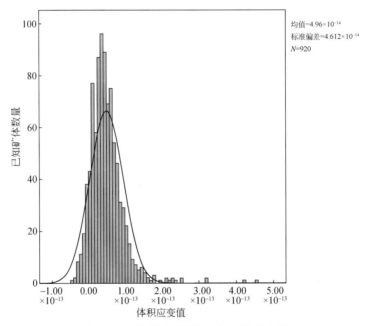

均值=4.96×10^{-14}
标准偏差=4.612×10^{-14}
N=920

图 10.33　体积应变值与已知矿体直方图

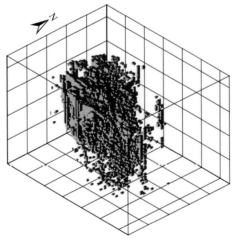

图 10.34　体积应变阈值区间圈定的成矿有利区

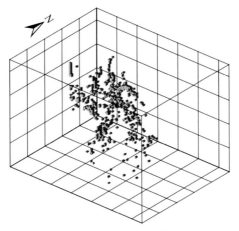

图 10.35　孔隙水压力和体积应变联合圈定的成矿有利区

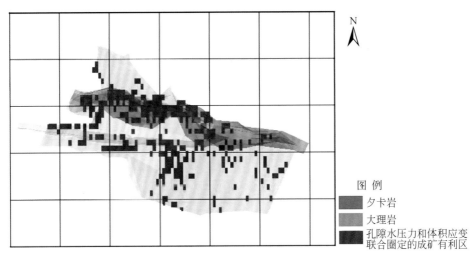

图例

夕卡岩

大理岩

孔隙水压力和体积应变
联合圈定的成矿有利区

图 10.36　孔隙水压力和体积应变联合圈定的成矿有利区与大理岩、夕卡岩叠加效果图

10.6.2　矿致地质异常定量预测

根据矿致地质异常定量化分析的结果，得出了反映找矿意义的单元块的后验概率值，后验概率的值越大，说明该区找矿潜力越大，表 10.8 为后验概率取不同值时块体数及含矿块数统计表，图 10.37 为后验概率取不同值时含矿块数占总已知矿体数比例统计直方图。同时，对各单元块中的地质信息标志进行定义，存在取值为 1，不存在取值为 0，统计在不同单元块中的信息量值，如表 10.9 为信息量取不同值时块体数及含矿块数统计表，图 10.38 为信息量取不同值时含矿块数占总已知矿体数比例统计直方图。

根据主观概率法分别选取卡尔却卡矿区夕卡岩型矿床后验概率阈值为 0.77 和信息量阈值为 1.65 的块体作为成矿有利区，如图 10.39 为后验概率值分别大于等于 0.77、0.91

时的块体，如图 10.40 为信息量值分别大于等于 1.65、3.20 时的块体。利用两种方法相互约束，联合圈定出矿致地质异常定量化分析的成矿有利区。

表 10.8　后验概率取不同值时块体数及含矿数统计表

后验概率值	统计块体数	占总块数比例/%	含矿块数	占总已知矿体数比例/%
0.70	219209	4.16	62367	85.06
0.73	219185	4.16	62364	85.06
0.76	217703	4.13	62338	85.02
0.77	205043	3.89	60515	82.54
0.78	205043	3.89	60515	82.54
0.79	204240	3.88	60504	82.52
0.80	203008	3.85	60285	82.22
0.81	203008	3.85	60285	82.22
0.82	202034	3.83	60240	82.16
0.85	201645	3.83	60225	82.14
0.86	197828	3.75	59883	81.67
0.87	197687	3.75	59873	81.66
0.88	196670	3.73	59860	81.64
0.89	196623	3.73	59857	81.64
0.90	195775	3.72	59795	81.55
0.91	62833	1.19	26826	36.59
0.92	62339	1.18	26768	36.51
0.93	53242	1.01	23773	32.42

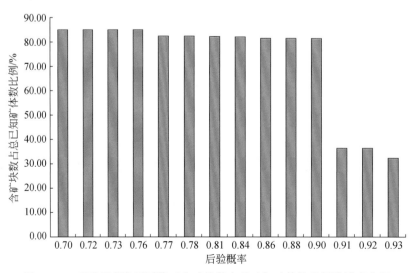

图 10.37　后验概率取不同值时含矿块数占总已知矿体数比例统计直方图

表 10.9　信息量取不同值时块体数及含矿数统计表

信息量值	统计块体数	占总块数比例/%	含矿块数	占总已知矿体数比例/%
0.2	62455	1.19	61486	83.86
1.2	60294	1.14	59360	80.96
1.50	60294	1.14	59360	80.96
1.60	60294	1.14	59360	80.96
1.64	60294	1.14	59360	80.96
1.65	27223	0.52	26798	36.55
1.66	27223	0.52	26798	36.55
1.80	27223	0.52	26798	36.55
1.90	24230	0.46	23851	32.53
2.2	24230	0.46	23851	32.53
3.2	9993	0.19	9840	13.42
4.2	8866	0.17	8725	11.90
5.2	4688	0.09	4612	6.29
6.2	4640	0.09	4568	6.23

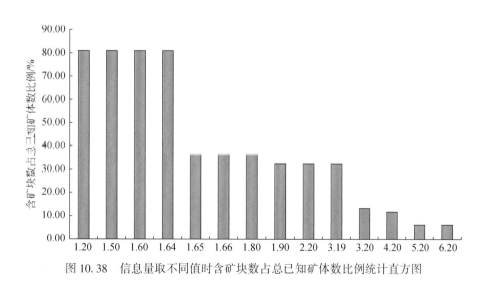

图 10.38　信息量取不同值时含矿块数占总已知矿体数比例统计直方图

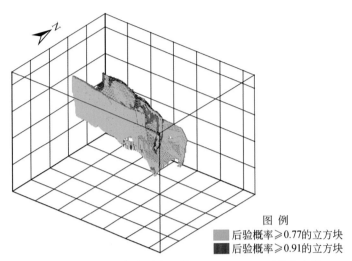

图 10.39　后验概率分别大于等于 0.77、0.91 时的立方块

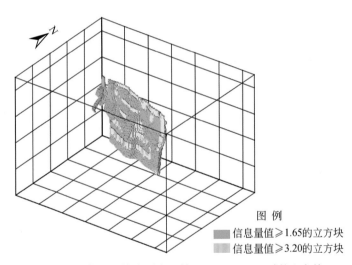

图 10.40　信息量值分别大于等于 1.65、3.20 时的立方块

　　将矿致地质异常定量化分析中后验概率和信息量联合圈定的成矿有利区提取出来，为下一步进行联合预测评价提供三维预测分析的指导性意见，图 10.41 为信息量阈值和后验概率阈值联合圈定的成矿有利区与大理岩、夕卡岩叠加效果。

　　从以上分析可以看出，矿区成矿最有利部位为Ⅶ号脉夕卡岩成矿带，其次为大理岩与花岗闪长岩西部接触带部位，最后为Ⅷ号脉和Ⅶ号脉边缘部位，由此可以得出卡尔却卡矿区的成矿作用与沿断裂侵入的岩体关系密切，主要发育在沿断裂侵入大理岩与岩体接触带夕卡岩中。

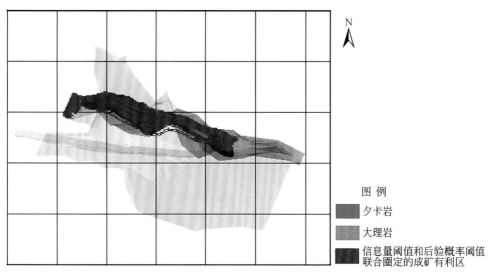

图 10.41　信息量阈值和后验概率阈值联合圈定的成矿有利区与大理岩、夕卡岩叠加效果图

10.6.3　研究区联合预测评价

通过致矿地质异常和矿致地质异常的定量化预测分析，得到了两类地质异常定量化分析分别圈定的成矿有利区间，要实现联合预测评价，还需要将两项结果进行联合分析，圈定出两项结果共同限定的成矿有利区，并在此基础上圈定靶区，从而实现减弱致矿地质异常定量化分析的不确定性和矿致地质异常定量化分析多解性的可能，增加隐伏矿体三维预测的准确性。图 10.42 为联合预测评价圈定的有利成矿区与大理岩和夕卡岩叠加效果图，图 10.43 为联合预测评价圈定的有利成矿区与断裂叠加效果图，图 10.44 为联合评价预测靶区图。

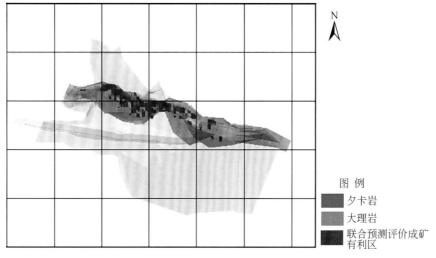

图 10.42　联合预测评价圈定的有利成矿区与大理岩和夕卡岩叠加效果图

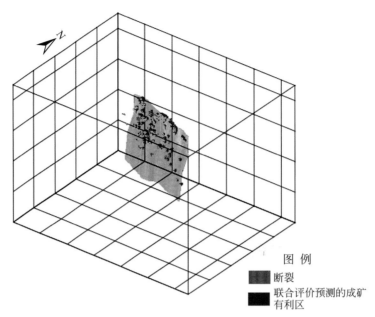

图 10.43　联合预测评价圈定的有利成矿区与断裂叠加效果图

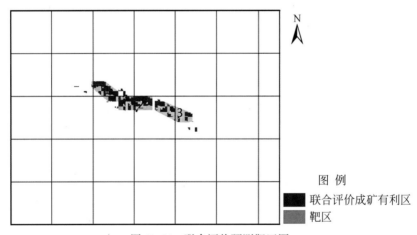

图 10.44　联合评价预测靶区图

　　联合评价预测靶区的具体情况如下。

　　靶区 1：东西 322978~323308m；南北 4071936~4072177m；高程 3920~4421m，本区共包括块体 39334 个，其中联合预测的矿块数为 2286 个。靶区 2：东西 323308~323728m；南北 4071837~4072057m；高程 3860~4421m，本区共包括块体 51744 个，其中联合预测的矿块数为 2848 个。靶区 3：东西 323758~323998m；南北 4071817~4071947m；高程 3800~4411m，本区共包括块体 19032 个，其中联合预测的矿块数为 1026 个。从图 10.43 上可以看出，矿区断裂通过预测区，这与矿区成矿情况一致。

10.6.4　找矿概率评价

本研究从资料的详细程度、方法的选取准确程度、实际工程勘探详细程度等几个方面进行可靠程度的综合评价。为了能够对可靠程度进行定量评价，本研究采用专家打分权重法从几个典型的方面进行评价。

资料基础：卡尔却卡矿床的数据完整度较弱，收集到的主要为 1∶10000 的地质剖面图，勘探线工程间距在 200m 左右，因此对于卡尔却卡矿床将资料基础精度赋值为 0.7。

预测单元：预测单元主要涉及的是矿块大小设置的问题，通常，矿块大小的设置通过采矿时的一个矿块大小（如一个台阶）或者选取勘探线间距的 1/10～1/5 来设定。矿块大小的设定既对模型中各个参数的精度产生影响，又对最终的成矿预测结果产生影响，因此选取合适的矿块单元大小非常重要。本研究采用的块体大小为 10m×10m×10m，根据矿块大小赋值表，将这一指标精度赋值为 0.9。

搜索半径：在化学元素异常分析的时候，需要用到钻孔数据插值来分析单元块中的异常值，搜索半径大小的不同对插值的结果精度也有一定的影响。本研究中对研究区的钻孔元素进行了两次插值，第一次为勘探线间距，第二次为勘探线间距的 2 倍，对其赋值为 0.7。

找矿模型：找矿模型是成矿预测的基础也是重点，能否全面认知研究区的地质背景并完善地总结研究区的找矿模型，对于找矿预测的精度好与差也有影响。本研究的找矿模型是在专家对研究区域地质背景和成矿条件全面认知总结的基础上建立的，但该区域工作程度较低，因此模型精度一般，故对其赋值为 0.5。

权重的赋值主要是考虑评价因子对成矿影响的力度来进行的，评价因子的权重值见表 10.10，影响最为重要的是资料基础和找矿模型，权重值均为 2.5；重要的是工作程度，权重值为 2；次为重要的是预测单元和搜索半径，权重值为 1.5。根据上述值，计算得出卡尔却卡矿田勘查区成矿评价预测的精度综合值为 6.6，而理论上的综合值则为 10，可得找矿概率精度评价值为 66%。

表 10.10　评价因子赋值及权重值表

评价因子	赋值	权重	综合精度值
资料基础	0.7	2.5	1.75
工作程度	0.6	2	1.2
预测单元	0.9	1.5	1.35
搜索半径	0.7	1.5	1.05
找矿模型	0.5	2.5	1.25
找矿概率精度评价值			66%

10.7　小　　　结

通过致矿地质异常以及矿致地质异常的分析，实现了卡尔却卡矿床的联合预测评价，

为隐伏矿体的三维预测评价提供了新的思路,具有科学意义。本研究取得的主要成果如下:

(1) 系统梳理了热液成矿模拟的理论方法,通过 FLAC[3D] 软件实现了力–热–流耦合模拟,并通过数值模拟方法分析了流体的驱动力、流速的分布特点和演化过程以及与矿体定位的关系,从过程演化和实际条件的角度进一步分析了动力学机制,总结了成矿原因和规律性认识,通过成矿过程模拟实现了致矿地质异常的定量化分析,为更好地理解矿床形成并进行成矿定量化分析预测开辟了新的道路。

(2) 运用三维建模软件 Surpac 建立了研究区卡尔却卡矿床的三维实体模型,在此基础上应用“立方体预测模型”找矿方法完成了卡尔却卡矿区的三维找矿研究,综合考虑与成矿有关的地质条件,应用证据权法和找矿信息量法选取了对应的成矿远景区,实现了矿床模型指导下的矿致地质异常的定量化分析。

(3) 运用联合预测评价的方法,可以有效降低致矿地质异常分析的不确定性和矿致地质异常的多解性,该方法同样也适用于其他类型的矿床。针对不同矿床模型的矿床,有不同的解决方案,通过改变数值分析模拟过程中的变量(温度、流量、孔隙水压力、体积应变等),以及预测分析中成矿标志信息,再次实现隐伏矿体的联合成矿预测评价,从而使该技术方法运用于矿产资源勘查。

第11章 云南个旧卡房新山勘查区锡多金属成矿过程模拟三维预测

个旧锡矿是一个以锡为主的超大型多金属矿集区，含有丰富的锡、铜、铅、钨等多种有色金属及稀有金属矿产，卡房矿田作为个旧正在发展中的矿田，蕴藏了丰富的矿产资源，卡房矿田的工程布置较少，主要分布在研究区的西北部，还有很大的地理空间开采价值，因此，采用新技术对卡房矿田的资源潜力进行预测具有重要的价值及意义。结合地质背景，总结了个旧卡房矿田的"工"字形找矿模型。矿床具有明显受时空、地层、构造、岩浆岩控制的特征，形成岩浆期后高温热液铜锡多金属矿床。

隐伏矿体的正演是致矿地质异常的过程。隐伏矿体的反演是矿致地质异常定量预测的过程，本研究是在了解卡房地质背景的基础上，根据收集的地质、地理、遥感及化探等找矿信息，运用计算机建模技术（Surpac 软件）建立数字矿田，应用"立方体预测模型"找矿方法并结合地质统计学的相关理论和方法，对成矿有利信息进行提取，选出了反演下的成矿远景区。

对隐伏矿体正反演的结果进行联合预测，探讨卡房矿田新山勘查区的最有利成矿地段，实现了层间矿和深部矿的分层位预测，圈定了成矿靶区，计算了矿体的资源量，实现了三维成矿预测的定位、定量、定概率的突破。本章提出了基于正反演联合预测的新方法，正反演联合成矿预测对寻找深部矿体具有指导性意义，并且具有广阔的发展前景。

11.1 区域地质背景

云南个旧锡多金属矿区，大地构造位置处于印度板块、欧亚板块、太平洋板块碰撞相接部位，区域构造位置为华南造山带右江盆地西缘与扬子陆块对接部位，西南与哀牢山变质带相连。由于其特殊的大地构造位置，个旧地区经历了多期次复杂的构造–岩浆活动，为锡多金属矿床的形成提供了有利条件（图11.1）。

11.1.1 地层

卡房矿田主要为个旧组地层，由老到新为：个旧组下段卡房段（T_2g_1），$T_2g_1^1$、$T_2g_1^2$、$T_2g_1^3$、$T_2g_1^4$、$T_2g_1^5$、$T_2g_1^6$；中段马拉格段（T_2g_2），$T_2g_2^1$、$T_2g_2^2$、$T_2g_2^3$、$T_2g_2^4$；上段白泥硐段（T_2g_3），$T_2g_3^1$。

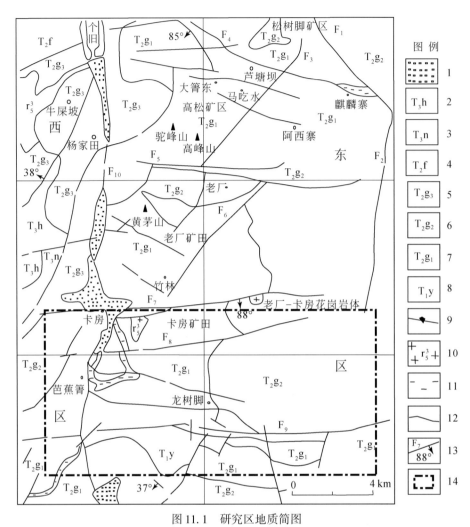

图 11.1　研究区地质简图

1. 全新统；2. 上三叠统火把冲组砂砾岩和页岩；3. 上三叠统鸟格组砂页岩；4. 中三叠统法郎组砂页岩、灰岩夹玄武岩；5. 中三叠统个旧组白泥硐段灰岩、白云岩夹玄武岩；6. 中三叠统个旧组马拉格段白云岩、灰质白云岩夹灰岩；7. 中三叠统个旧组卡房段灰岩、白云岩；8. 下三叠统永宁镇组砂页岩夹灰岩；9. 大箐-阿西寨向斜；10. 燕山期花岗岩；11. 印支期玄武岩；12. 地层界线；13. 断裂编号及产状；14. 研究区范围

11.1.2　构造

个旧矿区内地壳活动强烈，经历了长期的构造运动，呈明显多期次性，地质构造极为复杂，褶皱、断裂纵横交错，节理、裂隙较为发育。矿区内 NE—NNE 向、EW—NWW 方向的褶皱、断裂是主要的控岩控矿构造。安尼期个旧及其邻区处于张裂和沉降过程，随之产生一系列的基性火山活动，沉积大量的火山碎屑岩；沉积了厚达数千米的碳酸盐类岩层及碎屑岩。燕山期回返挤压，出现了强烈、频繁的基性、酸性、碱性岩浆活动，同时伴有

锡、钨、铜、铅、锌、银等金属成矿作用。矿区锡多金属矿床的形成与燕山期花岗岩侵入有直接的成生关联。

11.1.3 岩浆岩

个旧矿区岩浆活动强烈而复杂，从印支期发展到燕山期，可能与右江地槽有关的上侵岩浆以基性喷发开始，后转向酸性、碱性侵入活动，以与哀牢山深大断裂有亲缘关系的各种斑岩和脉岩的侵入告终，形成一个遍及全区、规模庞大的同源岩浆（深部地壳部分重熔）多期多阶段连续演化系列的杂岩体，其中以酸性侵入体的规模最大。以个旧断裂为界，岩浆岩大片出露于西区，东区主要为隐伏岩体，地表只有零星出露。西区沿贾沙复式向斜轴部出露面积超过 320km² 的岩浆杂岩体，外形略似肺状，由基性、酸性、碱性岩构成，主要为燕山期各类花岗岩。东区出露花岗岩体沿五子山复式背斜核部侵入，除在白沙冲、北炮台、卡房等地有小面积出露外，主隐伏于地下 200～1500m 处，总分布面积约 200km²，成分较单一，以黑云母花岗岩为主。经物探探测，东区深部花岗岩相连，其上有多峰式突起。东、西区花岗岩体在较深部位连接成轴向为 NW 向的椭圆状大岩基。在卡房、麒麟山等地，分布有规模较大的印支期基性火山岩系，呈层状产于个旧组下部，并伴生锡铜多金属矿（化）体。此外，还局部分布辉绿岩和煌斑岩等脉岩。

11.2 矿产特征与找矿模型

个旧矿区的矿床模式研究方法很多，得到的各种模式也多种多样，但实际上大同小异。矿区受 NE 向竹林-新山弧形背斜（五子山复式背斜）的控制，各类矿床几乎都分布在这个褶皱构造中。区内近 EW、NE、NW 组断裂均在成矿前或成矿期形成，是矿液通道，局部也是成矿的良好场所。矿田内次级褶皱和花岗岩株控制着矿段或矿床。以锡为主的各矿床的产出，主要受有利层位、构造、岩体三者有机组合联合控制。

11.2.1 矿产特征

每个矿田中有一个或两个以上的小花岗岩株控制矿段，并以花岗岩为中心，从内向外以此形成夕卡岩白钨矿床，锡、铜矿床，锡、铅矿床，银、锡、铅、锌矿床。其构造控矿形式可以归纳为五类：①背斜式，上部为背斜构造，下部有花岗岩小岩株突起，沿岩株接触带常形成夕卡岩型硫化物矿床，在其外侧有利成矿层位产出层间矿床；②断裂加互层式，成矿期、成矿前断裂切割个旧组的白云岩与灰岩互层带，矿液充填交代层间滑动构造或破碎带，形成层间整合式矿床，即互层带与断裂交切式；③断裂式，矿液沿断裂构造充填交代，形成脉状矿；④断皱式，由断裂和陡立岩层组成的挠曲带中赋存层间矿床；⑤塔松式，花岗岩株的接触带，由于花岗岩舌、岩枝沿层构造或不同岩性界面贯入，在立面方向形成多层拗陷构造，围绕岩株的四周发育，呈似塔松状，在这类接触带的构造中充填厚大的夕卡岩型硫化物矿床。

区内矿床类型主要有接触带夕卡岩硫化物铜锡矿床、接触带夕卡岩硫化物铜钨多金属矿床、内蚀变带含矿（锡）花岗岩矿床、块状硫化物铜金矿床4类。

1) 接触带夕卡岩硫化物铜锡矿床

该类矿床主要产于东区个旧组卡房段 $T_2g_1^1$ 碳酸盐岩中印支旋回安尼期变基性玄武岩与燕山晚期粒状黑云母花岗岩体接触部位，是个旧矿区规模较大的一类矿床。主要矿体有13-2、13-2-1等。矿体以铜为主，铜锡共生，并伴生多种元素，矿体的铜品位 1.8%~ 2.54%、锡品位 0.41%~1.04%。

2) 接触带夕卡岩硫化物铜钨多金属矿床

该类矿床主要分布于花岗岩接触带及其附近，其次分布于玄武岩床与花岗岩之间的碳酸盐岩层间。前者规模较大呈层状、似层状产出，矿体形态受花岗岩控制，除花岗岩因素外，成矿上主要与NW向花岗岩凹槽（也可能是凹陷）及同方向断裂组合构造有关；后者分布于花岗岩接触带外侧，为沿围岩的层间破碎带及断裂裂隙中穿入，形成层状、脉状夕卡岩矿床，规模较小，矿体生成与断裂、层间剥离滑动破碎带构造相关。两者均为花岗岩期后含矿热液接触-充填交代作用形成的。矿化与透辉石夕卡岩关系密切，它们往往在花岗岩接触带附近相连，形成层脉状矿体。

3) 内蚀变带含矿（锡）花岗岩矿床

该类矿床分布于花岗岩突起边坡及凹槽底部破碎带中，为内接触带矿床，属岩浆期后隐爆角砾岩气成热液锡石-石英型、锡石-硫化物型矿床。该类矿床所占锡储量的比例较小，元素单一。矿体呈似层状、浸染状、细脉状、网脉状产出。矿体一般含锡品位变化较大，为 0.2%~5.0%，一般品位较低，矿石以土状、块状、风化半风化状花岗岩为主。主要矿体为18-2#矿体。

4) 块状硫化物铜金矿床

该类矿床分布于卡房矿田，矿床以印支旋回安尼期基性火山为矿源层，通过在燕山晚期黑云母花岗岩浆期后热液改造作用而成。矿体产出于变基性火山岩与大理岩接触界面及变基性火山岩中，分布在花岗岩与基性火山岩交接部周围，一般距花岗岩体0~2000m范围内，矿体呈多层次出现，一般 2~3 层，多达 5 层。矿体呈似层状、透镜状，长 50~650m，宽 10~300m，厚 0.5~5m。产状与围岩一致呈缓倾斜产出。在个旧矿区占有一定的地位，部分矿体尚富金。矿石主要金属矿物有磁黄铁矿、黄铜矿、黄铁矿、辉铜矿、自然铋、辉铋矿、辉钼矿、毒砂、自然金、银金矿及少量的锡石。脉石矿物主要有透辉石、次透辉石、透闪石、方解石、绿帘石及少量榍石。矿石具有浸染状、块状、脉状、条带状构造，具自形粒状、他形粒状、交代状、压碎状结构。

11.2.2 找矿模型

结合地质背景，总结了个旧卡房矿田的"工"字形找矿模型。矿床具有明显受时空、地层、构造、岩浆岩控制的特征，形成岩浆期后高温热液铜锡多金属矿床。"工"字形找矿模型中（图 11.2），对于"工"字上面一横及一竖的顶部矿体（层间氧化矿/硫化矿、断裂带控矿）的预测主要综合考虑地层、构造和化学元素等对成矿有利度进行计算，得到远景区；"工"字下一横为深部矿体（岩体顶面夕卡岩型矿体），对于研究区深部矿体预测，岩浆条件起到关键性作用，主要将有利成矿的岩体、构造和化学元素等进行成矿有利度计算，圈定了成矿远景区。

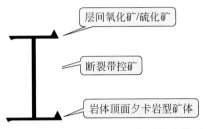

图 11.2　卡房矿田"工"字形找矿模型

由于个旧矿区具有优越的成矿地质背景及控矿条件，因此在地质矿床勘查中取得了十分显著的效果。依据研究区地质背景和成矿模式分析结果，以及根据已有的勘查资料，建立了找矿地质模型（表 11.1）。控矿地质要素主要分为三类，即构造、地层和岩体。①对于构造因素，断裂是岩浆热液上移的通道，是控矿的重要因素，在断裂两侧建立缓冲区，断裂缓冲区可以帮助对构造带特征进行分析；通过主干构造和局部构造分析可以得到构造的空间展布特征；构造交汇处特征、构造中心对称度和岩体形态相互印证，显示构造岩浆活动特征和岩体分异中心特征。②地层的选择主要是考虑已知矿体赋存较多的层位，也就是成矿有利地层。③岩体特征主要涉及研究区岩浆条件，岩体缓冲区指示了岩体影响范围，是岩浆热液活动的标志特征。

表 11.1　研究区找矿地质模型

控矿要素	特征描述	变量类型	定量描述
地层	赋矿地层分析	成矿有利地层	含矿性较好层位
构造	构造展布特征分析	区域构造分析	等密度/频数
		局部构造分析	频数/等密度
			方位异常度
	构造带特征	构造影响区域	断裂缓冲区
	构造交汇点特征	断裂交汇部位	断裂交点数
	构造岩浆活动	构造中心对称度	特征叠加分析
		构造	
岩体	岩浆热液活动标志	岩体影响范围	岩体缓冲区
	岩体分异中心	构造中心对称度	特征叠加分析
		构造	

11.3　三维实体模型的建立

11.3.1　资料收集与整理

1）中段平面图及勘探线剖面图

本次收集并主要应用到 21 个中段平面图。收集整理到的勘探线剖面主要集中在卡房矿田西北部，共 125 个剖面，包括东凹 238–238′排剖面图、240–240′排剖面图 ~ 248–248′排剖面图、250–250′排剖面图、252–252′排剖面图、254–254′排剖面图、256–256′排剖面图 ~ 261–261′排剖面图、竹林 17 排剖面图 ~ 竹林 39 排剖面图、西凹 2 剖面图 ~ 西凹 36 剖面图、西凹 38 剖面图、西凹 40 剖面图、大白岩第二勘查区 –9、–7、–3、–1、0、1 线地质剖面图、大白岩第二勘查区 3 ~ 13 线地质剖面图、新山 14 剖面图 ~ 新山 28 剖面图、龙树脚 32、53、85、103 剖面图、卡房矿田南部 A–A′ ~ G–G′剖面图、1450 北上工程 I–I′ ~ V–V′剖面图等。它们较为全面地揭示了研究区地质体形态和位置特征，可以用于提取研究区断裂、地层、矿体等信息，建立相应的三维实体模型。

2）地形高程模型

本研究收集到个旧东矿区部分 10m 间距的等高线，但并未覆盖全部区域，尤其东部靠近甲界山资料缺乏。因此，应用 Aster 30m 分辨率的 DEM，根据实际精度需要处理生成 10m 间距的等高线（图 11.3），将数据导入 GIS 软件中进行处理并去掉影响地表模型创建的多余线段后再进行检查校正，将检查确定无误的线文件转化成 CAD 的 dxf 文件，直接导入三维建模软件中（Surpac 软件），应用 DTM 工具直接生成卡房矿田地表形态的 DTM 模型。

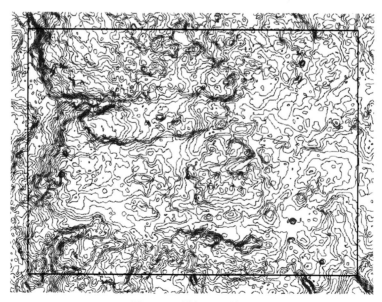

图 11.3　研究区地形图

3）花岗岩等深线

收集到卡房矿田花岗岩 50m 间距的等深线图（图 11.4），初始数据同样为 MapGIS 格式，没有高程信息，在 MapGIS 软件中添加高程属性结构，并赋予每条等深线相应的高程值，将文件转换为 CAD 的 dxf 格式，导入 Surpac 中，应用 DTM 工具直接生成卡房矿田花岗岩的 DTM 模型。

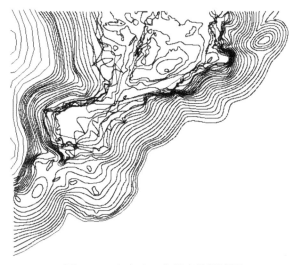

图 11.4　卡房矿田花岗岩等深线图

4）钻孔数据

本研究收集到的钻孔编录数据主要为 Excel 及 Acess 格式，包括开孔坐标表（collar）、测斜数据表（survey）、样品分析表（sample）。统一转换成 Excel 格式后，进行格式修改另存为文本文件（.csv），使之能够顺利导入 Surpac 中，建立钻孔数据库，建立钻孔三维实体模型。

5）文字报告

收集到的其他相关文字及图件资料包括《个旧大白岩铜锡矿物探勘查报告》《个旧玄武岩科研报告》《云南省个旧市老厂矿田竹林矿段锡铜矿资源储量核实报告》《卡房分矿十年地质规划》《云南省个旧市人白岩锡铜多金属矿详查设计》《个旧矿区卡房龙树脚矿段核实报告》《个旧矿区龙树脚矿段 II-11-1 矿体北侧层间矿地质资料综合整理说明书》《龙树脚 II-11-1 银锡铅矿体勘探报告》《云南省个旧市卡房锡矿龙树脚矿段资源储量核查报告》《云南个旧市新建矿资源潜力调查》《云南省个旧锡矿卡房矿田田心 401 块段砂锡矿补充勘探报告》《个旧矿区卡房龙树脚矿段核实报告》等，个旧东区 1:1 万地质图、个旧东区 1:1 万地形地质图、地层图、断裂图、卡房矿田成矿规律图、个旧矿区卡房矿田二轮找矿地形地质综合图、个旧矿区卡房矿田二轮找矿成矿规律图等。

11.3.2　三维实体模型构建

云南个旧锡铜多金属矿区以个旧大断裂为界分为东区和西区，目前已发现和开采的矿床主要集中在东区。个旧东区东至甲界山断裂，西抵个旧断裂，北起蒙自–大屯一带，南抵红河断裂带。个旧东区由北向南分为马拉格、松树脚、高松、老厂和卡房五大矿田，本次研究的区域为云南个旧东区的卡房矿田。在对卡房矿田锡铜多金属矿床进行系统研究的基础上，应用目前主流地质三维建模软件 Surpac，对研究区地层、岩体、已知矿体及巷道等进行三维实体建模，从而实现数字矿床的建立。建模技术流程如图 11.5 所示。卡房数字矿田的建立包括地质体模型及工程模型，其中前者包括地层、构造、矿体等模型，后者包括钻孔及巷道等模型。

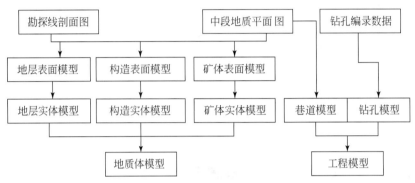

图 11.5　三维建模技术流程

1）地表三维实体模型

地表三维实体模型在露天矿山和地采矿山中可以用来切制平面图和剖面图，因此在采矿设计中具有重要的意义。利用 Aster 30m 分辨率 DEM，根据实际精度需要，经过处理生成 10m 间距的等高线，直接导入 Surpac 软件中，生成 DTM 模型表示卡房矿田地表形态。卡房研究区模型形态坐标范围为南北 2565000 ~ 2573932m、东西 117737 ~ 133071m，高程 570 ~ 2800m。在地表三维实体模型建立过程中，叠加了研究区地表 DTM 数据，得到研究区地表三维实体模型（图 11.6）。

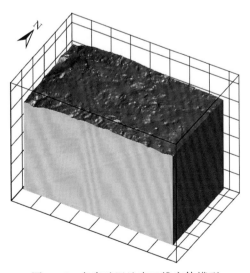

图 11.6　卡房矿田地表三维实体模型

2）地层三维实体模型

卡房矿田主要为个旧组地层，区内分布的地层为 $T_2g_1^1$、$T_2g_1^2$、$T_2g_1^3$、$T_2g_1^4$、$T_2g_1^5$、$T_2g_1^6$、$T_2g_2^1$、$T_2g_2^2$、$T_2g_2^3$、$T_2g_2^4$ 和 $T_2g_3^1$，顶部矿主要含矿层位是 $T_2g_2^3$、$T_2g_2^4$、$T_2g_3^1$ 三个层位，深部主要含矿层位是 $T_2g_1^1$。地层三维实体的建立主要借助剖面数据、中段平面图及区域地质图，过程中参考了个旧矿区地形地质图、个旧东区 1∶1 万地质图来确定地层的产状和界线，以及参考一些报告来确定地层可能的厚度，完成了整个卡房地区的实体建模（图 11.7）。

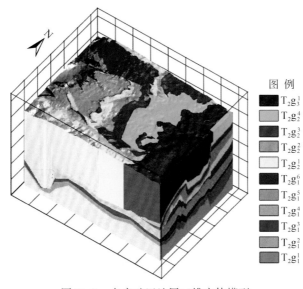

图 11.7　卡房矿田地层三维实体模型

3）构造三维实体模型

建立研究区构造三维实体模型时，首先主要根据收集到的剖面进行实体连接；其次为了更准确地反映实际断裂形态，参考地质报告中的断裂形态描述，并将用剖面文件生成的断裂根据中段平面图进行更改；最终得到卡房矿田近 80 条断裂。图 11.8 为卡房矿田构造三维实体模型，图中标注出了主要断裂。断裂三维实体模型更好地揭示和直观地显示出各个断裂的一部分属性特征。

4）岩体三维实体模型

卡房矿田范围内深部有隐伏花岗岩岩体分布，岩体三维实体模型主要根据收集到的岩体等深线经过 GIS 软件处理后导入 Surpac 生成，过程与建立地表三维实体模型相似。

为使三维实体模型能够更加明显地展示出该区各地质体的特点，在 Z 轴方向上对模型进行了适当拉伸，这样的处理对研究区展示及预测分析工作十分有利。图 11.9 和图 11.10 分别为实际岩体表面和进行了拉伸处理的岩体三维实体模型。由于收集的数据有限，生成的岩体范围小于研究区范围，为了建立更接近实际的实体模型，本次工作根据等深线的趋势、结合剖面图岩体轮廓及收集到的文字资料生成该地区的岩体，两者构成卡房矿田的岩体三维实体模型。

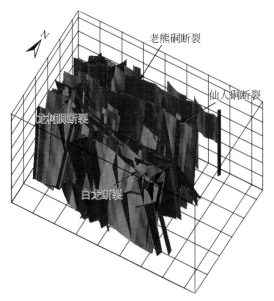

图 11.8　卡房矿田构造三维实体模型

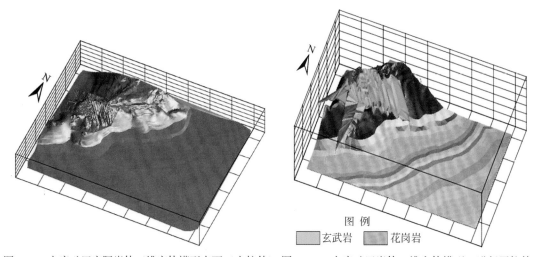

图 11.9　卡房矿田实际岩体三维实体模型表面（未拉伸）　图 11.10　卡房矿田岩体三维实体模型（进行了拉伸）

5）已知矿体三维实体模型

层间氧化矿床泛指产于花岗岩接触带上部围岩中的层控矿床，它在个旧锡矿区广泛发育，且大部分具有层控性。

区内夕卡岩型的硫化矿主要产于卡房段（$T_2g_1^4$）灰岩与花岗岩的接触带附近，矿石主要呈致密块状，而且矿体与围岩接触界线截然可分。

卡房矿田已知的氧化矿体（图 11.11）和深部的夕卡岩型硫化矿（图 11.12）都是收集卡房勘探剖面所做的矿体三维实体模型，这些主要是集中在矿田西北部少量的一部分层间氧化矿体和深部夕卡岩型硫化矿体。

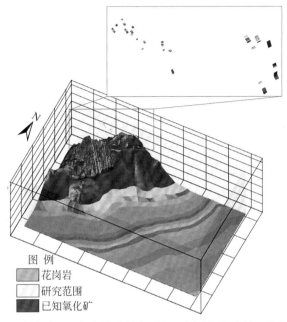

图 11.11 卡房矿田已知氧化矿体相对位置图及氧化矿体三维实体模型

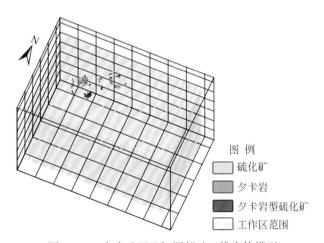

图 11.12 卡房矿田已知深部矿三维实体模型

6）钻孔三维实体模型

将孔口坐标表、测斜数据表、样品数据表按规范的格式要求进行整理后导入 Surpac 软件中形成钻孔数据库，可以应用 Surpac 钻孔三维显示功能进行浏览。图 11.13 为卡房矿田钻孔三维实体模型，可以看出钻孔集中在矿田西北部地区。通过沿某一剖面（线）两侧一定距离截取切面的方式显示钻孔，可以仔细观察到这一范围内钻孔的轨迹和样品属性等，也可以通过这一方式进行三维环境下的地质剖面勾绘和矿体的圈定工作。此外，各元素（主要为 Sn、Pb、Cu 和 W）三维异常分布情况也可依钻孔模型插值分析得到。

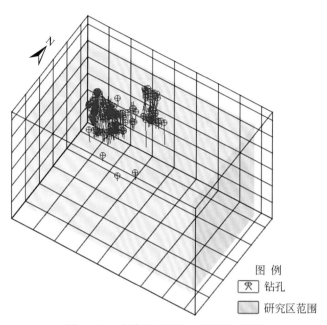

图 11.13　卡房矿田钻孔三维实体模型

11.4　成矿过程模拟——致矿地质异常定量模拟及分析

运用 FLAC^{3D}难以实现复杂模型的建立，而 Surpac 建模具有简单、接近真实的特点，因此，可先通过 Surpac 生成三维实体模型再转换为 FLAC^{3D}所支持的格式。在 Surpac 中建立三维实体模型，赋值到立方体模型中，再通过立方体模型转为 FLAC^{3D}模型，两种软件相应的数据均为六面体单元划分，因此转换是可以实现的。

通过 Surpac 立方体模型导出 csv 文件，该文件记录了立方体网格的中心点坐标以及属性值。FLAC^{3D}软件记录的是六面体节点的坐标，编制程序实现坐标转换及不同属性的分组，以及模型单元数据的转换，转换后的 FLAC^{3D}模型分组情况如图 11.14 所示。地层按岩性可以分为上部的白云岩和下部的灰岩，断裂和岩体为主要的控矿要素，玄武岩对矿体的分布位置也有影响，因此，模拟的时候主要考虑白云岩、断裂、花岗岩、灰岩、玄武岩。

整个卡房研究区范围过大，导致数据量过大，在模拟的时候速度较慢。而卡房研究区的新山勘查区数据较全，成矿特征较明显，因此，选取新山勘查区来进行三维的数值模拟及分析。新山勘查区是典型的热液型矿床，采用 FLAC^{3D}软件为平台，对热液的运移以及矿体的富集过程进行模拟，分析构造、岩体因素对矿体富集的影响，可以实现过程再现。

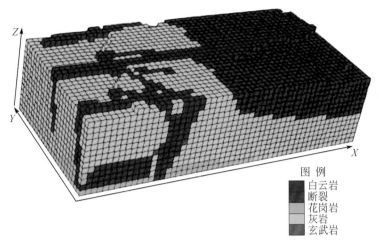

图 11.14　FLAC^{3D} 新山勘查区模型

图 例
白云岩
断裂
花岗岩
灰岩
玄武岩

11.4.1　模型参数及初始条件设置

根据收集的研究区地质实测资料和物理实验数据，综合考虑研究区具体情况，设置了模拟参数、初始条件和边界条件，并对其进行了可视化表达，形成了模拟模型。表 11.2 为地质模型转换模拟模型简表。

表 11.2　地质模型转换模拟模型简表

地质模型	模拟模型
地质体形态及空间关系	三维实体模型/剖面形成几何模型
活动断裂及性质	筛选控矿断裂
围岩和岩体岩性	莫尔–库仑本构模型
围岩流体性质	孔隙度和渗透率
流体性质	对应温压下水的性质
应力场：WN—SE 向挤压	边界条件为速度 $1×10^{-10}$ m/s
岩体温度	流体包裹体数据，800℃
围岩温度场变化	热传导定律，固定热通量冷却 30mW/m²
地表温度及地温梯度	一般地，20℃，25℃/km
围岩孔隙压力	静水压力，$P=\rho_水 gh$
岩体孔隙压力	围岩孔隙压力的 2 倍

利用密度、体积模量、剪切模量、黏聚力、抗拉强度、内摩擦角、膨胀角这 7 个参数来表征莫尔–库仑本构模型的力学性质，孔隙度和渗透率表征流体模型的流体性质，热导率、比热容和热膨胀系数表征热模型的热力学性质。

根据研究区岩石样品物理性质的实测数据和托鲁基安等（1990）提供的实验数据，同时考虑到岩石样品与地层的区别，参考国内外模拟相关文献，借鉴前人采用的模拟参数和数量级，综合考虑本研究区具体岩性特征和各地质体间性质的差别与联系，分别设置了各地质体的性质参数，具体值见表11.3。

对于瞬态问题，要知道边界条件和初始条件才能解方程组。本研究初始条件主要包括压力场（地表大气压力、地压梯度、流体压力）、温度场（地表温度、地热梯度、岩体温度）分布；边界条件主要是施加在模型边界的应力场或变形速度，以及持续的时间。下面结合研究区的地质资料和实验数据，对应地说明模型的初始条件和边界条件设置情况。

1）温度场

温度场的设置包括地表温度、地热梯度和岩体温度三个部分，并通过对岩体温度的分析，进一步确定成岩深度和压力。根据资料，地壳的近似平均地热梯度是25℃/km，因此，本研究将地表温度设置为20℃，施加在模型的顶部，对所有地层和断裂模型施加25℃/km 的地温梯度。

2）压力场

压力场的设置包括地表大气压力、地压梯度和流体压力三个部分。大气压力采用平均值为 1×10^5Pa，施加在模型的顶部。可通过对所有地层和断裂模型施加 1×10^4Pa/m 表示地压梯度，可自动计算出模型对应深度的静水压力（$P=\rho_{水}gh$）。

3）边界条件

对模型施加边界条件有两种方式：应力场和位移。本研究建立的剖面模型与成矿期的应力场方向垂直，且研究区没有可靠的应力场实测或估计数据。同时，应力的结果是产生形变，因此，采用位移边界条件，即模型边界处向两侧一定地位移，实际上可通过对模型边界施加变形的速度和时间来代替。

表 11.3　模拟模型中地质体的性质参数

| 岩性/构造 | 莫尔-库仑本构模型 | | | | | | 流体模型 | 热模型 | | |
	密度/(kg/m^3)	体积模量/Pa	剪切模量/Pa	黏聚力/Pa	抗拉强度/Pa	内摩擦角/(°)	膨胀角/(°)	孔隙度/%	渗透率/m^2	热导率/[W/$(m\cdot K)$]	比热容/[J/$(kg\cdot K)$]	热膨胀系数/(m/K)
白云岩	2870	3.5×10^{10}	2.5×10^{10}	6×10^7	8.7×10^6	35	2	2	1×10^{-17}	3.5	750	2×10^{-6}
断裂	2100	2×10^8	1×10^8	1×10^7	1×10^6	20	5	3	1×10^{-16}	2	2000	14×10^{-6}
花岗岩	2900	3.7×10^{10}	1×10^{10}	5.5×10^7	13.6×10^6	45	3	0.4	1×10^{-20}	2.7	782	6×10^{-6}
灰岩	2710	3×10^{10}	2.5×10^{10}	5.9×10^7	5.8×10^6	35	2	1.8	1×10^{-18}	2	908	3×10^{-6}
玄武岩	2990	8.1×10^{10}	1.1×10^{10}	6.6×10^7	15×10^6	33	2	0.5	1×10^{-20}	3	800	8×10^{-6}

11.4.2　模拟结果及分析

本节主要围绕模拟结果中流体的运移路径演化和作为流体运移直接动力的孔隙水压力以及对成矿位置提供容矿空间的体积应变结果进行分析。从过程现象分析控矿要素，从变化结果分析成矿位置，总结规律，分析在时间作用演化下的模拟过程以及结果，与研究区的实际地质现象对比，提高对热液型矿床成矿过程的认识，分析成矿可能的原因并总结控矿规律。

致矿地质异常表示的是能够形成矿体有利地质条件的组合，最重要的矿床赋存于地壳中具有最大异常地质结构性质组合的地段。矿床作为在地质成矿作用下自然富集的地质体，其形成通常认为具备以下条件：①矿源、热源、水源；②导矿、散矿、运矿通道；③赋矿、聚矿、成矿的空间和时间；④致矿沉淀的物理化学环境。结合研究区矿床模型，本研究主要从构造控矿、扩容空间控矿两个方面剖析控矿机理并进行有利成矿部位的分析。

图 11.15、图 11.16 分别为初始设置状态和经过应力作用后孔隙水压力分布图，由于孔隙水压力是流体运移的直接动力，二者叠加显示，能直观地反映出流体运移方式的原因，从而进一步分析产生这种现象的原因和规律。图 11.15 和图 11.16 是截取的 $Y=$ 2570000 位置的一个剖面，图 11.16 中蓝色网格代表金光坡断裂通过该剖面。

图 11.15　初始设置状态下孔隙水压力分布图

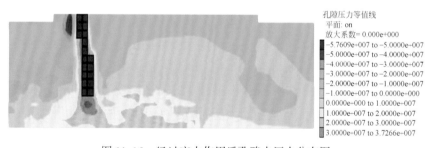

图 11.16　经过应力作用后孔隙水压力分布图
蓝色为金光坡断裂

通过力-热-流耦合过程分析，流体运移受到断裂因素的影响较大，热液的运移主要通过断裂构造向上移动。孔隙水压力的变化反映着流体运移的变化，随着时间的作用，岩体底部的孔隙水压力逐渐减小，顶部一定范围内的孔隙水压力逐渐增大，驱动着流体不断向上移动。其中，断裂附近的流体沿着断裂通道向上移动，断裂带两侧一定范围内孔隙水压力减小，部分流体由断裂通道向两侧区域渗流。

应力作用下，岩体发生膨胀破裂，增加孔隙容积，使成矿流体向扩容空间汇流，流体汇聚体积增加，造成液压致裂，增加扩容量，促使流体进一步汇聚。岩体的大部分区域呈现负的体积应变，接触带附近的岩石呈现正的体积应变，从岩体到接触带的体积应变由负应变转换到正应变，形成应变转换带，即接触带附近的岩石表现为体积膨胀，如图 11.17 所示，为形成矿体提供容矿空间。

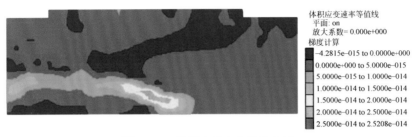

图 11.17　体积应变产生容矿空间

11.5　矿致地质异常有利成矿分析

根据现有地质资料对矿体的揭示，特别是勘探线的分布，结合矿体的形态、走向、倾向和空间分布特征确定了建模的范围和基本参数。为了使建立起来的立方体模型看起来更直接清晰，本次工作将模型的高程扩大了 5 倍，模型区形态实际值是一个坐标范围为南北 2565000 ~ 2573932m、东西 117737 ~ 133071m 的近似梯形区域，高程 570 ~ 2800m，总体积 $3.05 \times 10^{11} \mathrm{m}^3$，单元块行×列×层为 40m×40m×200m，实际为 40m×40m×40m，模型总共有 4782904 个单元块。以上所述体积和高程值均为实际值。

在建立立方体模型后，根据卡房矿田找矿地质模型进行控矿要素的提取与统计分析，由此确定卡房矿田预测模型，并将所确定的预测参数作为属性赋给每一个单元块。

11.5.1　有利地层信息提取

用地层三维实体模型对立方体模型进行限定，划分出不同地层所包含的块体单元，作为矿床预测中的岩性变量。使用已知矿体三维实体模型对立方体模型进行限定，划分出不同矿体所包含的块体单元，作为矿床预测中的先验条件。研究区地层有 $T_2g_3^1$、$T_2g_2^4$、$T_2g_2^3$、$T_2g_2^2$、$T_2g_2^1$、$T_2g_1^6$、$T_2g_1^5$、$T_2g_1^4$、$T_2g_1^3$、$T_2g_1^2$、$T_2g_1^1$，三个组的地层分别作为 11 个变量，其中 $T_2g_3^1$ 立方体模块共计 129201 个、$T_2g_2^4$ 立方体模块共计 162801 个、$T_2g_2^3$ 立方体模块共计 163650 个、$T_2g_2^2$ 立方体模块共计 200401 个、$T_2g_2^1$ 立方体模块共计 176114 个、$T_2g_1^6$ 立方体模块共计 176651 个、$T_2g_1^5$ 立方体模块共计 343348 个、$T_2g_1^4$ 立方体模块共计 337768 个、$T_2g_1^3$ 立方体模块共计 310860 个、$T_2g_1^2$ 立方体模块共计 290297 个、$T_2g_1^1$ 立方体模块共计 1032139 个，研究区内建立地层块体共计 3323230 个。

根据地层三维实体模型，可以划分出矿体单元体所处的地层，统计得到 $T_2g_3^1$、$T_2g_2^4$、$T_2g_2^3$、$T_2g_2^2$、$T_2g_2^1$、$T_2g_1^6$、$T_2g_1^5$、$T_2g_1^4$、$T_2g_1^3$、$T_2g_1^2$、$T_2g_1^1$ 中含氧化矿单元体的数量分别为 0、0、0、0、0、0、30、83、25、19、18。由此可得地层氧化矿的含矿性，研究区内层间氧化矿在 $T_2g_1^4$ 含矿性最好，$T_2g_1^5$、$T_2g_1^3$ 地层含矿性次之（图 11.18）。

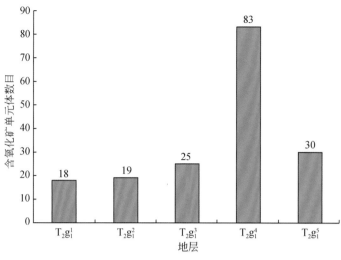

图 11.18　不同地层中含氧化矿单元体数目比较图

11.5.2　有利构造信息提取

区域性的断裂构造控制着岩浆岩的侵入，同时也控制了热液的运移，对成矿起着至关重要的作用，探讨区域性断裂构造展布特征能够更好地指明区域找矿方向。因此，需要根据实际情况对断裂做一定范围内的缓冲区处理。取断裂面两侧 200m 为缓冲区，如图 11.19 所示。使用断裂及其缓冲区三维实体模型对立方体模型进行限定，划分出断裂及其缓冲所包含的单元块体（图 11.20）。

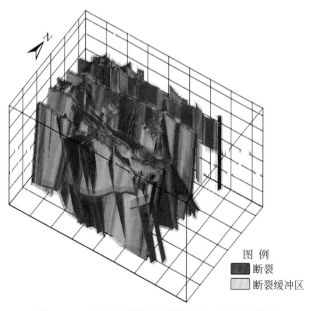

图 11.19　研究区断裂及其缓冲区三维实体模型

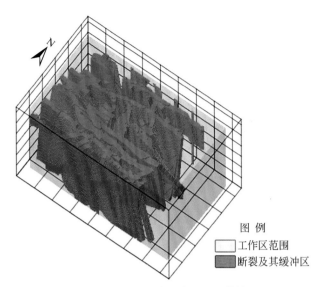

图 例
□ 工作区范围
■ 断裂及其缓冲区

图 11.20　断裂及其缓冲区立方体模型

目前成矿预测研究中的断裂构造信息的定量化分析主要包括构造等密度、构造平均方位、构造中心对称度、断裂优益度、构造交点数等，这些变量从不同的角度反映线性构造的特征，从中发掘与成矿有关的特征，提取致矿信息是成矿预测的要求。本研究将这些二维成矿预测中的被认可的变量分析拓展到三维空间内，从而为三维成矿预测提供新的变量，使之能更有效地展示及指导深部成矿特征。

1）构造等密度

构造等密度反映了线性构造的发育程度，在等密度最高的区域是构造发育最强烈的地区，其对成矿有着破坏的作用，因此矿化强烈的区域可能更多地分布于密度次高值区域。

2）构造频数

构造频数即单元网格中断裂构造产出的条数，相当于断裂密度指数，反映了区域线形构造的复杂程度，体现了区域构造格架的主体特征。

3）区域主干断裂分析

断裂等密度是断裂长度的加和，而断裂频数是条数的加和，其比值大的部分就是密度大而频数小的部位，即单位面积内断裂长而条数少，表现了区域主干断裂的特征。近 EW 向断裂和 NW 向断裂为卡房矿田内的主干断裂。经统计选取（0.0117, 0.012）区间作为成矿有利因子（图 11.21）。图 11.22 为主干断裂（有利区间截取的立方体）与断裂三维实体模型相叠合的图，从图上可看出断裂活动强烈的地区即主干断裂有利立方体分布区与主要断裂的分布吻合，表明选取的区间较符合实际地质情况。

4）局部构造

局部构造指采用断裂频数与断裂等密度之比来定量化分析局部构造区。断裂频数是条数的加和，而断裂等密度是断裂长度的加和，其比值大的部分就是频数大而密度小的部位，即单位面积内条数多而断裂短，表现了局部构造的特征。从构造学上讲，成矿的有利部位是地质活动强烈的区域，在主干断裂的旁侧构造发育相对较强区是矿体就位的有利

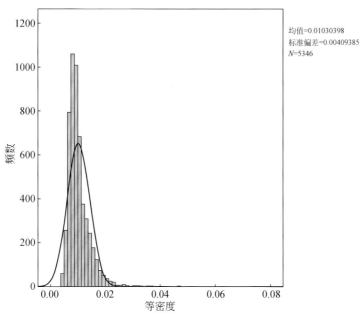

图 11.21　主干断裂（等密度/频数）直方图分布

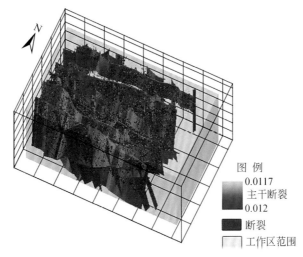

图 11.22　主干断裂与断裂叠合

区，强烈构造活动区域是成矿流体运移的通道，而矿质沉积需要一个相对平静的环境，构造活动相对弱一点的部位是矿体就位的相对有利区，在本次研究中应为断裂区，而矿体的存储应该在地质活动较弱的断裂旁侧一定范围内，经统计选取（90，102）区间作为成矿有利因子（图 11.23）。图 11.24 为局部构造所选取有利区间的块体与断裂实体叠合的情况。局部构造高值区的块体分布比较散，其主要分布在断裂缓冲区域，这与实际情况比较符合。

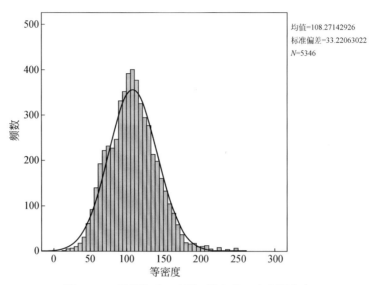

图 11.23　局部构造（频数/等密度）直方图分布

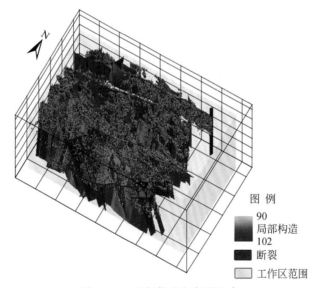

图 11.24　局部构造与断裂叠合

5）构造方位异常度

由图 11.25 的构造方位统计玫瑰图可以看出，区域主要断裂方位为近 EW 向和 NW 向，SN 向断裂和 NE 向断裂相对较少，因此由这两个方位中挑选出的值可以作为异常方位，而这与研究区实际情况相符。根据与已知矿体进行叠加统计确定方位异常度区间（图 11.26），其取值范围为（0.4，0.5）。图 11.27 为方位异常度有利区间立方体与断裂及其缓冲区三维实体模型叠合的情况。它同样是描述局部断裂特征的变量，与局部构造有利区间立方体基本吻合。

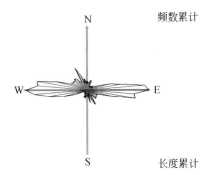

图 11.25　构造方位玫瑰图

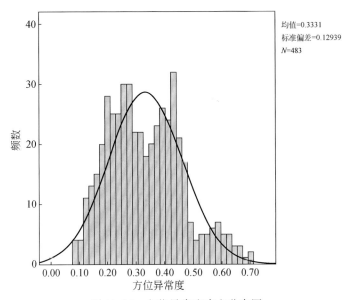

图 11.26　方位异常度直方分布图

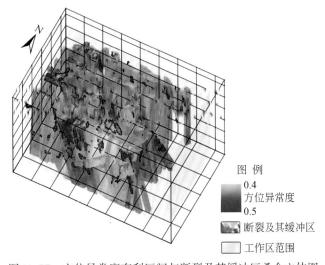

图 11.27　方位异常度有利区间与断裂及其缓冲区叠合立体图

6）构造交点数

当多组线性构造交汇时，该交汇部位往往是成矿有利的部位，定量化用构造交点数表示，它代表了单位面积内的交点数，多组构造交汇的部位是构造交点数的高值区，相反，构造交汇较少的部位是构造交点数的低值区。经统计分析，选取（0.001，1.0）作为成矿有利区间因子（图11.28），图11.29为构造交点数所取的有利区间立方体与断裂的三维实体模型叠合情况，从图中可以看出有利区间的立方体都是汇聚在断裂交汇的周围。

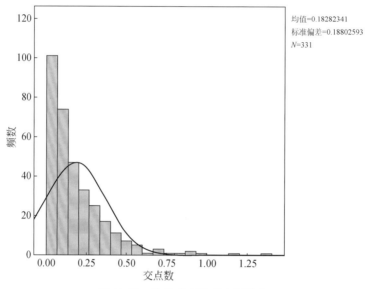

图 11.28　构造交点数直方图分布

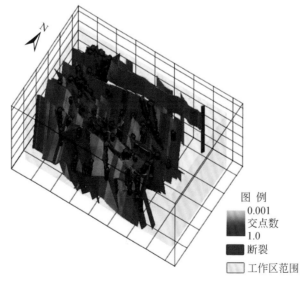

图 11.29　构造交点数有利区间与断裂的叠合图

7）构造中心对称度

经统计分析，选取（0.001，1.0）区间作为成矿有利因子区间（图11.30）。图11.31为选取的中心对称度有利区间得到的立方体与岩体和断裂三维实体模型的叠合情况。图11.32为中心对称度有利区间的立方体在岩体顶面100m 内的分布情况，由图可以看出，中心对称度有利区间立方体基本存在于岩体的凸起部分，即岩体隆起的部位周围。这一现象特征与研究区构造交点数得到了很好的相互论证。

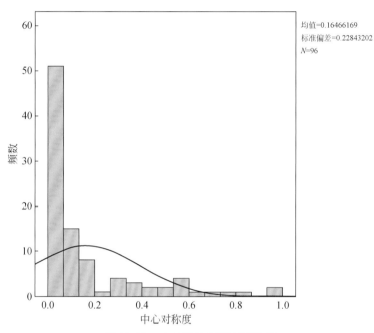

图 11.30　中心对称度直方图分布

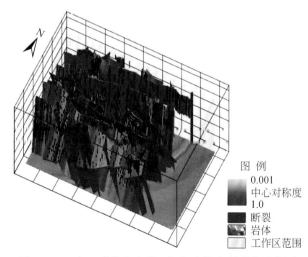

图 11.31　中心对称度有利区间与岩体和断裂的叠合图

图 例

中心对称度　　　　　　岩体
有利区间立方体

图 11.32　中心对称度在岩体顶面 100m 内的分布图

11.5.3　岩体缓冲信息提取

岩浆岩为热液矿床成矿提供热源及物质来源，对于隐伏岩体来说，矿体一般发现于岩体周边及表面一定区域内，因此对于三维预测来说，岩体缓冲区是不可或缺的关键变量之一。结合实际已知矿体分布情况，选取岩体顶部向上 100m 作为岩体缓冲区，建立岩体缓冲变量，如图 11.33 所示。

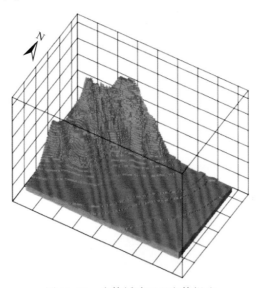

图 11.33　岩体缓冲区立方体提取

11.5.4　化探异常信息提取

矿床是某些化学元素高度富集的地质体，所以地球化学信息直接反映了找矿信息。在区域矿产资源潜力预测评价中，地球化学异常是一种比较直观的找矿标志。建立该研究区立方体模型后，可以利用钻孔数据来分析这些单元块的元素异常分布。由于研究区内已知的主要矿体是锡矿、铅矿、铜矿和钨矿，因此钻孔数据中对样品的 Sn、Pb、Cu 和 W 元素采用距离幂次反比加权法进行插值运算。

样品化验数据为源数据，使用距离幂次反比加权法，设置幂倒数为 2，最小距离 5m，定义搜索椭圆的椭圆体，依次设置已知样品点最大搜索半径为 100m 来对未知矿块的 Sn、Pb、Cu、W 进行插值。研究区中化学元素 Sn 含矿体数为 13 个，占总立方体 1442 个单位，异常下限值 0.138；Pb 含矿体数 5 个，占总立方体 705 个单位，异常下限值 0.239；Cu 含矿体数 33 个，占总立方体 15053 个单位，异常下限值 0.133；W 含矿体数 26 个，占总立方体 6429 个单位，异常下限值 0.077，如图 11.34 和图 11.35 为各元素单元块立方体模型与异常区间分布图。

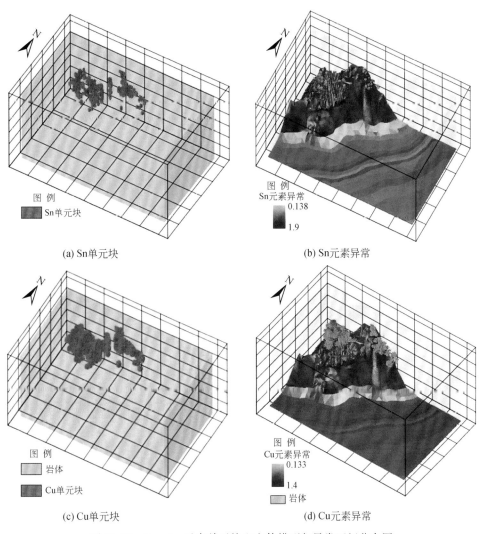

(a) Sn单元块　　　　　　　　　　　　(b) Sn元素异常

(c) Cu单元块　　　　　　　　　　　　(d) Cu元素异常

图 11.34　Sn、Cu 元素单元块立方体模型与异常区间分布图

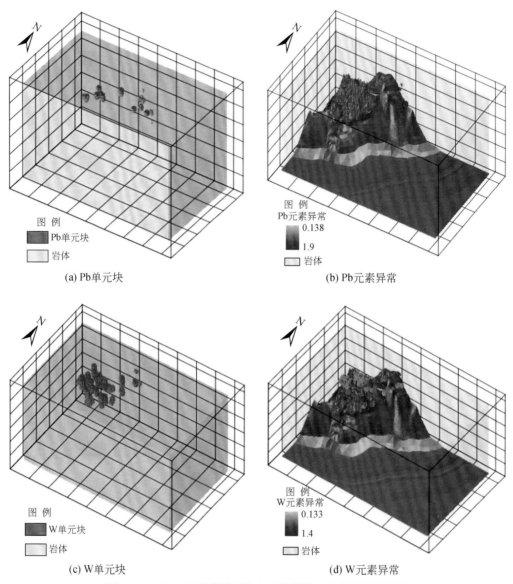

(a) Pb单元块　　　　　　　　　(b) Pb元素异常

(c) W单元块　　　　　　　　　(d) W元素异常

图 11.35　Pb、W 元素单元块立方体模型与异常区间分布图

　　表 11.4 为 Sn、Pb、Cu、W 化学元素的异常立方体分别在各个地层、断裂缓冲区、岩体缓冲区中的统计值。同时，分别有 20.42%（Cu）、58.22%（Pb）和 32.83%（Sn）的元素异常立方体在断裂缓冲带中，从一定程度上说明本研究区具有断裂控矿的指导性意义。此外，分别有 21.68%（Cu）、9.99%（Pb）和 22.01%（Sn）的元素异常值在岩体（100m）缓冲区内，这为预测夕卡岩型矿体提供了依据。

表 11.4　元素异常值统计表

地质要素		Cu	Pb	Sn	W	指示的矿体类型
地层	$T_2g_1^1$	17419	1387	3861	7757	顶部矿体
	$T_2g_1^2$	5975	456	1645	1235	
	$T_2g_1^3$	3691	209	1204	766	
	$T_2g_1^4$	654	5	181	114	
	$T_2g_1^5$	41	0	8	41	
	$T_2g_1^6$	0	0	0	0	
	$T_2g_2^1$	0	0	0	0	
	$T_2g_2^2$	0	0	0	0	
	$T_2g_2^3$	0	0	0	0	
	$T_2g_2^4$	0	0	0	0	
	$T_2g_3^1$	0	0	0	0	
断裂带	断裂缓冲区	10292	689	2922	4770	
岩体	岩体缓冲区	21899	1499	7647	9139	深部矿体

11.6　联合成矿预测评价

在三维建模的基础上，以地质统计方法为手段，在矿床模型指导下，进行矿致地质异常的定量预测评价，实现隐伏矿体预测的反演。结合地质统计学相关方法，对成矿信息进行统计，圈定成矿靶区，并对资源潜力进行计算和评价。

11.6.1　矿致地质异常定量化分析

根据对研究区找矿模型的分析及有利成矿信息的提取，并结合实际情况，本书建立了如表 11.5 的卡房矿田预测模型。

表 11.5　卡房矿田预测模型

控矿要素	成矿预测因子	特征变量		特征值
地层	有利地层	成矿有利地层		$T_2g_1^5$、$T_2g_1^4$、$T_2g_1^3$
构造	构造展布特征分析	三级构造信息	主干断裂分析	(0.0117, 0.012)
		四级构造信息	局部断裂分析	(90, 102)
			方位异常度	(0.4, 0.5)
	构造带特征	断裂推断区域		断裂周边 200m 缓冲区
	构造交汇点特征	断裂交点数		(0.001, 1.0)
	构造岩浆活动	构造中心对称度		(0.001, 1.0)

控矿要素	成矿预测因子	特征变量	特征值
化探	致矿元素异常	Sn	>0.138
		Cu	>0.133
		Pb	>0.239
		W	>0.077
岩体	有利成矿岩体信息	岩体推断区域	岩体顶面100m缓冲区

　　根据建立的预测模型选取统计分析变量的标志 11 个，分别是地层（$T_2g_1^5$、$T_2g_1^4$、$T_2g_1^3$）、断裂 200m 缓冲区、构造交点数、构造中心对称度、构造方位异常度、主干断裂、局部断裂、Sn 异常、Pb 异常、Cu 异常及 W 异常，花岗岩缓冲区只作为区域深部预测的有利因子，并约定各标志在单元中存在时取值为 1，不存在时取值为 0，统计各标志在各单元中的分布。计算过程中，将矿块长宽高尺寸统一为 40m×40m×40m。研究区划分的立方体总数为 4782904 个，包括氧化矿 2264 个，夕卡岩矿 2377 个。顶部矿、深部矿预测所用变量及其统计结果见表 11.6、表 11.7。

表 11.6　顶部矿立方体预测变量统计表

找矿标志	标志所占立方体数	标志内氧化矿立方体数
$T_2g_2^1$	176114	0
$T_2g_1^6$	176651	0
$T_2g_1^5$	343348	30
$T_2g_1^4$	337768	83
$T_2g_1^3$	310860	25
$T_2g_1^2$	290297	19
$T_2g_1^1$	1032139	18
断裂 200m 缓冲区	1176353	33
构造中心对称度	30167	12
构造交点数	113727	2
构造方位异常度	117926	25
主干断裂	68524	7
局部断裂	388560	35
Pb 异常	705	5
Cu 异常	15053	33
W 异常	6429	26
矿块总数	—	2264

表 11.7　深部矿立方体预测变量统计表

找矿标志	标志所占立方体数	标志内夕卡岩矿立方体数
断裂缓冲	1176353	873
岩体 100m 缓冲区	202356	499
中心对称度	30167	25
Sn 异常	1442	77
Pb 异常	705	69
Cu 异常	15053	853
W 异常	6429	446
矿块总数	—	2377

本研究首先应用证据权法赋权得到卡房矿田每个找矿标志的权值,再计算每个单元块立方体中后验概率值,其大小反映了该单元块相对的找矿意义,即成矿有利度,用以进行找矿远景区预测评价。

本研究中采用的资源潜力计算公式为

$$C = \sum \rho \times V \times g \times j \tag{11.1}$$

式中, C 为研究区内 Sn、Pb、Cu 或 W 的资源潜力; V 为单个单元块的体积,本研究中均为 40m×40m×40m=64000m^3; ρ 为区内岩石的平均体重,顶部矿体平均体重取 2.721t/m^3,深部矿体平均体重取 3.41t/m^3; g 为单元块内元素不同的品位值; j 为矿块夹石率。

值得注意的是矿块夹石率的计算,本次选择了整个卡房矿田收集到的钻孔数据进行了计算。矿体内部不符合工业要求的岩石叫做夹石,矿块夹石率是夹石在矿体中所占的百分比。利用所有钻孔上部第一个高于边界品位的样品和底部最后一个高于边界品位的样品圈定矿体,把穿过矿体的钻孔部分作为样本,统计计算矿块夹石率。

设定 L 为矿体内部所有品位值大于边界品位的样品长度和; S 为矿体内部所有样品的长度和; l 为单个钻孔品位大于边界品位样品长度和; s 为单个钻孔所有样品的长度和; j 为单个钻孔的矿块夹石率; J 为所有钻孔样本矿块夹石率代表矿体的矿块夹石率,则矿体的矿块夹石率 $J=1-L/S$,即矿体的矿块夹石率等于圈定矿体内部钻孔样品中大于边界品位的样品长度和与圈定矿体内部总样品长度的比值与 1 的差值。一般工业中,Cu 的边界品位为 0.2%~0.3%,工业品位为 0.4%~0.5%; Pb 的边界品位为 0.3%~0.5%,工业品位为 0.7%~1%; Sn 的边界品位为 0.1%~0.2%,工业品位为 0.2%~0.4%; W 的边界品位为 0.08%~0.1%,工业品位为 0.15%~0.2%。在统计计算卡房矿田矿块夹石率的过程中,结合研究区实际情况取定边界品位。表 11.8 为全区各元素矿块夹石率。

表 11.8　卡房矿田各元素矿块夹石率计算表

元素	工业品位/%	边界品位/%	含矿样品长度和 L/m	总样品长 S/m	$J=1-L/S$
Sn	0.2	0.1	13694.56	41464.84	0.3303

续表

元素	工业品位/%	边界品位/%	含矿样品长度和 L/m	总样品长 S/m	$J=1-L/S$
Pb	0.7	0.3	10187.248	41464.84	0.2457
Cu	0.4	0.2	12617.44	41464.84	0.3042
W	0.15	0.08	9826.4	41464.84	0.2369

11.6.2　新山勘查区顶部矿预测

除地质找矿标志外，充分利用钻孔化探数据，将 W、Cu 和 Pb 元素异常的影响加入成矿有利度的计算中，区域顶部矿（层间氧化矿/硫化矿、断裂带控矿）预测省去了岩体缓冲区的影响，只考虑从岩体以上 100m 到顶部的部分其他有利因子。

根据证据权法，计算出卡房矿田顶部矿各找矿标志的权重值，见表 11.9。

表 11.9　卡房矿田顶部矿各找矿标志权重值表

证据项	正权重值（W^+）	负权重值（W^-）	综合权重值（C）
Pb	3.976654	−0.07071	4.047362
Cu	3.656249	−0.24099	3.897235
W	3.811096	−0.07467	3.885763
构造方位异常度	1.932432	−0.20998	2.142413
构造交点数	1.632185	−0.09406	1.726241
$T_2g_1^3$	1.381349	−0.22531	1.606654
$T_2g_1^5$	1.263411	−0.21474	1.478148
构造中心对称度	1.441332	−0.01993	1.461257
$T_2g_1^4$	1.097584	−0.15998	1.257566
断裂缓冲	0.722672	−0.41351	1.136178
局部构造	0.609272	−0.07443	0.683701
主干断裂	0.57429	−0.01046	0.584753

根据后验概率值的大小及空间位置，选取出该区顶部矿的后验概率阈值为 0.7，统计出在临界值之上的立方体块数为 60313 块，并以此圈出 13 个典型预测区作为靶区，分别对每个靶区含有后验概率高值的立方体块数进行统计（图 11.36），依据每个靶区找矿潜力的大小依次将其命名为 Ad1-1、Bd3-1、Bd3-2、Bd3-3、Cd9-1、Cd9-2、Cd9-3、Cd9-4、Cd9-5、Cd9-6、Cd9-7、Cd9-8、Cd9-9（其中，d 代表顶部矿体，A、B、C 代表靶区找矿潜力等级）。图 11.37 为顶部矿预测远景区立体图。

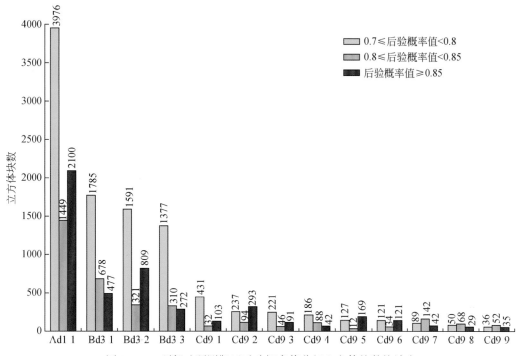

图 11.36　顶部矿预测靶区后验概率值分级立方体块数统计表

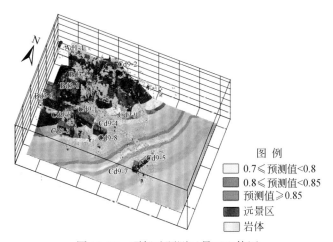

图 11.37　顶部矿预测远景区立体图

11.6.3　新山勘查区深部矿预测

　　岩体顶面到岩体以上 100m 之间为区域深部，以深部已知矿体为已知证据因子，将岩体 100m 缓冲区、断裂缓冲区、各化学元素异常值、与岩体有关的断裂构造信息（即中心对称度）以及 $T_2g_1^1$、$T_2g_1^2$、$T_2g_1^3$ 地层作为信息计算因子进行证据权重计算，得到权重值表（表 11.10），可以看到跟岩体有关的权重值都比较大，充分说明深部矿与岩体有密切的关系。通过综合考虑选取深部矿预测的后验概率阈值为 0.85，并以此划分了 12 个靶区，分别对每个靶区含有后验概率高值的立方体块数进行统计（图 11.38），依据每个靶区找矿潜力的大小依次将其命名为 As2-1、As2-2、Bs4-1、Bs4-2、Bs4-3、Bs4-4、Cs6-1、Cs6-2、Cs6-3、Cs6-4、Cs6-5、Cs6-6（其中，s 代表深部矿体，A、B、C 代表靶区找矿潜力等级）。图 11.39 为深部矿预测远景区立体图。

表 11.10　卡房矿田深部矿各找矿标志权重值表

证据项	正权重值（W^+）	负权重值（W^-）	综合权重值（C）
Sn	4.623219	−0.10104	4.724255
W	4.349072	−0.12354	4.472616
Cu	4.033443	−0.35576	4.389206
Pb	4.164479	−0.08147	4.245948
玄武岩	3.492105	−0.2178	3.709908
岩体 100m 缓冲区	1.591474	−1.45433	3.045803
花岗岩	1.606504	−0.80123	2.407731
岩体分异系数	1.512594	−0.8726	2.385197
$T_2g_1^1$	1.22496	−0.17734	1.402295
$T_2g_1^2$	0.992501	−0.12777	1.120272
中心对称度	0.954199	−0.00988	0.964079
$T_2g_1^3$	0.54813	−0.3824	0.930529
断裂缓冲区	0.450098	−0.20045	0.650553

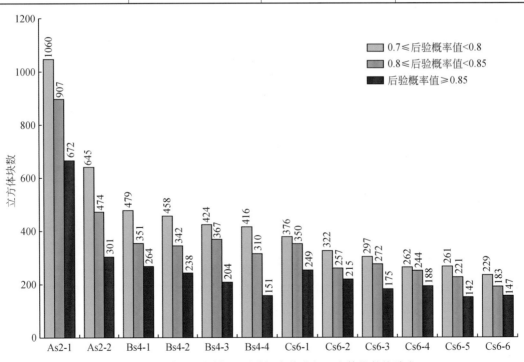

图 11.38　深部矿预测靶区后验概率值分级立方体块数统计表

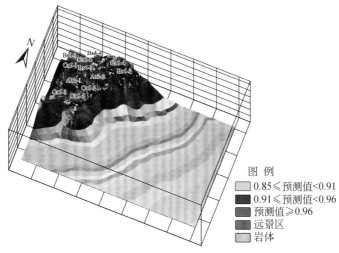

图 11.39　深部矿预测远景区立体图

11.6.4　正反演结果对比分析

对于致矿地质异常的正演过程定性分析，通过成矿地质过程的数值分析模拟，探讨了对成矿过程影响的有利信息，总结了岩体、构造、体积应变等信息对矿源、矿体运移以及矿体存储的影响。

矿致地质异常的反演过程则根据对成矿有利的信息定量化分析，结合地质、计算机以及数学方法对成矿位置、矿体资源量等进行了综合评价与计算。

11.4 节和 11.5 节分别介绍了通过正演进行的数值分析模拟和通过反演进行的建模与定量预测手段实现的卡房矿田的成矿预测分析。若要实现正反演联合预测，还需要对正反演的结果联合对比分析，验证正演或者反演结果的科学性以及准确性。

首先通过将正演的结果定量化输出，转入反演矿体定量预测的立方体模型中，来圈定正演致矿地质异常的靶区；然后与反演矿致地质异常定量预测的结果对比；最终圈定正反演联合预测的成矿区，实现矿床模型指导下的隐伏矿体正反演预测。

通过在 FLAC^{3D}数值分析模拟软件里定性地分析了热液型矿床的成矿过程，模拟了跟成矿有关的孔隙水压力和体积应变的变化过程，这些特征间接地反映了成矿热液的运移以及成矿位置的信息，迪过这些信息的定量化输出，转换为定量化的立方体模型，在 Surpac 软件里进行正演结果靶区的圈定。

反映成矿特征的孔隙水压力和体积应变的界限值的选择依据是：①根据正演结果分析，趋于平衡状态时成矿有利区对应的孔隙水压力和体积应变值；②分别统计孔隙水压力和体积应变值在某一个区间时已知矿体的数量。根据这两个条件，综合考虑选取成矿最有利的阈值。

通过数值分析模拟软件对孔隙水压力的变化进行模拟，岩体中的含矿流体向断裂及围岩运移，造成孔隙水压力值的变化，当孔隙水压力值趋于稳定的时候，间接地反映了矿液汇聚的有利区。从图 11.40 可以看出，此时孔隙水压力值为正。通过将孔隙水压力值定量化地导出再导入 Surpac 的立方体模型中，统计不同区间的孔隙水压力值与已知矿体数量，利用柱状图分析（图 11.41），孔隙水压力值 $\geqslant 5 \times 10^6$ 时，为成矿有利区间。

图 11.40　孔隙水压力值变化的选取

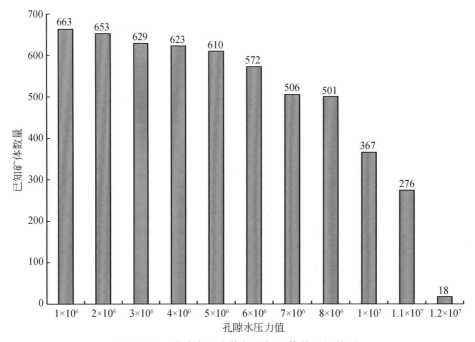

图 11.41　孔隙水压力值与已知矿体数量柱状图

　　体积应变的阈值选取方法也是通过对数值分析模拟的结果导出到 Surpac 立方体模型里，该值反映了成矿空间的特征。从图 11.42 可以看出，在岩体顶部，会形成一层体积应变高值区，也就是蚀变围岩的区域。该区域是当体积应变值 $\geqslant 5 \times 10^{-15}$ 时，会形成有利的成矿空间。通过在立方体模型里对体积应变值与已知矿体数量叠加统计分析，生成柱状图（图 11.43），可以看到，正演结果圈定成矿远景区时应选择体积应变值 $\geqslant 1 \times 10^{-14}$。

　　根据孔隙水压力的阈值与体积应变的阈值区间，在 Surpac 中对立方体模型建立约束，得到了 6 个正演结果的靶区。图 11.44 为正演致矿地质异常模拟定量化后圈定的靶区。将新山勘查区的正反演得到的靶区结果进行对比（图 11.45），根据正反演的联合预测结果，圈定了 5 个成矿最有利的靶区（图 11.46）。

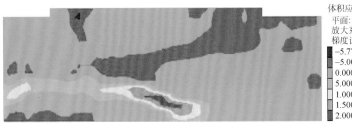
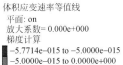

图 11.42　体积应变值变化的选取

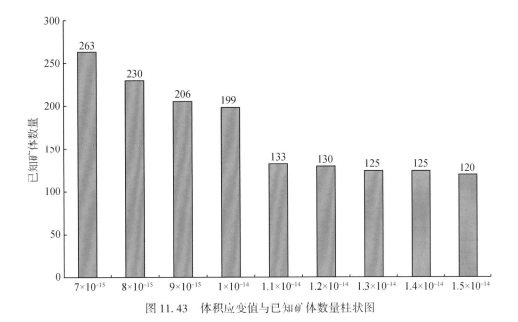

图 11.43　体积应变值与已知矿体数量柱状图

图 11.44　正演结果的成矿靶区

图 11.45　正反演结果靶区对比

图 11.46　正反演联合圈定的靶区

11.6.5　结果分析

本研究实现了分层位（矿体赋存空间）预测。

（1）顶部矿体：综合预测结果进行统计分析，得到卡房矿田靶区内约 93% 的块体均在断裂缓冲区内，尤其以老熊硐、仙人硐、龙树脚等主干断裂最为明显。由预测结果可以看出在本研究涉及的成矿背景下，三级构造控制着整个卡房矿田，预测远景区集中在这些构造周围。

（2）顶部矿体：综合看来，96% 以上的预测矿体赋存在 $T_2g_1^5$、$T_2g_1^4$ 和 $T_2g_1^3$ 中，符合卡房矿田已知的地层赋矿特征。

（3）深部矿体：本次研究深部（限定在岩体表面 100m 以内）预测即对这一类型矿体做出预测，预测出的矿体多集中在岩体表面紧贴岩体内壁或凹陷等变化趋势较大的区域周围，尤其是有玄武岩的部位。

本研究实现了分矿种预测。卡房矿田内主要针对 Cu、Pb、Sn 和 W 4 种元素的矿体进行预测，将预测的远景区与各元素异常区进行叠加，确定了各典型区主要矿种的同时也分别估算出资源量（表 11.11）。

表 11.11　卡房矿田 Cu、Pb、Sn、W 资源量估算汇总表

矿种	靶区数量	Cu 资源量/t	Pb 资源量/t	Sn 资源量/t	W 资源量/t
顶部矿预测远景区	13	202140	46411	不做预测	65482
深部矿预测远景区	12	203349	68265	69162	55805
卡房矿田全区	25	405489	114676	69162	121287

11.7　小　　结

通过致矿地质异常以及矿致地质异常的分析，实现了矿床模型指导下的联合正反演预测，研究具有科学意义。流体的流动是热液矿床形成不可或缺的组成部分，通过数值模拟方法研究流体驱动力、流动方向、流速的分布特点和演化过程以及与矿体定位的关系，从物理条件和过程演化的角度进一步分析热液矿床形成原因，总结规律性认识，更好地理解热液矿床的形成过程，并对找矿勘探起到提供有利成矿条件信息的间接作用和用于预测矿化地段的直接作用。本研究取得的主要成果如下。

（1）通过 FLAC^{3D} 软件进行力-热-流耦合模拟，形成了系统的热液成矿模拟的理论方法，实现了矿床模型指导下的致矿地质异常的正演过程，分析了成矿形成过程及控矿机制，为更好地理解矿床形成并进行成矿定量化分析预测奠定了基础。

（2）通过三维定量化预测的研究，实现了矿床模型指导下的矿致地质异常的反演。运用三维建模软件 Surpac 建立了卡房矿田的地质和工程的三维模型，在此基础上应用"立方体预测模型"找矿方法完成了卡房矿田的三维找矿研究，综合考虑各控矿条件，应用证据权法，得到矿体的后验概率值。据此，圈定成矿靶区。

（3）隐伏矿体正反演联合预测以正演结果辅助反演预测，以反演结果验证正演模拟，相辅相成，形成了矿体预测行之有效的新方法体系。

对于矿床模型指导下的正演致矿地质异常的模拟分析，目前研究还处于初级阶段，只限于模拟构造、温度、压力因素对成矿的影响，尚不清楚其他因素控矿机制，需要进一步深入研究。而且，所建的三维模型跟实际地质情况肯定会存在一定的偏差，在一定程度上会影响预测的精度，若以后有可能得到更加精确的数据，会进一步修正模型，争取与实际地质情况更加接近，预测结果也更加准确。

结　束　语

地质学属于数据密集型科学，它与地球科学面临的问题息息相关。就地质学数据而言，从地表、地下、海洋、太空探测获取的各类数据都是具有信息属性的空间数据，如果地质推理能够合理地定量表征并有效地进行数据分析，那么，结合"立方体预测模型"找矿方法就可以预测评价数据体（地质体）的时空特征与演化过程。如果定量地质学分析能够解决人类入地、上天、下海等某些科学研究的现实需求，那么它的先进性、重要性、实用性和广泛的应用前景也就显而易见了。作者及其团队二十余年潜心钻研与不断进取的积累，以及创新性思维与需求应用的有机结合，使本书成为本领域国内外领先的原创，知识产权自主，理论、技术和方法配套，将推动学科发展的重大变革。

地质学是一门经验描述性的学科，在长期地质观察基础上总结大量的地质规律，积累大量文字报告、图件和数据，那么，地质描述与推理分析能够在各类数据和图件基础上用数学方法定量表征吗？数字地球一直是全球科学界研究的热点，21世纪的大数据时代来临，定量地质学就是第四科学范式的学科拓展，就是以科学计算实现数据密集型的知识发现。原创是衡量学术成就最重要的标准，所以这二十多年来的学术研究用一句话概括，就是为传统地质学探索一个新的方向：地质推理的数学表征与空间信息分析。控矿要素分析从成矿条件定性综合到模型变量数据处理，预测评价从相似类比推测到定量模拟预测，预测结果从二维图件表示到二维、三维可视化模型。

本书是作者及其研究团队近十年来在矿产资源评价领域的部分成果。研究团队始终坚持"学以致用"开展深部找矿，"产-学-研"结合促进提高，既深化学科理论方法、研发实用技术（软件系统），又注重成果推广与找矿实效。二十多年来，其先后承担了国家"深地探测"计划的深部找矿示范项目和全国资源潜力评价（铜矿、锰矿）工作，在中国地质调查局的长期项目支持下，在西南"三江中段"地区、西南"三江北段"地区、青海沱沱河地区、青海祁漫塔格地区、华北克拉通、内蒙古赤峰地区、河北崇礼地区、安徽铜陵地区、湖南民乐地区、福建永梅地区等开展的区域二维/三维成矿定量预测与评价，为我国矿产勘查部署与找矿提供了基础资料和决策建议。同时，作者与矿山、矿业公司等单位有着广泛的联系与合作，先后在西藏玉龙斑岩铜矿、新疆可可托海稀有金属矿山、云南个旧锡矿、贵州烂泥沟金矿、四川拉拉铜矿、青海五龙沟金矿、甘肃大水金矿、甘肃早子沟金矿、陕西潼关小秦岭金矿、辽宁红透山铜矿、山东焦家金矿、山东招平金矿、山东西峪金刚石矿、江西相山铀矿、湖南黄沙坪铅锌矿等矿山开展深部成矿三维定量预测与评价，在"一带一路"境外找矿方面也做了有益的推广应用。此外，作者还将定量地质学分析技术推广到月球地质研究、海洋矿产资源调查、城市地下空间评价，结合遥感技术（包括无人机技术）在区域承载力评价、区域环境调查、矿山环境监测等方面也做了大量推广应用。在科学研究推广应用的同时，作者还在全国各地举办了大量的学术讲座，普及推广和培训相关技术人员。陈建平教授作为中国科学技术协会"3S技术与地学"科学传播专家团队首席科学家，定期为中小学生作科普讲座。

　　近年来作者及其研究团队不断进取，锁定学科国际前沿，聚焦三维定量预测关键科学问题。将大数据关键技术引入矿产预测，通过机器学习的文本挖掘技术贯穿到"五个一"（成矿背景、成矿期、矿化类型、成因类型和找矿模型研究）的研究。在方法模型上，提出了非线性自相似预测模型、元胞自动推理机模型、图件信息识别提取模型、地质大数据知识发现模型等。对于每一个新的研究示范区，在原有的定量预测流程基础上做了新的改进，包括如下几个方面：区域二维与典型区二维的确定与衔接；分层的二维建模与成矿异常三维空间重构；建模深度与建模区域范围的确定；非线性最佳网度和矿化体有效半径的三维搜索确定；矿化异常的提取分析；三维建模区找矿信息量法与证据权法连续插值预测和成矿地质异常三维空间重构的自相似与随机森林的离散推测；三维吨位–品位的富矿定位预测。

参 考 文 献

阿列尼切夫 B M，科瓦廖夫 M H，弗拉基米罗夫 A N．1995．菱镁矿股份公司露天采矿工程计划编制自动化．国外金属矿山，(12)：70-74．

白和．2003．小秦岭 Q8 号金矿床地质特征及深部资源潜力分析．陕西地质，21 (1)：19-27．

陈柏林，邓元良，陈建林，等．2016．青海五龙沟金矿田两种控矿构造识别及其找矿意义．大地构造与成矿学，40 (2)：224-236．

陈建平，吕鹏，吴文，等．2007a．基于三维建模的立方体预测模型找矿方法．中国专利，ZL200710098940.9．

陈建平，吕鹏，吴文，等．2007b．基于三维可视化技术的隐伏矿体预测．地学前缘，14 (5)：54-62．

陈建平，陈勇，王全明．2008a．基于 GIS 的多元信息成矿预测研究——以赤峰地区为例．地学前缘，15 (4)：18-26．

陈建平，陈勇，曾敏，等．2008b．基于数字矿床模型的新疆可可托海 3 号脉三维定位定量研究．地质通报，27 (4)：552-559．

陈建平，唐菊兴，付小方，等．2008c．西南三江中段成矿规律与成矿预测研究．北京：地质出版社．

陈建平，尚北川，吕鹏，等．2009a．云南个旧矿区某隐伏矿床大比例尺三维预测．地质科学，44 (1)：324-337．

陈建平，王倩，董庆吉，等．2009b．青海沱沱河地区遥感蚀变信息提取．地球科学（中国地质大学学报），34 (2)：314-318．

陈建平，陈勇，朱鹏飞，等．2011a．数字矿床模型及其应用——以新疆阿勒泰地区可可托海 3 号伟晶岩脉稀有金属隐伏矿预测为例．地质通报，30 (5)：630-641．

陈建平，陈珍平，史蕊，等．2011b．基于 GIS 技术的陕西潼关县金矿资源预测与评价．地质学刊，35 (3)：268-274．

陈建平，史蕊，王丽梅，等．2012a．基于数字矿床模型的陕西潼关县 Q8 号金矿脉西段三维成矿预测．地质学刊，36 (3)：237-242．

陈建平，王春女，尚北川，等．2012b．基于数字矿床模型的福建永梅地区隐伏矿三维成矿预测．国土资源科技管理，29 (6)：14-20．

陈建平，于淼，于萍萍，等．2014a．重点成矿带大中比例尺三维地质建模方法与实践．地质学报，88 (6)：1187-1195．

陈建平，于萍萍，史蕊，等．2014b．区域隐伏矿体三维定量预测评价方法研究．地学前缘，21 (5)：211-220．

成秋明．2008．成矿过程奇异性与矿床多重分形分布．矿物岩石地球化学通报，27 (3)：298-305．

程朋根，龚健雅，史文中，等．2004．基于似三棱柱体的地质体三维建模与应用研究．武汉大学学报（信息科学版），29 (6)：602-607．

程彦博，毛景文，谢桂青，等．2008．云南个旧老厂-卡房花岗岩体成因：锆石 U-Pb 年代学和岩石地球化学约束．地质学报，82 (11)：1478-1493．

程彦博，毛景文，谢桂青，等．2009．与云南个旧超大型锡矿床有关的花岗岩锆石 U-Pb 定年及意义．矿床地质，28 (3)：297-312．

丛成双．2003．招远金矿集中区金矿富集规律及找矿标志．黄金，24 (9)：7-10．

崔巍，李荣，姚志武，等．2011．基于分维的遥感影像最佳分割尺度研究．武汉理工大学学报，33 (12)：83-86．

代文军，陈国忠，马小云．2009．甘肃大水金矿床成矿流体特征与来源．甘肃地质，(1)：21-27．

董庆吉．2009．西南"三江"北段区域成矿定量预测与评价．中国地质大学（北京）博士学位论文．

董庆吉，肖克炎，陈建平，等．2010．西南"三江"成矿带北段区域成矿断裂信息定量化分析．地质通报，29（10）：1479-1485．

杜子图，吴淦国．1998．西秦岭地区构造体系及金成矿构造动力学．北京：地质出版社．

范永香，阳正熙．2003．成矿规律与成矿预测．徐州：中国矿业大学出版社．

冯建之，岳铮生，肖荣阁，等．2009．小秦岭深部金矿成矿规律与成矿预测．北京：地质出版社．

龚纪文，席先武，王岳军，等．2002．应力与变形的数值模型方法——数值模拟软件FLAC介绍．华东地质学院学报，25（3）：220-227．

郭孟习，王光奇，尹国义．1999．浅谈区域地质及矿产调查中的（有关）物探工作．吉林地质，（1）：72-82．

韩国建，郭达志，金学林．1992．矿体信息的八叉树存储和检索技术．测绘学报，21（1）：13-17．

侯长才，李宏录，李永太．2015．青海百吨沟地区金矿地质特征及找矿前景．矿产勘查，6（2）：142-148．

胡媛，彭秀红，杨梅，等．2011．甘肃大水金矿床围岩蚀变特征与成矿的关系．昆明：第五届全国成矿理论与找矿方法学术讨论会．

黄良伟．2013．山东招远界河金矿床矿体空间定位规律及找矿方向研究．中国地质大学（武汉）硕士学位论文．

黄文斌，肖克炎，陈学工，等．2006．矿产勘查储量估算三维可视化原型系统的开发．矿床地质，25（2）：207-212．

惠勒A J，斯托克斯P C，侯运炳．1989．块段模型和线框模型在地下采矿中的应用．国外金属矿山，（2）：98-101．

贾慧敏．2011．甘肃省南部大水金矿区岩浆岩特征与成矿作用研究．长安大学硕士学位论文．

孔庆友，张天祯，于学峰，等．2006．山东矿床．济南：山东科学技术出版社．

李厚民，钱壮志，刘继庆，等．1999．东昆仑中带找寻五龙沟式金矿的思路．青海地质，8（2）：47-52．

李惠，禹斌，李德亮，等．2013．构造叠加晕找盲矿法及研究方法．地质与勘探，49（1）：154-161．

李惠，禹斌，李德亮，等．2014．构造叠加晕法预测盲矿的关键技术．物探与化探，38（2）：189-193．

李惠，禹斌，马久菊，等．2016．构造叠加晕预测侧伏矿体深部盲矿的方法及实用模型．矿产勘查，7（6）：971-977．

李世金，孙丰月，王力，等．2008．青海东昆仑卡尔却卡多金属矿区斑岩型铜矿的流体包裹体研究．矿床地质，27（3）：399-406．

李向东，王晓伟．2006．大水金矿成矿地质特征及控矿因素分析．甘肃科技，22（8）：64-67．

李莹，肖克炎，陈建平，等．2010．基于立方体模型的三维矿体模拟与资源评估．地质通报，29（10）：1547-1553．

李紫金．1991．安徽月山地区大比例尺三维立体矿床统计预测的途径和方法．地球科学（中国地质大学学报），（3）：311-317．

刘汉栋，工巧云，李秀章，等．2015．基于GIS证据权法的焦家金成矿带综合信息成矿预测．中国矿业，（S1）：251-257．

刘慧蓝．2017．甘肃大水金矿床地质地球化学特征及成矿规律．中国地质大学（北京）硕士学位论文．

刘玉翠，董培培，刘德武，等．2011．甘肃大水金矿床构造控矿特征．吉林地质，（4）：6-9．

刘玉强．2004．山东省金矿床成矿系列及成矿规律．矿产与地质，18（1）：1-7．

栾世伟，陈尚迪，曹殿春，等．1991．小秦岭地区深部金矿化特征及评价．成都：成都科技大学出版社．

罗荣生，杨学善，张淑芸，等．2008．云南个旧锡石硫化物矿床的岩相古地理条件研究．地质与勘探，44（6）：36-41．

吕古贤.1995. 山东省玲珑金矿田成矿深度的研究与测算. 科学通报, 40 (15)：1399-1402.

吕古贤. 2011. 关于矿田地质学的初步探讨. 地质通报, 30 (4)：478-488.

吕古贤, 武际春, 郑小礼, 等. 2006. 山东省玲珑金矿田深部资源第二富集带的研究和预测. 矿床地质, 25 (1)：435-438.

吕鹏. 2007. 基于立方体预测模型的隐伏矿体三维预测和系统开发. 中国地质大学 (北京) 博士学位论文.

吕鹏, 陈建平, 张路锁, 等. 2006. 基于矿床规模模型的西南三江北段区域资源潜力定量预测与评价. 地质与勘探, (5)：66-71.

马国栋, 韩玉, 陈苏龙, 等. 2015. 青海五龙沟地区金多金属矿成矿规律. 金属矿山, 44 (10)：110-115.

毛先成, 戴塔根, 吴湘滨, 等. 2009. 危机矿山深边部隐伏矿体立体定量预测研究——以广西大厂锡多金属矿床为例. 中国地质, 36 (2)：424-435.

毛先成, 邹艳红, 陈进, 等. 2010. 危机矿山深部、边部隐伏矿体的三维可视化预测——以安徽铜陵凤凰山矿田为例. 地质通报, 29 (2)：401-413.

庞绪成. 2005. 山东焦家金矿矿床地球化学特征及深部矿体预测研究. 成都理工大学博士学位论文.

彭秀红, 张江苏. 2011. 甘肃大水金矿床成矿规律与成矿模式. 北京：科学出版社.

齐安文. 2002. 基于类三棱柱的三维地质模拟与三维拓扑研究. 中国矿业大学 (北京) 博士学位论文.

齐安文, 吴立新, 李冰, 等. 2002. 一种新的三维地学空间构模方法——类三棱柱法. 煤炭学报, 27 (2)：158-163.

卿成实. 2012. 甘肃玛曲大水金矿原生晕特征及深部找矿预测. 成都理工大学硕士学位论文.

屈红刚, 潘懋, 王勇. 2006. 基于含拓扑剖面的三维地质建模. 北京大学学报 (自然科学版), 42 (6)：717-723.

石玉臣, 刘长春, 杨承海, 等. 2005. 胶东地区蚀变岩型与石英脉型金矿的空间分布关系及形成机制. 山东国土资源, 21 (8)：19-21.

史蕊, 陈建平, 陈珍平, 等. 2011. 陕西小秦岭金矿带潼关段区域三维定量预测. 地质通报, 30 (5)：711-721.

宋明春. 2015. 胶东金矿深部找矿主要成果和关键理论技术进展. 地质通报, 34 (9)：1758-1771.

宋明春, 王化江, 崔书学, 等. 2010a. 胶西北主要成矿带深部金矿床与浅部金矿的关系. 矿床地质, 29 (1)：989-990.

宋明春, 崔书学, 周明岭, 等. 2010b. 山东省焦家矿区深部超大型金矿床及其对 "焦家式" 金矿的启示. 地质学报, 84 (9)：1349-1358.

宋明春, 伊丕厚, 徐军祥, 等. 2012. 胶西北金矿阶梯式成矿模式. 中国科学：地球科学, 42 (7)：992-1000.

苏海伦, 韦乐乐, 刘秀婷, 等. 2015. 青海卡尔却卡铜矿床地质与地球化学特征. 矿产勘查, 6 (1)：17-24.

孙莉, 肖克炎, 唐菊兴, 等. 2011. 基于 Minexplorer 探矿者软件的甲玛铜矿三维地质体建模. 成都理工大学学报 (自然科学版), 38 (3)：291-297.

孙绍有. 2004. 个旧锡矿高松矿田断裂构造多期活动特征研究. 矿物学报, 24 (2)：124-129.

孙涛, 关会明, 陈华珍. 2007. 浅议焦家金矿田构造控矿规律及进一步找矿方向. 黄金, 28 (2)：7-11.

托鲁基安 Y S, 贾德 W R, 罗伊 R F, 等. 1990. 岩石与矿物的物理性质. 北京：石油工业出版社.

王洪兴, 王冠, 唐辉明, 等. 2006. 贵阳鱼简河水库坝址区岩体结构面的多重分形. 岩土力学, 27 (7)：1166-1170.

王平安, 陈毓川. 1997. 秦岭造山带构造–成矿旋回与演化. 地质力学学报, (1): 10-20.

王世称, 陈永良, 夏立显. 2000. 综合信息矿产预测理论与方法. 北京: 科学出版社.

王铜. 2015. 青海五龙沟金矿床地质特征与成因研究. 中国地质大学 (北京) 硕士学位论文.

吴健生, 黄浩, 杨兵, 等. 2001. 新疆阿舍勒铜锌矿床三维矿体模拟及资源评估. 矿产与地质, 15 (82): 119-123.

吴立新, 史文中, Gold C. 2003. 3D GIS 与 3D GMS 中的空间构模技术. 地理与地理信息科学, 19 (1): 5-11.

向杰, 陈建平, 胡彬, 等. 2016. 基于三维地质–地球物理模型的三维成矿预测——以安徽铜陵矿集区为例. 地球科学进展, 31 (6): 603-614.

肖克炎, 李楠, 孙莉, 等. 2012. 基于三维信息技术大比例尺三维立体矿产预测方法及途径. 地质学刊, 36 (3): 229-236.

谢学锦. 1995. 用新观念与新技术寻找巨型矿床. 科学中国人, (5): 14-16.

修群业, 王军, 高兰, 等. 2005. 云南金顶矿床矿体三维模型的建立及其研究意义. 矿床地质, 24 (5): 501-507.

许斌, 张森, 历万庆. 1994. 从序列切片重构三维对象的新方法. 计算机学报, 17 (1): 64-71.

闫升好. 1998. 甘肃大水特大型富赤铁矿硅质岩型金矿成因研究. 中国地质科学院博士学位论文.

杨东来, 张永波, 王新春, 等. 2007. 地质体三维建模方法与技术指南. 北京: 地质出版社.

叶天竺, 薛建玲. 2007. 金属矿床深部找矿中的地质研究. 中国地质, 34 (5): 855-870.

於崇文. 2006. 矿床在混沌边缘分形生长 (上下卷). 合肥: 安徽教育出版社.

於崇文, 唐元骏, 石平方, 等. 1988. 云南个旧锡–多金属成矿区内生成矿作用的动力学体系. 武汉: 中国地质大学出版社.

曾庆田. 2007. 复杂多金属矿床可视化模拟及其三维采矿设计技术研究. 中南大学硕士学位论文.

张佳楠. 2012. 山东莱州焦家金矿床矿化富集规律及矿床成因探讨. 吉林大学硕士学位论文.

张涛. 2017. 甘南玛曲大水金矿原生晕特征研究及深部成矿预测. 中国地质大学 (北京) 硕士学位论文.

张文钊, 徐述平. 2006. 招平断裂带成矿特征与找矿靶区. 黄金科学技术, 13 (2): 7-16.

张晓飞, 孙爱群, 牛树银, 等. 2012. 胶东焦家金矿田成矿构造及控矿作用分析. 黄金科学技术, 20 (3): 18-22.

张雪亭, 王秉璋, 俞建, 等. 2005. 巴颜喀拉残留洋盆的沉积特征. 地质通报, 24 (7): 613-620.

张正伟, 蔡克勤, 徐章华. 1999. 大比例尺成矿预测研究方法. 地学前缘, 6 (1): 12-13.

张志臣, 刁守军, 柳志进. 2009. 山东莱西山后金矿地质特征及找矿前景分析. 黄金, 30 (11): 20-25.

赵鹏大, 池顺都. 1991. 初论地质异常. 地球科学 (中国地质大学学报), 16 (3): 241-248.

赵鹏大, 李紫金, 胡光道, 等. 1992. 重点成矿区三维立体矿床统计预测——以安徽月山地区为例. 武汉: 中国地质大学出版社.

赵鹏大, 张寿庭, 陈建平. 2004. 危机矿山可接替资源预测评价若干问题探讨. 成都理工大学学报 (自然科学版), 31 (2): 111-117.

赵鹏大, 池顺都, 李志德, 等. 2006. 矿产勘查理论与方法. 武汉: 中国地质大学出版社.

赵莹. 2014. 青海省五龙沟矿床的矿床特征及成因浅析. 科技资讯, (11): 115-119.

郑啸. 2013. 隐伏矿三维预测系统实现. 中国地质大学 (北京) 博士学位论文.

朱裕生, 肖克炎, 丁鹏飞. 1997. 成矿预测方法. 北京: 地质出版社.

庄永秋, 王任重, 杨树培, 等. 1996. 云南个旧锡铜多金属矿床. 北京: 地震出版社.

邹艳红. 2005. 矿山地测数据集成与三维立体定量可视化预测研究. 中南大学博士学位论文.

Agterberg F P. 1974. Geomathematics: Mathematical background and geoscience applications. New York: Elsevier Scientific Publishing Company.

Benomar T B, Hu G D, Bian F L. 2009. A predictive GIS model for potential mapping of copper, lead, and zinc in Langping Area, China. Geo-spatial Information Science, 12 (4): 243-250.

Gold C M, Maydell U M. 1978. Triangulation and spatial ordering in computer cartography. Canada: The Third Canadian Cartographic Association Annual Meeting.

Hobbs B E, ZhangY, Ord A, et al. 2000. Application of coupled deformation, fluid flow, thermal and chemical modelling to predictive mineral exploration. Journal of Geochemical Exploration, (69-70): 505-509.

Homer H, Thomas S A. 1988. Survey of construction and manipulation of octrees. Computer Vision Graphics and Image Processing, 43 (1): 112-113.

Houlding B S, Renholme S. 1998. The use of soild modeling in the underground mine design. Computer Application in the Mineral Industry, (12): 67-89.

Hronsky J M A, Groves D I. 2008. Science of targeting: Definition, strategies, targeting and performance measurement. Australian Journal of Earth Sciences, 55: 101-122.

Joe B. 1991. Construction of 3D delaunay triangulations using local transformations. Computer Aided Geometric Design, 8: 123-142.

Ju M, Yang J. 2011. Numerical modeling of coupled fluid flow, heat transport and mechanical deformation: An example from the Chanziping ore district, South China. Geoscience Frontiers, 2 (4): 577-582.

Lemon A M, Jones N L. 2003. Building solid models from boreholes and user-defined cross -sections. Computers & Geosciences, 29 (5): 547-555.

Mandelbrot B B. 1983. The fractal geometry of nature (updated and augmented edition). New York: W. H. Freeman and Company.

McLellan J G, Oliver N H S, Schaubs P M, et al. 2004. Fluid flow in extensional environments: numerical modelling with an application to Hamersley iron ores. Journal of Structural Geology, 26 (6-7): 1157-1171.

Nicolas S, Renato P. 1991. Delaunay triangulation of arbitrarily shaped planar domains. Computer Aided Geometric Design, 8 (6): 421-437.

Oliver K, Thierry M. 2008. 3D geological modeling from DEM, boreholes, cross-sections and geological maps, application over former natural gas storages in coal mines. Computers & Geosciences, 34 (3): 278-290.

Ord A, Oliver N H S. 1997. Mechanical controls on fluid flow during regional metamorphism: some numerical models. Journal of Metamorphic Geology, 15: 345-359.

Ord A, Hobbs B E, Zhang Y, et al. 2002. Geodynamic modelling of the Century deposit, Mt Isa Province, Queensland. Australian Journal of Earth Sciences, 49: 1011-1039.

Pilouk M, Tempfli K, Molenaar M. 1994. A tetrahedron-based 3D vector data model for geoinformation. Advanced Geographic Data Modelling, (40): 129-140.

Shi W Z. 2000. Development of a hybrid model for three-dimensional GIS. Geo-Spatial Information Science, 3 (2): 6-12.

Simon W H. 1994. 3D Geoscience modeling: Computer techniques for geological characterization. Berlin: Springer-Verlag.

Singer D A. 1993. Basic concepts in three-part quantitative assessments of undiscovered mineral resources. Nonre-newable Resources, 2: 69-81.

Thorleifson H, Berg R C, Russell H A J. 2010. Geological mapping goes 3-D in response to societal needs. GSA Today, 20 (8): 27-29.

Victor J D. 1993. Delaunay Triangulation in TIN creation: An overview and a linear-time algorithm. International Journal of Geographical Information Systems, 7 (6): 501-524.

Whitmeyer S J, Nicoletti J, De Paor D G. 2010. The digital revolution in geologic mapping. GSA Today, 20 (4-5): 4-10.

Wu L X, Hou E K, Tang C A. 2001. Geological data organization for FEM based on 3D geoscience modeling. The International Archives of Photogrammetry and Remote Sensing, 34 (2): 323-325.

Zhao P D. 1992. Theories, principles, and methods for the statistical prediction of mineral deposits. Mathematical Geology, 24 (6): 589-595.